人生三境

宿文渊 文征明 编著

人生是一种修行

有境界自成高格

图书在版编目（CIP）数据

人生三境 / 宿文渊，文征明编著. — 杭州：浙江工商大学出版社，2017.9（2021.6 重印）

ISBN 978-7-5178-2217-2

Ⅰ. ①人… Ⅱ. ①宿… ②文… Ⅲ. ①人生哲学—通俗读物 Ⅳ. ① B821-49

中国版本图书馆 CIP 数据核字（2017）第 134764 号

人生三境

宿文渊 文征明 编著

责任编辑 穆静雯 任晓燕
封面设计 思梵星尚
责任印制 包建辉
出版发行 浙江工商大学出版社
（杭州市教工路 198 号 邮政编码 310012）
（E-mail: zjgsupress@163.com）
（网址：http: //www.zjgsupress.com）
电话：0571-88904980，88831806（传真）
排 版 北京东方视点数据技术有限公司
印 刷 唐山富达印务有限公司
开 本 710mm × 1000mm 1/16
印 张 19
字 数 275 千
版 印 次 2017 年 9 月第 1 版 2021 年 6 月第 3 次印刷
书 号 ISBN 978-7-5178-2217-2
定 价 78.00 元

浙江工商大学出版社营销部邮购电话 0571-88904970

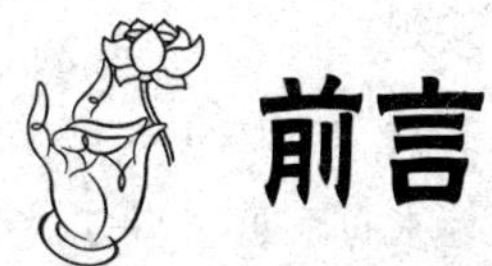

前言

悠悠岁月中，人只不过是匆匆过客。我们只有从容走过，无须彷徨、犹豫和茫然，脚踏实地走好每一步路，才能使自己的人生充满色彩，达到人生的理想境界。人生的境界如此美丽，犹如清凉的月光、醉人的花香和清新的空气，浸染、弥漫在人生旅途中。面对烟雨花落温暖的春，面对绿叶婆娑热烈的夏，面对果实累累酣畅的秋，面对雪花覆地纯净的冬，我们怀着一种感激，去体验那超越平凡的无极之境。

“低得下头，沉得住气”是一个人成熟的标志，是成大事的基础。低得下头，是一种智慧，更是一种能力。低头不是自卑，也不是怯弱，它是清醒中的嬗变。低头做人，可以使自己站得更稳，更容易被别人接受。“低”既是成功之要诀，又是处世之良方，唯有懂得低头，有朝一日才能出头。会低头，方能沉住气。着眼全局，审时度势；在平静中蓄势，在最恰当的时机爆发。低得下头，才能为人们所悦纳、赞赏和钦佩，融入人群，营造和谐的人际关系；沉得住气，才能暗蓄力量，悄然前行，在不显山不露水中成就一番事业。达到这种境界，便可鲜花掌声等闲视之，挫折灾难坦然承受。

“经得起诱惑，耐得住寂寞”是成功必经之路。这个世界充满了各种各样的诱惑，像金钱、美色、名誉、地位、权力等，几乎是无处不在。它能使人失去自我，迷失方向，掉入生活的深渊中。用定力抵制诱惑，虽会落寞一时，却能幸福一生。诱惑是外扰，寂寞是内忧。寂寞是成功的基石，是成功前的蓄积。寂寞不一定都能通向成功，但所有的成功必有一段在寂寞中奋争的过程。想要成功,就要耐得住寂寞;想要幸福,就要经得起诱惑。承受不住平淡和寂寞，抵挡不了欲望和诱惑，成功与幸福将永远是我们的梦想。

“看得透人，想得开事”是为人处世的智慧。我们每个人无时无刻不在与人打交道，要学会从细微小事中了解他人的个性、心理，不管与什么类型的人交往，只有了解别人内心，看明白周围的人和事，投其所好，左右逢源，才能做出相对应的准备和调整，才能在人际交往、社会生活中更轻松,更有把握。唯有看得透人,才能想得开,才不会因生活中的小事而生气,才不会斤斤计较,才不会为过多的选择而纠结,也不会抱怨生活的不如意。

本书从历史故事、寓言作品、神话传说、文学创作和现实生活中取材，对“人生三境”进行了深入浅出的阐释，提出了睿智且富有哲理的观点和看法。能让读者在轻松的阅读中获得全面的人生启迪，获得为人处世及立足社会必备的智慧，更深刻地理解和把握人生，从容地面对生活中的各种问题，在未来的人生旅程中，多一些得，少一些失，多一些成，少一些败。这些凝聚着无数前人智慧和经验的哲理是我们受益一生的法宝。只要你深刻领悟其中的道理，娴熟地掌握、运用，相信你一定能够成就自我，创造成功人生。

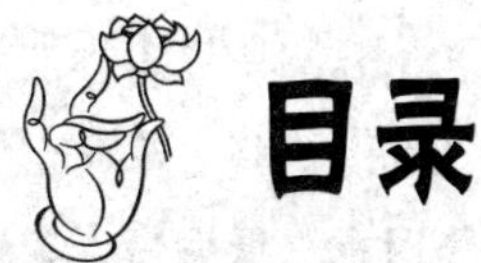

目录

上篇　低得下头，沉得住气

中篇　经得起诱惑，耐得住寂寞

下篇　看得透人，想得开事

上篇

低得下头，沉得住气

第一章

地低则为海，人低品自高

地低成海，人低为王

低调是成就伟大事业的起点。它是一种进可攻、退可守，看似平淡，实则高深的处世谋略。低调而为，初看起来好像比较消极。其实它并不是委曲求全、窝窝囊囊做人，而是通过少惹是非、少生麻烦的方式暗蓄力量，悄然潜行，以便更好地展现自己的才华，发挥自己的特长。纵观古今，那些经得住历史沉淀，那些取得成功的人和事，很多都得益于低调而为的处世原则。

美国开国元勋之一富兰克林年轻时，去一位老前辈家中做客。当他昂首挺胸地走进那座低矮的小茅屋时，只听“砰”的一声，他的额头撞在门框上，顿时青肿了一大块。

老前辈笑着出来迎接说：“很痛吧？你知道吗？这是你今天来拜访我最大的收获。一个人要想成一番事业，要想洞明世事，练达人情，就必须时刻记住低头。”

富兰克林记住了老前辈的教诲，并将之奉为金科玉律，最终，这种低调处世的品格成就了他辉煌的一生。

万丈高楼平地起，每一个成功者，都是从低处、卑微处慢慢做起的。放低姿态，寻找机会的人，才能最终到达成功的巅峰。

尼采说："一棵树要长得更高，接受更多的光明，那么它的根就必须更深入黑暗。"

低处并不可怕，可怕的是失去了向上攀登的勇气；卑微不是末路，只要还有一颗进取的心；低处并非全无希望，只要坚持努力，做好要做的事情，总有峰回路转的时候。

山不言其高，并不影响它耸立云端；海不言其深，并不影响它容纳百川；地不言其厚，但没有谁能否认它承载万物的伟大。它们不言，是因为它们深深地知道，低调是强者最好的外衣，低调是阻力最小的成功之路。

韬光养晦，藏锋露拙

俗话说："人在屋檐下，不得不低头。"意思是说人在权势、机会不如别人的时候，要能低头退让，随机应变，保持一时的低调。就如古钱币的外圆内方，"边缘"要圆活，"内心"要守得住，有自己的目的和原则，将此当作磨炼自己的机会，借此取得休养生息的时间，以图将来东山再起。《三国演义》第二十一回"曹操煮酒论英雄，关公赚城斩车胄"讲的就是刘备韬光养晦的故事。

刘备因实力薄弱不得不投靠曹操，大英雄难掩落寞，一旦寄人篱下，纵有千般雄心壮志，也只化得一声唯唯诺诺。刘备深知曹操乃多疑之人，自然容不得一个与自己同样野心勃勃的人。为防曹操谋害，他就在住处后院种菜，亲自浇灌，以为韬晦之计。关羽、张飞对此颇为不解，问刘备如此这般是为何，刘备回道："这不是二位兄弟所能理解的。"

一天，曹操派人请刘备去赴宴，刘备不知曹操用意，心里不免忐忑。席间，曹操与刘备谈到了天下的英雄人物，二人细数了袁术、袁绍、刘表、孙坚等人，不过曹操对这些人都不屑一顾。紧接着，曹操突然说道："若论天下英雄，只有您和我曹操了。"刘备闻听此言，大吃一惊，手中所持的筷子不觉掉到地上。正巧这时外面雷声大作，刘备便借此机会俯下身去拾起筷子，口中说道:“一震之威,乃至于此。”曹操笑着说:“大丈夫也怕雷震吗?”刘备说:“圣人也‘迅雷风烈必变’,怎能不怕呢?”这样,把自己的失态轻轻掩饰而过,而通过此举,曹操也就不再怀疑刘备胸有大志了。

几天以后曹操又请刘备喝酒,席间忽然有人来报,说淮南的袁术要和淮北的袁绍准备联合抗曹。刘备放下酒杯,当即表示愿带兵前往沙场。从此,刘备远离了曹操的监控,并最终成就了霸业。

《孟子》中说:“天将降大任于斯人也,必先苦其心志,劳其筋骨,饿其体肤,空乏其身,行拂乱其所为,所以动心忍性,增益其所不能。”一个“动心忍性”,将所有的屈辱都包含殆尽,为所有的忍耐立下了名目。人生于天地之间,要想成就一番大事业,不是那么容易的,要忍受常人不能忍受的艰苦磨炼。这种磨炼首先是意志品质的修炼,优秀的意志品质不是生来就有的,靠的是后天的培养造就。良好的道德品质的养成,不仅要靠社会、家庭的教育,更主要的是靠自我教育、自我磨炼,忍耐人性从不成熟到成熟的过程,这就是修身的工作。

然而,很多人却不懂得这个道理,取得了一些成功和荣耀之后,总是喜欢在别人面前炫耀,或者倚仗自己权高位重就恃强而骄,锋芒毕露。如此一来,便会得罪许多人。

列夫·托尔斯泰说:“大多数人都想改变这个世界,却极少有人想改造自己。”我们经常是按照自己的愿望去为人处世,不过是棱角分明,还自以为是光芒四射。其实,在我们刻意显示出才华的时候,我们的才华已经减少了很多,因为我们的刻意,才华已经没有了它原来的光芒。所以,真正的低调者能够做到“以能问于不能,以多问于寡,有若无,实若虚”。

韬光养晦的核心含义是一个“能”字,以弱示人只是一个“不能”的表象而已。韬光养晦与以弱示人合起来的意思就是:“能”但示之以“不能”。一个心智成熟的低调者更懂得在外晦内明、外乱内整中,有意识地收敛锋芒,保存实力,捕捉出手的最佳时机,最终实现有所作为或有所收获。

以弱示人，以智取胜

俗话说：狭路相逢勇者胜。此话不假，但在这种情境下，双方必定是势均力敌，所以才需要依靠勇气来决定输赢。那么，当双方势不均、力不衡的时候，处于弱势的一方是不是注定会失败呢？当然不是。如果这时候，处于弱势的一方能够巧妙地将自己的弱处主动显露出来，就会使对手在很大程度上做出错误的判断，放弃对你的主动进攻。退一步来说，即使不能让你一举得胜，也可以拖延对方做出决定的时间，从而给你留出反击的时间。这样，你便可以找到反击的机会。这是一种险中求退、退中求进的策略，更是低调者为人处世必备的条件。

放低姿态，示人以弱，古往今来一直都是众多处于弱势的人在与强者的竞争中取胜的一大法宝。

战国时期，魏国和赵国一起攻打韩国，韩国向齐国紧急求救，齐国派田忌和孙膑带兵前去解韩国之围。齐军向魏国首都大梁（今河南开封）进发，摆出攻魏的样子，吓得魏国将军庞涓急忙调兵回头，紧随齐军追赶，妄图一举消灭齐军。孙膑了解到这种情况后，对将军田忌说："魏军一向剽悍恃勇而轻视齐军，我们就利用魏军的这个弱点，来个进军减灶，假装胆怯，给庞涓一个假象，这样可以很快把他消灭掉。"

大军浩浩荡荡地向西行去，开饭时候到了，十万大军埋锅造灶，绵延数里，蔚为壮观。隔了一日，庞涓追到齐军做饭的地方，看到了遍地的土灶，命令士兵统计，庞涓得知齐军有十万之众，他因此不敢轻举妄动，只好在后面慢慢地追赶。又一次到了做饭的时间，孙膑下令把灶减少一半，只埋五万个灶，士兵们不知是什么用意，却也只好从命。又隔近一日，庞涓赶到此处，一数齐军之灶，只剩五万，便有些偷喜，心想："齐军果然害怕了，两天便跑掉了一半！"于是便下令魏军加快行军步伐。第三天做饭时，孙膑只让士兵们做了三万个灶，半天后庞涓追到这里，一数锅灶，发现只有三万个了，庞涓不禁哈哈大笑："我知道齐军本来就胆小害怕，到魏国才三天，就跑掉了一大半。"于是便命令步兵原地待令，只带精锐骑兵几千，以两倍于平日的行程追击齐军。

此时，孙膑估计庞涓傍晚会赶到马陵。马陵道路狭窄，重峦叠嶂，地势十分险要，孙膑便在路两旁埋伏好弓箭手。果然，庞涓傍晚赶到马陵，他还未来得及喘口气，齐国射手便万箭齐发，魏军大乱，庞涓自知智穷兵败，只好拔剑自杀。

孙膑的示弱只是一种手段，绝不是目的，他的目的是通过示弱来赢得最后的胜利。虽说示弱有时可以成大事，但是如果没有强劲的实力做后盾，那么这种弱便不是"装弱"而是真弱了，那样便会弄巧成拙，一败涂地。

因此，低调者要敢于示弱，低调者也要巧于示弱，低调者更要精于示弱。示弱是一种以柔克刚的技巧，是成功的低调者必备的技巧。

若欲取之，必先予之

世上没有免费的午餐，农民想要收获粮食，就必须先在春天播种，夏天耕作，秋天收割；学生想要考试取得好成绩，就必须认真听讲，多做复习，认真考试；业务员想取得好的业绩，就必须先培养好客户，掌握销售技巧；歌手想要让大家喜欢自己，也得先把音乐学好，还要学习表演和做人。这都是"先予后取"的例子。这个熟语告诉我们：不要计较当前利益得失，而应该看重长远发展前景。通俗地讲，就是"吃小亏，占大便宜"。低调的人之所以成功，主要是因为他们把握好了"先予""十予不一取"的原则。

三国时期，诸葛亮准备北伐中原，完成统一天下的伟业。可恰在此时，与蜀汉接壤的南中地区发生了叛乱，首领是当地很有影响的一个人物，名叫孟获。为了维护蜀国的统一，也为了不让叛乱影响自己的大计，诸葛亮经过积极准备，向南中进军。

诸葛亮出兵不久，就下了一道命令：不准杀害孟获，一定要捉活的。这是诸葛亮使的计策，目的是收服孟获的心。第一回合，蜀中大将王平依诸葛亮之计将孟获引到“埋伏”内，将其生擒。孟获一副“要杀便杀，要剐便剐”的架势，没料到，诸葛亮却放了他。孟获第一次战败，心中本就不服，于是被放回去后便又开始挑战，先后与蜀军大战了七次，结果每次都战败，而且被生擒。就这样，诸葛亮一共放了他七次。

“七擒七纵”之后，孟获彻底服了。自那之后，孟获死心塌地归顺了蜀汉，直到诸葛亮死，他都没有再叛乱。

诸葛亮收服孟获遵循的正是“先予之，后取之”的道理。诸葛亮深懂其中内涵，对于十分顽固的孟获，他没有一味地使用强硬的手段去硬碰硬，而是以柔克刚，感化他；如果诸葛亮高调行事，以暴制暴，那就会完全适得其反了。

“先予后取”的要领就是不计当前利益，看重长远的利益，吃小亏，占大便宜，所有的退却都是为了将来更大的发展做铺垫。我国著名的史学家范晔说：“天下皆知取之为取，而莫知与之为取。”予与取是可以转化的，可能效果不是马上就能看到，但天长日久，功效总会显现出来。

愚蠢的人只知道一味地索取，而聪明的人知道先予后取。这是低调处世的高超智慧，放下索取的欲望，真诚地付出，无私地帮助别人，我们最终会获得应得的回报。

处高位时要低头

生活中，骄傲自大之人比比皆是，尤其是当他们做出了一点成绩的时候，便会更加趾高气扬，自以为高不可攀了。如果此时的他们正处于低位，那么依照这种品行是很难再有上升的空间的；如果此时的他们已经处于高位，便很有可能因此栽个大跟头。因此，相比之下，身处高处时，更需要适时地放低姿态，学会适当低头。其实，适时地低头并不是消极的表现，反而是另外一种意义上的积极，有时候这种低头还能消除隐患，化解危机。

经历过无数次的失败之后，林肯终于当选为美国总统。

在林肯当选总统的那一刻，整个参议院的议员都感到十分尴尬，因为他们的新总统是一个鞋匠的儿子。当时，美国的参议员大部分出身贵族，他们全部自认为是优越的上流人士，他们从未想过有一天要面对的总统竟然是一个鞋匠的儿子。于是，有许多议员想趁林肯在参议院发表演说的时候，借机羞辱他一番。

在林肯刚刚走上演讲台的时候，一位参议员便站了起来，他态度傲慢地说："林肯先生，在你开始演说之前，我希望你记住，你是一个鞋匠的儿子。"

所有议员都大笑起来，虽然他们自己不能打败林肯，但是有人羞辱了林肯，照样使得他们开心不已。

林肯的脸色很平静，他并未辩解什么。只是等到大家的笑声停止以后才诚恳地对那个傲慢的参议员说："我非常感谢你使我想起我的父亲，他已经过世了，我一定会记住你的忠告，我永远是鞋匠的儿子，而且我还知道我做总统永远都无法像我的父亲做鞋匠那样出色。"

参议院陷入一阵静默中，林肯接着又对那个参议员说："就我所知，我父亲以前也为你的家人做鞋子，如果你的鞋子不合脚，我可以帮你修理它，虽然我不是伟大的鞋匠，但是我从小就跟随我父亲学会了做鞋子。"然后他对所有的参议员说："对参议院的任何人都一样，如果你们穿的那双鞋是我父亲做的，而它需要修理或改善，我一定尽可能地帮忙，但是有一件事是可以确定的，我无法像他那么伟大，他的手艺是无人能比的。"说到这里，林肯流下了眼泪。那一刻，所有的嘲笑都停止了，整个参议院都被雷鸣般的掌声填满了。

林肯出身卑微，父亲是一个鞋匠，林肯从不隐瞒这一点。而且，他也从没有因为当选为总统而忘记或者不愿被人提及这个事实。相反，他仍然能在大庭广众之下放低姿态，这也是他赢得民心的一个重要因素。

所以说，不要以为身处高位便是达到了人生的顶点，要知道，一时的高处并不能说明什么，成功反而更青睐于能在高处低头的人。

人生其实就是一个大舞台，出身高贵，工作优越，所处环境良好等因素不是人们扮演出色主角的必要条件。当批评、讪笑、诽谤的语言像石头一样向你砸来，你应该像林肯那样，不以身份为贵，放低姿态，那样才能够获得再次的成功。

将内敛转化成力量

在现实生活中，许多年轻人总是过于浮躁，时时处处急于表现，想以最快的速度获得成功，他们的座右铭是“成功一定要趁早”。当然，这种积极的人生态度本也无可厚非，但是，成功不是仅仅依靠积极就可以得来的，当你还处于低位、经验还不够丰富、能力还不够强大的时候，这种积极只能称为急功近利，结果必定欲速则不达。相反，如果此时能够学会内敛，从底层做起，那么就可以不断地积蓄力量，让自己变得越来越强大，当这种力量积聚到一定程度的时候，成功自然就能唾手可得了。

小钱大学毕业后，只身去了南方，顺利地在一家外企找到了一个行政助理的职位。小钱并没有因为职位低微而对未来失去信心，上班的第一天，他就发誓要让自己成为公司里不可或缺的人才，所以总是暗暗地努力工作和学习。同时，小钱也深知，职场竞争的激烈以及办公室政治的“黑暗”，所以在同事们面前，小钱只是一个尽职做好本职工作的小职员。

小钱负责的工作是档案管理，资源管理专业出身的他很快就发现了公司在这方面存在的弊端。于是，他开始大量查阅资料，运用所学的理论知识写出了一份系统的解决方案，并将公司内部工作运行流程、市场营销方式以及后勤事务的规范，也整理出一套完整的方案，然后一并发到行政经理的电子信箱中。当然，这一切都是他利用业余时间来完成的，他不想过于张扬，因为他知道那样会招来别人的嫉恨。

没过几天，行政经理就请他到公司的餐厅喝咖啡了。离开时行政经理还语重心长地拍着他的肩头说："公司对你这样能默默做事的人，向来是给予足够的空间施展才华的，继续努力吧。"

从那以后，小钱更加勤奋地工作。不久之后，公司参与了一个大商厦周围的霓虹灯方案的竞标工程。企划部的同事们整天翻案例、找朋友，忙得焦头烂额。小钱也没闲着，白天他努力做好自己的分内工作，晚上通宵不眠熬红了眼做方案文书。竞标前一天交方案时，小钱去得最晚，行政经理不解："你们部门的已经交来了。"小钱充满信心地说："这是不一样的！"竞标的当天，小钱的方案脱颖而出，最终为公司的竞标成功立下了汗马功劳。

第二天，消息就传遍了整个公司。同事们都很惊讶，这个在大家眼中一直只知道埋头苦干的小职员，居然在私下里做了这么多功课，为公司谋到了这么大的利益。

一个月之后，公司人事大调整，原来的部门经理调到了别的部门，小钱则收拾好自己的东西，走进了位于20层的那间经理办公室。

小钱的成功，自然是沉静内敛的性格在起作用。沉静内敛是形成高雅风度的一种内在的力量，它在减少人与人之间尖锐的对立等方面，发挥了神奇的力量，起到了意想不到的效果。

当身处不利时，沉静内敛地应对可化险为夷；当身处困境时，由于沉静内敛而积聚的力量能转危为安。很多时候，沉静内敛不仅仅能脱离危险境界，减少损失，还可以把事情做得更好，最终以非凡之力脱颖而出，赢取最后的胜利。

选择低调，你就是强者

低调是做人的一种古老的智慧，这一点千百年来已经被无数的人所证实。

在中国的历史上，舜是第一个被称为有"大智慧"的人。根据历史记载，舜出生后不久母亲就离开了人世，后母生了一位弟弟"象"。尽管舜总是小心地侍奉后母和照顾弟弟，但还是经常遭到后母的毒打和虐待。最后，舜选择了离家出走，一个人流落到历山脚下开荒种地。

因为德行高尚，所以在清苦的生活中，舜没有一点怨言。他与当地的农夫和山林中的鸟兽生活在一起。他常常观察周围的事物，发现一切都是那么温馨和睦，于是他触景生情，创作了一首首感人的乐歌。

舜的德行影响了周围所有的人，农夫相互谦让已开垦好的农田，渔民相互谦让自己打鱼的场地，陶匠则做出了更加精美耐用的陶器。舜成为人们学习的榜样，人们从四面八方扶老携幼过来，希望和舜成为邻居。仅仅用了一年时间，他的周围就会聚成村落，然后就扩大为城镇、都市。最后，当时的天子尧将自己的两个女儿娥皇和女英许配给了舜做妻子。这两位聪明美丽的妻子给了舜无穷的力量。而舜总能逢凶化吉，顺利地通过了尧对他的能力所进行的考试。最后，尧将天子之位禅让于舜。

在舜的德行中，低调一直贯穿始终。正是因为有了这份低调为人的态度，舜才能超越普通人，一跃成为天子。舜能成为天子，自然是因为拥有大智慧，而且，舜虽有大智慧却没有使用什么诡计。事实上，他的“大智慧”往往都是以“低调”来衬托的。舜从未有意识地去获取民心，也并没有处理任何复杂事务的知识。但是，由于他的纯朴、坚强、虚心，他最终取得所期望的胜利。

舜的胜利说明低调在智慧中具有不可替代的作用，这种智慧受到当时许多学者的称赞，一时之间，甚至成为一种“时尚”。

一个人究竟强不强，不是看你是否出名，是否有权有势，而是看你有没有真正让自己强起来的坚实基础和本事。真正有本事的人都是能够隐忍、处世低调的人，他们讲究的是运筹帷幄，厚积薄发，修于内而成于外，这才是真正让人佩服的成功。

一个低调的人，总是莫测高深，不显山不露水，默默耕耘，苦心孤诣，直至成功，甚至成功以后，这样的人也不喜欢张名扬利，而是继续探索，继续追求，寻求新的突破，这才是忍耐而成的英雄，低调而强的强者。

要成为这样的人并不难。首先，低调的人总是喜欢藏锋守拙，待机而发，在别人面前表现出来的更多的是大智若愚、大巧似拙的一面，心态平和踏实，锋芒内敛，虚心于请教和完善，具有认真谨慎的工作态度。这样的人往往具有十分缜密的个人思维习惯，处乱不惊，目光长远，再加上艰苦的磨炼，顽强的意志，都为事业成功奠定了一个坚实的基础。

其次，低调是一种修为，是成就大事的一种方式。一个低调的人，品性高洁，意志坚定，又具有超脱欲望、淡泊名利的胸襟。这样的人想的不是怎么把钱赚到手，而是想着怎样把事情做好，功到自然成。

总之，盲目地张扬自己的本领，亮出全部的看家本事，正如技穷的黔驴，最终让真正有本事的老虎一口吃掉。这些人往往私心杂念太重，名利思想过浓，如果事业不成，很可能会身败名裂，即使不身败名裂，事业上也必然遭受沉重的打击。

第二章

低下头，成就自信人生

在逆境中潇洒走一回

生活中，如果你没有被逆境所吓倒，反而能够任凭风浪起，稳坐钓鱼台，并以乐观的态度，把它们想象成理所当然的话，你实际上已经奏响了在逆境中洒脱前行的前奏。

许多逆境往往是好的开始。有人在逆境中成长，也有人在逆境中跌倒，这其中的差别，就在于我们是如何看待。如果一个人站起来便能成就更好的自己，却硬是在地上赖着，自怨自怜悲叹不已，那么他注定只能继续哭泣。面对逆境，洒脱处之，方能领悟人生的自在与从容。

古今名人中，能真洒脱者，大有人在。唐朝诗人刘禹锡，因革新遭贬，他不为压力所阻，仍以顽强的精神与政敌相抗争，写出“玄都观里桃千树，尽是刘郎去后栽”，“种桃道士归何处？前度刘郎今又来”的乐观诗句，他以潇洒的态度，超越“巴山蜀水凄凉地”，坚守“二十三年弃置身”的人格，终于迎来了仕途上新的春天。

有人把洒脱理解为穿着新潮，谈吐倜傥，举止干练飘逸。实际上，这只是浅层次的认识。真正的洒脱，应该是指那种不以物喜，不以己悲，顺境不放纵，逆境不颓唐的超然豁达的精神境界。有的人，在身处绝境时，仍不绝望，而是提高生命的质量，以有效率的工作，使有限的生命更有意义。

他们的生命虽然短暂，但活得热烈，活得自在。

顺境有时会变成一个陷阱，因为身处顺境的人，容易为眼前的景致所迷惑，而忘记了危险的存在。历史上处于顺境中由于得意忘形而最后身遭横祸的人举不胜举。在这里，成功反而成为失败之母。在逆境中，有的人疯了，有的人自杀，有的人却化作不死鸟，涅槃后而重生，从他身上发出的光照亮了世间各个角落。

顺境容易让人浅薄，逆境让人深刻。霍兰德说："在黑暗的土地上生长着最娇艳的花朵，那些最伟岸挺拔的树林总是在最陡峭的岩石中扎根，昂首向天。"并非每一次不幸都是灾难，早年的逆境通常是一种幸运。既然如此，身处逆境，不妨像那首歌唱的那样：何不潇洒走一回。

把磨难当作一笔财富

佛在摆脱魔鬼的侵扰后才彻底觉悟，人在经历磨难后会彻底成熟。为什么拿破仑能够突破重重阻力而叱咤风云？为什么海伦·凯勒在双目失明的情况下，心中依然有光明之梦？因为他们都经历过一个又一个的磨难，并且在磨难的打击中迅速成长起来。也正因为如此，这些人在磨难面前能够镇定自若，"泰山崩于前而色不变，猛虎趋于后而心不惊"。磨难不仅成为他们的一笔财富，还引领他们抵达从容自在的大境界。磨难的宝贵之处在于，它能够促进人们成长。这与大风大浪里才能哺育出大鱼，而风平浪静里只能喂养出小鱼是一个道理。

某地有一条大河，河的旁边有一个水潭，水潭里有很多鱼，潭边经常聚集着一些钓鱼的年轻人。但是这段时间，他们发现有一个奇怪的渔夫，他在潭边不远的河段里捕鱼，那是一个水流湍急的河段，雪白的浪花翻卷着，一道道的波浪此起彼伏。在浪大又湍急的河段里，这是一段鱼根本不能游稳的河段呀，怎么会捕到鱼呢？年轻人百思不得其解，便觉得这个渔夫很愚蠢、可笑。

有一天，有个好事的年轻人终于忍不住了，他放下钓竿去问渔夫："鱼能在这么湍急的地方留住吗？"

渔夫说："一般的鱼当然不能了。"

年轻人又问："那你怎么能捕到鱼呢？"渔夫笑笑，什么也没说，只是提起他的鱼篓在岸边一倒，顿时倒出一团银光。那一尾尾鱼不仅肥，而且大，一条条在地上翻跳着。

年轻人一看就傻了。这么肥这么大的鱼是他们在深潭里从来没有钓上来的。他们在潭里钓上的，多是些很小的鲫鱼和小鲦鱼，而渔夫竟在河水这么湍急的地方捕到这么大的鱼。年轻人愣住了，更加迫不及待地想知道答案。

渔夫笑笑说："潭里风平浪静，所以那些经不起大风大浪的小鱼能自由自在地游荡，潭水里那些稀薄的氧气就足够它们呼吸了。而这些大鱼就不行了，它们需要有更多的氧气，没办法，它们就只有拼命游到有浪花的地方。浪越大，水里的氧气就越多，大鱼也就越多。"

在常人的意识中，风大浪大的地方是不适合鱼生存的，所以故事中的年轻人会选择风平浪静的深潭去捕鱼。但他恰恰想错了，一条没风没浪的小河是不会有大鱼的，而大风大浪才是鱼长大长肥的充分条件。大风大浪看似是鱼儿们的苦难，实际上恰是这些苦难使鱼儿们茁壮成长。"宝剑锋从磨砺出，梅花香自苦寒来。"磨难就是财富。

张海迪在轮椅上完成了外国名著《海边诊所》的翻译；贝多芬丧失听力后，写出了传世的《命运交响曲》；陈景润在极其困难的环境中，完成了哥德巴赫猜想的论证；海伦·凯勒是一个又盲又聋又哑的人，而她却写出了鼓舞千万人的《假如给我三天光明》。他们用自己的亲身经历，唤醒了每一位对生活失去信心的人；他们用自己的奋斗经历，谱写了拼搏人生、战胜宿命的凯歌。

一个人，为了实现梦想，求得人生的大自在，必须学会忍受种种痛苦：浪迹天涯、离妻别子的思乡之苦；脏活累活苦活全干的身体之苦；屡遭白眼与冷嘲热讽的心理之苦……只要你学会忍耐，任何磨难对你而言都是一笔宝贵的财富。

在挫折中学习，在苦难中成长

拿破仑·希尔告诉人们：世上没有所谓的失败，除非你这样认定。每一个挫折都只是短暂的，除非你就此放弃而让它成为永久性的。其实，错误让我们成长且让我们更富经验。虽然我们尝试去做，不是每一次都会成功，却都可以学到一些东西而有助于我们完成最终的目标。

爱默生说：每一种挫折或不利的突变，都带着同样或较大的有利的种子。

有一天，上帝召集了所有的动物聚在一起吃饭。吃完饭后，上帝取出一对翅膀。

“我有一样东西想要赐给各位，如果有谁喜欢这件礼物，就可以把它拾起来放在背上。”

一听到有礼物可以领，动物们便争先恐后地挤到了上帝的面前。可是当上帝把礼物拿出来放在地上后，动物们却突然静了下来。大家你看看我，我看看你，谁也没去拾礼物。

原来上帝拿出来的礼物是一对毛绒绒的翅膀。

“谁会背这么重的东西呢？一定会很累的。”动物们心想，于是又纷纷回到了自己的座位上。

眼看着地上的翅膀孤零零地躺在那里无人理睬，上帝感到有些失望。这时，一只小鸟走过来，看了看地上的翅膀，心想，上帝应该不会亏待我们，所以这个看起来笨重的东西，或许是一种恩赐。

于是，小鸟就把地上的翅膀拾起来，背在了身上。就在这时，奇迹发生了，小鸟试着轻轻地挥动翅膀，没想到不但没有感觉到沉重，反而还让它轻盈地飞上了天空。许多动物目睹此景，心中后悔不迭。

别人都认为会增加负担的东西，小鸟却能够利用它飞上了蓝天。一样的道理，许多事情表面上看来是挫折、打击，事实上却给了人们更上一层楼的动力。

老子说："祸兮，福之所倚，福兮，祸之所伏。"祸福是相互转化的，灾难临头之时，往往也是人生转运之日。"不经一番寒彻骨，哪得梅花扑鼻香。"要想让自己成为一个有所作为的人，就要有吃苦的准备。人总是在挫折中学习，在苦难中成长起来的。记住：雄鹰的展翅高飞，绝离不开最初的跌跌撞撞。

在很久以前的远古时代，一群鸟生活在茫茫大海中的一个孤岛上。它们中有些鸟的喙很长很尖，而另外一些鸟的喙却很短，因而它们得名长喙鸟和短喙鸟。那时候，岛上的植物不是很多，能供给鸟儿们啄食的只有一种蒺藜的果子。然而这种果子却浑身长满坚硬的刺，这样，只有长喙鸟用它长长尖尖的喙才能将其啄开，而短喙鸟则无缘享受这种美食，很多短喙鸟因此饿死。短喙鸟面临着严峻的生死考验：要么选择别的食物，要么等待灭亡。于是，它们开始啄食浅海里的小鱼，慢慢地，它们觉得小鱼的味道比蒺藜果的味道还要好，就这样，短喙鸟们生存了下来。而此时长喙鸟则依然享受着上天给它们的优厚待遇，吃着它们认为是天下最美味的食物——蒺藜果。为了生存，短喙鸟天天去海里捕食；浅海里的鱼吃完了，就去深海里捕猎；后来，不只是鱼，只要是捕获到的小动物都成了它们的食物。在捕猎中，它们原来短短的喙被逐渐磨炼得异常锋利。同时磨炼出了一对大而强健的翅膀和一双尖利的爪子。数年后，短喙鸟成了飞禽中的强者，这就是今天的鹰；而长喙鸟却因食物不足而灭绝了。

短喙鸟之所以能摆脱生存危机，并且成为海上的强者，就是因为它在面临困境时没有选择灭亡，而是在大风大浪中不断翱翔搏击，正是这种磨炼，短喙鸟才最终成为展翅高飞的雄鹰。

对人生来说，不断地历练同样重要。在经历了困境和磨难之后，你才更能知道生存的艰辛。为了不再陷入被动，更为了新的目标和追求，你就应该付出更多的努力和代价。也只有不断地磨砺和锻炼，才能使你不断地成熟和提升，在激烈竞争中脱颖而出，成为强者。

把挫折变成转折

失败磨炼出耐力，而使你有足够的力量去克服巨大的障碍，这力量包括了自信、毅力以及非常重要的自知之明。挫折是一个人的炼金石，许多挫折往往是好的开始。有人在挫折中成长，也有人在挫折中跌倒，这其中的差别，就在于人们对挫折的看法不同。

杰克曾是一个成功的商人，58岁那一年，正当他积极拓展业务准备在事业上更上一层楼的时候，突然患上了白内障，他的视力因此严重受损。疾病使他无法阅读，再不能写作，也永远离开了驾驶。这个打击曾一度令他十分沮丧：蒸蒸日上的事业难以为继，身体上的痛苦又该如何忍受，一家人的生活又将如何维持？

度过了一段茫然彷徨的日子以后，杰克觉得自己不能再这样消沉下去了，他决定重新振作起来。在患病期间，因为视力的障碍，他得以体会到了那些视力欠佳的人的心理感受和真正需求。他因此寻找到了东山再起的契机。

杰克决定把全部财力和精力投入到为眼疾患者设计、印刷特种书籍上。经过一年左右的研究，杰克发现，在纸上印上粗线条的斜纹字体，能让视力障碍者的阅读更快而且更舒适。于是，他投资办了自己的印刷厂，为视障患者印出了第一本书。这本特别印刷的书并非文学名著，而是居全球销量之冠的《圣经》。首印后的一个月内，杰克就接到了下一笔订单——印制70万本《圣经》。杰克的事业就此峰回路转，从此他走上了另一条成功的坦途。

自信的人生没有黑暗，正如那句流传千古的名言：“塞翁失马，焉知非福。”

但凡有责任感的人都能体会“挫折是一笔可贵的财富”这句人生哲理。没有人能不劳而获，在走向成功的道路上，你要付出汗水，还要勇敢地面对挫折与失败。从挫折中汲取教训，是迈向成功的踏脚石。

把每一个“失败”先生拿来跟“平凡”先生以及“成功”先生相比，你会发现，他们各方面的条件都很可能相同，只有一个例外，就是遭遇挫折时的反应。

当“失败”先生跌倒时，就无法爬起来了，他只会躺在地上诅咒个没完；“平凡”先生会跪在地上，准备伺机逃跑，以免再次受到打击；但是，“成功”先生的反应跟他们不同。他被打倒时，会立即反弹起来，同时会汲取这个宝贵的经验，并从中找到新的机遇，将挫折变成一种转折，继续大踏步地向前冲。

法国作家巴尔扎克曾说：“挫折就像一块石头，对于弱者来说是绊脚石，让你却步不前；而对于强者来说却是垫脚石，使你站得更高。”

人生短暂，有一些影响你一生的特殊经历，诸如内心世界的顿悟、真理被发现的刹那及生命中的转折点等。这些特殊的经历会造就成功，但这种成功，多半出现在多次失败之后。

失败令人们如此惊慌沮丧，因此从中学得的经验自然刻骨铭心。当你被迫接受失败和教训时，努力撷取这宝贵一课的精华，其余就当作是人生的插曲而将之遗忘吧。

每个人都要从挫折中汲取教训，好好利用，这样就可以对失败泰然处之。

不管是暂时的挫折还是逆境，只要你把它当作是一种教训，它就会成为你走向成功的财富。

人生之路，一帆风顺者少，曲折坎坷者多。成功是由无数次挫折和失败构成的。勇敢地面对吧，要学会在挫折中找到自信，在失败中找到经验，然后就会品尝到胜利的美酒。

承受风雨的历练

人们总在说失败是成功之母，但是为什么有的人在失败之后仍然没有取得成功呢？这是因为他们没有用发展的眼光去看待失败，没有从不利因素中发现有利因素，不善于利用挫折的激励作用。事物都是一分为二的。永远不要怪自己命运不济，而应该要善于从不利的处境中升华。挫折与成功、不幸与幸运，经常是一对孪生儿。如果你善于以挫折为动力，能够从不幸中振作奋起，那么迎接你的将是失败后的成功、不幸后的大幸。

苦难就是河水，我们都是泥人。那么，天堂在哪里？

某一天，上帝宣旨说，如果哪个泥人能走过他指定的河流，他就会赐给这个泥人一颗永不消逝的金子般的心。

这道圣旨下达后，泥人们久久都没有回应。不知道过了多久，终于有一个小泥人站了起来，说他想过河。

“泥人怎么可能过河呢？你不要做梦了。”

“你知道肉体一点一点儿失去的感觉吗？”

“你将会成为鱼虾们的美味，连一根头发都不会留下！”

其他泥人都在劝着他。

然而，这个小泥人决意要过河。他不想一辈子只做一个小泥人。他想拥有一颗金子般的心。但是，他也知道，要拥有上帝赐予的心必须遵守他的旨意，即要到天堂，必得先经过地狱的洗礼。而他的地狱，就是他将要去经历的河流。

小泥人来到河边，犹豫了片刻，他的双脚踏进了水中。一种撕心裂肺的痛楚顿时覆盖了他。他感到自己的脚在飞快地溶化，每一分每一秒都在远离自己的身体。

“快回去吧，不然你会毁灭的！”河水咆哮着说。

小泥人没有回答，只是沉默着往前挪动，一步，一步……这一刻，他忽然明白，他的选择使他连后悔的机会都没有了。如果倒退上岸，他就是一个残缺的泥人；在水中迟疑，只能够加快自己的毁灭。而上帝给他的承诺，则比死亡还要遥远。

小泥人孤独而倔强地走着。这条河真宽啊，仿佛耗尽一生也走不到尽头似的。小泥人向对岸望去，看见了那里锦缎一样的鲜花和碧绿无垠的草地，还有轻盈飞翔的小鸟。上帝一定坐在树下喝茶吧。也许那就是天堂的生活。可是他付出一切也几乎没有可能抵达。那里没有人知道他，知道他这样一个小泥人和他那梦一般的愿望。上帝没有赐给他出生在天堂当花草的机会，也没有赐给他一双小鸟的翅膀。但是，这能够埋怨上帝吗？上帝是允许他继续做泥人的，是他自己放弃了安稳的生活！

小泥人的泪水流下来，冲掉了他脸上的一块皮肤。小泥人赶快抬起脸，把其余的泪水统统压回了眼睛里。泪水顺着喉咙一直流下来，滴在小泥人的心上。小泥人第一次发现，原来流泪也可以有这样一种方式——对他来说，也许这是目前唯一可能的方式。

小泥人以一种几乎不可能的方式向前挪动着，一厘米，一厘米，又一厘米……鱼虾贪婪地啄着他的身体，松软的泥沙使他每一瞬间都摇摇欲坠，有无数次，他都被波浪呛得几乎窒息。小泥人真想躺下来休息一会儿，可他知道，一旦躺下他将永远安眠，连痛苦的机会都会失去。他只能忍受，忍受，再忍受。

不知道过了多久——简直就到了让小泥人绝望的时候，小泥人突然发现，自己居然上岸了。他如释重负，欣喜若狂，正想往草坪上走，又怕自己褴褛的衣衫玷污了天堂的洁净。他低下头，开始打量自己，却惊奇地发现，他已经什么也没有了——除了一颗金灿灿的心，而他的眼睛，正长在他的心上。

天堂里从来就没有什么幸运的事情。花草的种子要先穿越沉重黑暗的泥土才得以在阳光下发芽微笑，小鸟要失去无数根羽毛才能够锤炼出可以飞翔的翅膀，就连上帝，也不过是曾经在地狱中走了最长的路，挣扎得最艰难的那个人。而作为一个小小的泥人，他只有以一种奇迹般的勇气和毅力才能够让生命的激流荡清灵魂的浊物，然后，照见自己本来就有的那颗金质的心。

阳光总在风雨后，勇敢地在风雨中搏击的海燕，最终划破了电闪雷鸣的天空，在层层乌云中洒下了点点金黄。

如何看待人生中所要经历的风霜雨雪，如何把握人生，其实都由你自己决定。成功人士始终用最积极的思考、最乐观的精神和最丰富的经验支配和控制自己的人生；失败者则刚好相反，他们的人生是受过去的种种失败与疑虑所引导支配。成功者始终坚信：历经了风雨之后开出的花朵将更加娇艳动人!

化解压力，调节自己

马克思说："在科学上没有平坦的大道，只有不畏劳苦沿着陡峭山路攀登的人，才有希望达到光辉的顶点。"这"陡峭的山路"就是在遇到挫折和失败之后遭遇的那种无形的压力。人活着就会感受到压力，没有人是可以免疫的。不管喜欢与否，压力每天都会陪伴着你，迫使你对生活中的人与事不断地做出反应。然而压力是有益的还是有害的，不在于它的大小或种类，而在于个人对其的反应和态度。

人们常因为自己的慵懒而埋怨周围的竞争太过激烈，因为自己的能力不够而强调自己的压力太大。压力使人窒息和恐惧，也使人前进，关键在于怎样去调节。

在一所大学里，有一堂如何正确对待压力的教学课，十分有意义：教授举起一杯水，问同学们："大家猜猜，我手里的这杯水有多重？""30 克""50 克""100 克"，同学们争先恐后地答着。教授笑了笑，说道："其实，这杯水有多重并不重要，重要的是把它放在手里，你能够举多久？"教授接着说道："如果你只举了一分钟，那么即使它重 500 克，也没什么问题；如果让你举一个小时，那么 20 克也会让你手臂酸痛；如果举一天，恐怕你就要去看医生了。这就像我们承担着的压力一样，如果我们一直把压力放在身上，不管时间长短，到最后都会觉得它越来越沉重，直至最后无法承担。正确的做法是，我们必须适时地放下这杯水，休息之后再拿起它，如此才能拿得更长久。所以，各位应该将承担的压力于一段时间后适时放下并好好地休息一下，然后再重新拿起来，如此才可承担更久。正所谓：张弛有道，一切方得长远。”

创造性研究的结果指出，具有创意的人能够把所有的精力集中于手边的工作和解决手头的压力。每解决一个压力，就会让他增加一些经验，也给他的成功增加了一次机会。所以不要害怕压力，正确地认识压力，正确地调解压力，压力就会变成前进的动力。

用自信改变悲悯人生

苏联作家巴乌斯托夫斯基曾讲述过这样一件事：在某处的海岛上，渔夫们在一块巨大的圆花岗石上刻上了一行字——“纪念所有死在海上和将要死在海上的人”。这句话使巴乌斯托夫斯基感到忧伤。而另一位作家却认为这是一句非常雄壮的话，他是这样理解那句话的：纪念那些征服了海和即将征服海的人。

悲观者的眼光总是专注在不可能做到的事情上，到最后他们将一事无成。乐观者专注的都是可能做到的事情，由于把注意力集中在可能做到的事情上，所以往往能够心想事成。

有一家鞋厂销售业绩出现了大幅下滑，鞋厂老板及时将厂里的骨干召集在一起开会商讨对策。大家都得出了一个结论，那就是：在本地区鞋子的销售已趋于饱和，即使再打折促销也于事无补了。怎么办？有人出谋献策：当务之急，应该立即着手开发异地市场。鞋厂老板觉得这个主意不错，那应该到哪里去开发市场呢？有人提议去非洲，因为只有那里还属于未被开发的区域。全体与会人员一致通过此次议案。因非洲地域广阔，鞋厂派出两组调研人员分赴非洲进行市场调研，主要考察一下当地的人穿的鞋子的材质、款式、价格等等。

一段时间后，两组人员分别带着调研结果回到了工厂。会议过后，乙组人员立即被升职加薪，并且鞋厂老板准备在非洲建一座分厂，由乙组人员带队去完成相关工作。而甲组人员却全被降职降薪，留厂查看。为何面对相同的境遇所得到的结果却大不相同呢？请接着往下看。

且说甲组来到非洲后，被眼前的景象惊呆了：所到之处，男女老幼皆不穿鞋。他们的脚底板都磨出了厚厚的一层茧，早已不怕路上的杂草碎石了。甲组调研人员一下子全都泄了气，他们心中在想：完了！一点希望也没有，因为这里的人根本都不穿鞋子。

再来看看乙组的情况，乙组调研人员来到非洲后，也被眼前的景象惊呆了：同样是所到之处，男女老幼皆不穿鞋。但跟甲组不同的是，乙组人员一下子全都高兴地蹦了起来，他们欢呼道："简直太好了！我们的销售大有希望了。因为这里的人全都没有鞋穿！"

甲组调研人员看到的景象是悲观的：因为当地土著人从小就不穿鞋，因此练就了不用穿鞋的本事，这样的地方要把鞋卖给谁？又何来市场？而乙组调研人员看到的景象对他们来说是无比乐观的：因为当地的土著人根本就不知道鞋为何物，又何谈穿鞋呢？如果让他们了解了鞋的妙用，那岂不是开垦了一片无人种植的荒原吗？

悲观的人对经历的一切都抱持否定的看法。他们对人做最坏的预期，观察人的时候，总是看到恶劣的一面、满肚子自私自利的动机。对悲观的人而言，社会是由一群狡猾、颓废而邪恶的人组成的，他们总是想利用周遭的事物为自己牟利。这群人既无法信赖，也不值得对其伸出援手。

相形之下，乐观者就单纯、朴实得多了。他们容易信赖别人，也愿意涉入险境。其实他们也能察觉别人的恶意或缺点，只是他不愿将之视为障碍而犹豫不前。他们相信每个人都有优点，并努力唤醒别人的优点。

乐观之于人生，是地平线上那冉冉升起的红日，带给人间光明和希望！应该学会在乐观中撷取一份坦然，获取一种自信，那么你的人生将会变得丰富多彩；如果在悲观中摘下一片沉郁的叶子，自信心也将离你远去，到时你的人生将处处充满黑暗。

第三章

放下“身段”才能提高“身价”

放低自己才能飞得更高

只有从起点起步才能到达成功的彼岸，现实社会中，每个人要想成就一番事业，都要忍受内心的光荣梦想与现实生活的反差，并在忍受中一点点地去适应，去放低自己那高傲的心。

“不骄方能师人之长。”一个人要获得智慧和经验，必须把自己放低。放低自己并不是放低自己的理想，放低自己的抱负。放低自己是为达到目的而变换的思考方式，是一种从零、从小、从低做起的心态。一句话：放低自己不是最终目的，而是为了飞得更高。

一个在现实中处处碰壁的年轻人跋山涉水来到法门寺，对住持释圆和尚说：“我一心一意要学习绘画，但至今没有找到一个称心如意的老师。许多人都是徒有虚名，有的画技甚至还不如我。”

释圆听后淡淡一笑说：“老僧虽然不懂绘画，但也颇爱这门艺术。既然施主画技不比那些名家逊色，就烦请施主为老僧留下一幅墨宝吧。”

年轻人问：“画什么呢？”

释圆说：“贫僧喜欢茶道，施主可否为我画一个茶杯和一个茶壶呢？”

年轻人听了，心想：这还不容易？于是铺开宣纸，寥寥数笔，就画成了一个倾斜的茶壶和一个造型古朴的茶杯。更惟妙惟肖的是茶壶的壶嘴正徐徐流出一道茶水来，仿佛要注入那茶杯中去。

年轻人问：“这幅画您满意吗？”

释圆摇了摇头，说道：“你画得是不错，只是将茶壶和茶杯的位置放错了，应该是茶杯在上，茶壶在下呀。”

年轻人听了，笑道：“大师为何如此糊涂，哪有茶杯往茶壶里注水的？”

释圆听了，说：“原来你懂得这个道理啊！你渴望自己的杯子里注入那些丹青高手的香茗，你就不能把自己的杯子放得太高，人只有把自己放低，才能吸纳别人的智慧和经验。”

年轻人恍然大悟，从此虚心学习，终于学有所成。

释圆的一句“把自己放低”，不仅形象地说明了求知求学之道，也说明了为人处世之道。只有放低自己，懂得给自己留有余地才能收获更多，走得更远，飞得更高。

放低自己，是心态问题，也是对自己人生价值的估量问题。从一定意义上来说，放低自己，就是不要把自己看得太重要，太有能耐，太高明，或者说，放低自己就是低调做人。这不但少了别人的中伤和嫉妒，也为自己向更高目标迈进扫清了障碍。这既是一种自知之明，也显示了一种豁达大度。

美国著名政治家帕金斯30岁那年就任芝加哥大学校长，有人怀疑他那么年轻能不能胜任大学校长的职位，他知道后只说了一句：“一个30岁的人所知道的是那么少，需要依赖他的助手兼代理校长的地方是那么的多。”就这短短一句话，使那些原来怀疑他的人一下子放心了。

许多人往往喜欢尽量表现出自己比别人强，或者努力地证明自己是有特殊才干的人，然而一个真正有能力的领袖是不会自吹自擂的，而是像帕金斯那样自谦，所谓“自谦则人必服，自夸则人必疑”就是这个道理。

明代思想家吕坤说：“气忌盛，心忌满，才忌露。”想要成就大事，就需要沉住气，放低姿态。当你放低自己的时候，未来才能容纳你。西方有一位哲人说过：想要达到最高处，必须从最低处开始。海把自己放低，才能够容纳百川之水，从而成就自己；人把自己放低些，真诚地对待每一个人，宽容地面对每一件事，世界就会变成欢乐的海洋、幸福的港湾。

保持低姿态更易成功

俗话说，人往高处走，水往低处流。人们通常会一味地往高处走，而忘乎所以，浮躁肤浅。这时，就需要一种逆向思维，有时，放低自己的位置，保持一种低姿态反而能看到不一样的风景，也能为将来的奋起储蓄能量。

在处世中，保持低姿态，能让对方觉得有面子，感到光彩。这样一来，对方与你的关系便更近了一步。最终，得到好处、被人尊重的，还是你自己。可以说，低姿态正是胜利者的姿态，低姿态正是成功者的姿态。

因此，为了把事办成，不妨常以低姿态出现在别人面前，使别人感到安全时，你自己也是安全的。

在秦始皇陵兵马俑博物馆，有一尊被称为“镇馆之宝”的跪射俑，被誉为兵马俑中的精华，中国古代雕塑艺术的杰作。

这尊俑左腿蹲曲，右膝跪地，右足竖起，足尖抵地。上身微左侧，双目炯炯，凝视左前方。两手在身体右侧一上一下作持弓弩状。

如今，秦兵马俑坑已经出土、清理各种陶俑1000多尊，除跪射俑外，皆有不同程度的损坏，需要人工修复。而这尊跪射俑是保存最完整的，仔细观察，就连衣纹、发丝都还清晰可见。

这究竟为何呢？

专家告诉我们，这得益于俑的低姿态。首先，跪射俑身高只有1.2米，而普通立姿兵马俑的身高都在1.8米至1.97米之间。天塌下来有高个子顶着，兵马俑坑都是地下坑道式土木结构建筑，当棚顶塌陷、土木俱下时，高大的立姿俑首当其冲，低姿的跪射俑受损害就小一些。其次，跪射俑作蹲跪姿，右膝、右足、左足三个支点呈等腰三角形支撑着上体，重心在下，增强了稳定性。

处世也是如此，保持低姿态，避开无谓的纷争，就能避开意外的伤害，更好地发展自己。

如果你想把事做成，不妨以一种低姿态出现在对方面前，表现得谦虚、平和、朴实、憨厚，甚至愚笨、毕恭毕敬，使对方感到自己受尊重，比你聪明，在谈事时也就会放松自己的警惕性，觉得自己用不着花费太多精力去对付一个“傻瓜”了。

赫蒙是美国著名的矿冶工程师，毕业于美国的耶鲁大学，在德国的佛莱堡大学拿到了硕士学位。可是当赫蒙带齐了所有的文凭去找美国西部的大矿主赫斯特的时候，却遇到了麻烦。

那位大矿主是个脾气古怪又很固执的人，他自己没有文凭，所以就不相信有文凭的人，更不喜欢那些文质彬彬又专爱讲理论的工程师。当赫蒙前去应聘并递上文凭时，满以为老板会乐不可支，没想到赫斯特很不礼貌地对赫蒙说：“我之所以不想用你，就是因为你曾经是德国佛莱堡大学的硕士，你的脑子里装满了一大堆没有用的理论，我可不需要什么文绉绉的工程师。”

聪明的赫蒙听了不但没有生气，相反，他心平气和地回答说：“假如你答应不告诉我父亲的话，我要告诉你一个秘密。”赫斯特表示同意，于是赫蒙小声对赫斯特说：“其实我在德国的佛莱堡并没有学到什么，那三年就好像是稀里糊涂地混过来一样。”想不到赫斯特听了笑嘻嘻地说：“好，那明天你就来上班吧。”就这样，赫蒙在一个非常顽固的人面前通过了面试。

赫蒙把自己的身份降低，就赢得了大矿主的心。低姿态不仅是种手段，而且是种态度。你越充分地运用这种方法，你就越有可能赢得别人的心。

其实，你以低姿态出现只是一种表面现象，是为了让对方从心理上感到一种满足，使他愿意与你合作。实际上越是表面谦虚的人，反而越是聪明的人。当你表现出大智若愚，使对方陶醉在自我感觉良好的气氛中时，对方就会不由自主地配合你，从而达到你的目的。

敢于承认自己不如人

中国人常说："人活一张脸，树活一层皮。""面子"在我们的传统观念中的地位可见一斑。可以说，中国社会对人的约束主要就是廉耻和脸面，然而若因此就固执地以"面子"为重，养成死要面子的人生态度却不是件好事。

执着，让我们赢得了通往成功的门票，而固执，让我们在死守自己强势死不认输时，却输掉了整个人生。所以，正确剖析自己，敢于承认技不如人，放下不值钱的面子，走出面子围城，这不是软弱，而是人生的智慧。

有一个人做生意失败了，但是他仍然极力维持原有的排场，唯恐别人看出他的失意。为了能重新振作起来，他经常请人吃饭，拉拢关系。宴会时，他租用私家车去接宾客，并请了两个钟点工扮作女佣，佳肴一道道地端上，他以严厉的眼光制止自己久已不知肉味的孩子抢菜。

前一瓶酒尚未喝完，他已打开柜中最后一瓶XO。当那些心里有数的客人酒足饭饱告辞离去时，每一个人都热情地致谢，并露出同情的眼光，却没有一个人主动提出帮助。

希望博得他人的认可是一种无可厚非的正常心理，然而，人们在获得了一定的认可后总是希望获得更多的认可。所以，人的一生常常会掉进为寻求他人的认可而活的爱慕虚荣的牢笼里面，可以说面子左右了他们的一切。

50多年前，林语堂先生在《吾国吾民》中认为，统治中国的三女神是"面子、命运和恩典"。"讲面子"是中国社会普遍存在的一种民族心理，面子观念的驱动，反映了中国人尊重与自尊的情感和需要，但过分地爱面子如果任其演化下去，终将得不偿失。

有一个博士分到一家研究所，成为研究所中学历最高的人。

有一天他到单位后面的小池塘去钓鱼，正好所长和副所长在他的一左一右也在钓鱼。他只是朝他们微微点了点头，这两个本科生，有啥好聊的呢？

不一会儿，所长放下钓竿，伸伸懒腰，噌噌噌地从水面上如飞般地走到对面上厕所。博士眼睛睁得都快掉下来了。水上漂？不会吧？这可是一个池塘啊。所长上完厕所回来的时候，同样也是噌噌地从水上漂回来了。怎么回事？博士生又不好去问，自己是博士生哪！

过了一阵，副所长也站起来，走几步，噌噌噌地漂过水面上厕所。这下子博士更是惊呆了：不会吧，到了一个江湖高手集中的地方？博士生也内急了。这个池塘两边有围墙，要到对面厕所非得绕 10 分钟的路，而回单位上又太远，怎么办？博士生也不愿意问两位所长，憋了半天后，也起身往水里跨：我就不信本科生能过的水面，我博士生不能过。只听“咚”的一声，博士生栽到了水里。

两位所长将他拉了出来，问他为什么要下水，他问：“为什么你们可以走过去呢？”两位所长相视一笑：“这池塘里有两排木桩子，由于这两天下雨涨水正好在水面下。我们都知道这木桩的位置，所以可以踩着桩子过去。你怎么不问一声呢？”

上面的这个例子再经典不过了，一个人过于爱惜面子，难免会流于迂腐。“面子”是“金玉其外，败絮其中”的虚浮表现，刻意地张扬面子，或让“面子”成为横亘在生活之路上的障碍，终有一天会吃到苦头。因此，无论是在人际关系方面还是在事业上，我们都不要因为小小的面子，为自己的生活带来不必要的麻烦和隐患。其实“面子观”是一种死守面子、唯面子为尊的价值观念和行事思想。“面子观”对我们行事做人有很大的束缚。因此，在不利的环境下我们要勇于说“不”，千万别过多地考虑“面子”，使自己陷入“面子观”的怪圈之中。

事实上，我们没必要为了面子而固执地使自己显得处处比别人强，仿佛自己什么都能做到。每个人都有缺陷，不要试图在每一方面都比别人强。聪明的人，敢于承认自己不如人，也敢于对自己不会做的事说不，所以他们自然能赢得一份适意的人生。

打破身份的自我限制

想要在社会上走出一条路来，你就要放下身份，也就是放下你的学历，放下你的家庭背景，放下你的身份和面子，让自己回归到一个普通人，甚至比普通人更为谦虚的位置。同时，也不要在乎别人的眼光和批评，沉住气，做你认为值得做的事，走你认为值得走的路。

在化妆品行业里几乎无人不晓李菁和李礼这两个名字，这两朵姊妹花自 1995 年以来一直效力于法意公司，而这家公司先后作为纪梵希、范思哲、幽兰、安娜苏等国际知名化妆品品牌的中国地区总代理，曾在进口化妆品市场中独霸一方。李菁和李礼的名字也总是一起出现，一个是市场部总监，一个是销售部总监，她们曾为这些品牌在中国的推广创下了骄人的战绩。

这两个女孩都出生于 20 世纪 70 年代，受过良好的高等教育。可任何美好事物的背后都不像表面那么光鲜。

刚出道时的李菁一身学生气，提着满满一箱化妆品的样品去拜访北京各大百货商场的化妆部经理，她曾被人不分青红皂白地骂出门去："外语系毕业的小姑娘，不去外企大公司，跑到这儿来卖什么化妆品？也不怕掉价儿……"李礼的运气也好不到哪儿去，为了帮公司争取到优惠的合作条件，她曾在烈日炎炎下的马路上坐了 6 个小时，才把主事的人——商场业务主管等回来。

李菁和李礼是幸运的，至少她们选择了一项自己热爱的职业并为之努力。"你不知道刚开始有多苦，"李菁对同事说，"我们根本没有休息日，白天盯销售，晚上盘库存。常常是商场一开门就冲进去，晚上关门后才出来。整日和销售员一起站着，做促销，搞活动。我们之所以能够坚持下来，就是因为从来没有把自己摆得过高。只有努力从低层做起的人才能稳扎稳打，能上能下。"无法想象这两个漂亮的女孩子曾在相当长的一段时间里在一间没有空调暖气、没有卫生间的简陋库房里工作，成箱的货品都是自己从一级级台阶搬上搬下的。那时她们真的很委屈，但还是坚持下来了。

其实，她们对成功的定义就是要“开心”，要“感觉好”。每当有不顺心的事，就宽慰自己一句“比上不足，比下有余”，烦闷也就一笑而散了。

李菁和李礼能够放下自己的身份，一切为公司的利益着想，这无论如何都是值得我们学习的。有时候，人的“身份”是一种“自我认同”，并不是什么不好的事,但这种“自我认同”也是一种“自我限制”,也就是说:“因为我是这种人，所以我不能去做那种事。”而自我认同越强的人，自我限制也越厉害。

千金小姐不愿意和她的女佣同桌吃饭，博士不愿意当基层业务员，高级主管不愿意主动去找下级职员，知识分子不愿意去做“不用知识”的体力劳动……他们认为，如果那样做，就有损他们的身份和面子。

其实这种“身份”只会让路越走越窄。不是说有“身份”的人就不能有得意的人生，但我们相信，在非常时刻，如果还放不下身份，不能撕破“漂亮”的装饰，你的优越感就会一直阻止你前行的脚步，而最终你也只会让自己无路可走。

让出手中的功劳，成就自己的前途

常言道，伴君如伴虎。长期待在上司身边的人，确实是不容易的。反应迟钝，不醒目灵活，会被认为是无用;可是处处显得光芒四射，高人一等，又会引起上司的忌恨。

其实只要记住一条原则，永远不要让你的光芒遮盖了你的上司，也就是切勿冒犯上司，不抢上司的风头；做事情把握分寸，要到位而不要越位，总是比上司矮一截，或是把功劳归给上司，任何情况下都不让上司觉得你是对他有威胁的。能够做到这些，你自然就能在陷阱重重的权力森林中得以自保，进而提升自我，获得事业的成功。反之，一味地炫耀自己的才能往往会适得其反。

东汉末年的许攸，本来是袁绍的部下，虽说是一名武将，却足智多谋。官渡之战时，他为袁绍出谋划策，可袁绍不听，他一怒之下投奔了曹操。曹操听说他来，没顾得上穿鞋，光着脚便出门迎接，鼓掌大笑道："足下远来，我的大事成了！"可见此时曹操对他很看重。后来，在击败袁绍、占据冀州的战斗中，许攸又立了大功，他自恃有功，在曹操面前便开始不检点起来。有时，他当着众人的面直呼曹操的小名，说道："阿瞒，要是没有我，你是得不到冀州的！"曹操在人前不好发作，只好勉强笑着说："是，是，你说得没错。"但心中已十分嫉恨，许攸并没有察觉，还是照样信口胡来。

有一次，许攸随曹操进了邺城东门，他对身边的人自夸道："曹家要不是因为我，是不能从这个城门进进出出的！"

曹操终于按捺不住，将他杀掉。

不管你的功劳有多大，如果你只是一个下属，千万不能在众人，尤其是上司的面前，夺了他的"光芒"，否则你也会像许攸一样遭人摒弃。

许多上司最看不上那些自吹自擂的人，有了一点点成绩，就心高气傲，不思进取，这样的人是不会得到提拔和重用的。所以，下属与上司相处时，一定要掌握分寸。

尽管有时上司在某一方面确实远不如你，但是作为下属的你还是要十分注意。在你与上司说话的时候，不要咄咄逼人，不要冷嘲热讽；背地里也不要评头论足；更不要让上司当众出丑下不来台。要知道这些都是蔑视上司的行为，你很容易被上司认为是一个恃才傲物和喜欢顶撞权威的人，从而不信任你。

所以，在职场中，不管你才高几斗、功劳有多大，学会在领导面前低头，将功劳让给上司，你将受益无穷。

好的东西，每一个人都喜欢；越是好的东西，越是舍不得给别人，这是人之常情。要是你有远大的抱负，不要斤斤计较成绩的取得究竟你占有多少份，而应大大方方地把功劳让给你身边的人，特别是让给你的上司。

这样，做好一件事，你感到喜悦，上司脸上也有光彩，以后，上司少不了再给你更多建功立业的机会。否则，如果只会打眼前的算盘，急功近利，则会得罪身边的人，将来一定会吃亏。对上司让功一事绝不可到处宣扬，如果你不能做到这一点，倒不如不让的好。对于让功的事，让功者本人是不适合宣传的，自我宣传总有些邀功请赏、不尊重上司的味道，你让功的事只能由被让者来宣传。虽然这样做埋没了你的才华，但你的同事和上司总有机会设法还给你这笔人情债的。

因此，做善事就要做到底，不要让人觉得你让功是虚伪的。

将自己的功劳归成上司的，把本该属于自己的镜头悄悄地让给上司。擅长处理上下级关系的人，都会将自己的功劳淡化，不显山不露水，必要的时候将一切功劳、成绩、好名声都归之于上司，那么，你离“平步青云”的日子也就不远了。

放下清高，路越走越顺

“墙角的花，你孤芳自赏时，天地便小了。”冰心这首隽永的小诗是对孤芳自赏者最好的诠释。佛学大师星云法师也以花作喻：任何品种好的花朵，如果只会孤芳自赏或自命清高，它就永远是野花，难登大雅之堂。因此，打开自己的人生天地，首先要放下清高，路才能越走越顺。要以谦让豁达来赢得更多的朋友；不要结党营私，局限在某个小团体之内，更不要自尊自大、孤芳自赏，走到孤立无援的地步。

方华是个非常优秀的青年，头脑一向很聪明，在大学期间是一个令人羡慕的“学习尖子”。或许正是因为他太优秀了，所以其他人在他眼里简直不值一提。

方华是一个特立独行的人，时时感到自己是“鹤立鸡群”。不仅周围的同学他看不上眼，连一些教授他也不放在眼里，因为他们讲的课程对方华来说实在太简单了。

学业上的优秀使方华逐渐产生了一种优越感，因而在人际交往中渐渐变得极为挑剔，容不得别人有一点毛病。一次，有位同学向他借了一本书，书还回来时弄破了一角，虽然那位同学一再向他表示歉意，但方华仍然无法原谅他。尽管碍于面子，他当时什么话也没说，然而从那以后，他再也不愿理睬那个借书的同学了。

渐渐地，方华成了其他同学眼中的“怪人”，大家不敢再和他交往，甚至不愿意和他交往。当然，这种“集体排斥”并没有阻碍方华在学业上的成功。

方华的功课门门都很优秀，年年都获得奖学金，还曾代表学校参加过国际性竞赛并获得了奖项。许多老师和学生都一致认为，他是一个难得的“天才”。

数年寒窗苦读后，方华以优异的成绩毕业，顺利进入一家待遇优厚的大公司。他心中对未来充满了憧憬，准备干出一番轰轰烈烈的事业来。不过，上班后的生活远远不像在学校里那样简单，每天都少不了和上司、同事、客户等各种各样的人打交道，方华对此感到十分厌烦。原因在于，他在与人交往时仍然抱着那种挑剔的心理，一旦与人接触就对他人的缺点非常敏感。

毕竟，方华太优秀了，很少有人能够和他相提并论。他对别人的挑剔越来越严重，逐渐发展成对他人的厌恶。他讨厌那些平庸的同事、低能的上司，有时甚至说不清对方有什么具体的缺陷，但他就是感觉不对劲。

长此以往，方华与周围的人关系搞得很紧张，彼此都感到很别扭。他经常与同事闹得不可开交，也往往因一些微不足道的小事而与上司发生龃龉。

终于有一天，方华彻底变成了一个无人理睬的闲人了。尽管他确实很有才干，但上司却不再派给他任何任务，同事们也像躲避瘟疫一样远离他。在走投无路之际，他被迫写了一份辞职书，结果马上得到了批准。

随后，方华又到别处应聘，可是一连换了四五家单位，竟然没有一处令他感到满意。这位原本前途远大的青年，心情变得越来越苦闷，日益形单影只。在巨大的痛苦煎熬下，他的精神逐渐崩溃，最后被送入了一家精神病医院。

方华的人生可谓一场悲剧，但这场悲剧是他孤芳自赏的性格造成的。富有才华的人，难免会有些骄傲和自信心膨胀，这就需要他保持一个清醒的头脑，看到自身的不足，用谦虚恭敬的态度待人处事，才能不断提高自己，同时也会获得别人的认可。

俗话说："满招损，谦受益。"骄傲自大、孤芳自赏的人，常因"鼻孔朝天"而四处碰壁，人生的领地越来越小。而谦虚的人却能时刻保持谨慎诚恳的姿态，踏踏实实地走好每一步，于是人生之路越走越顺。

第四章

低调做人，高调做事

志当存高远

成功人士都是靠超前一步而取得成功的。奥运会金牌得主不光靠技术，而且还靠远见。商界领袖也一样。远见就是推动前进的动力。正如道格拉斯·勒顿说的："你决定人生追求什么之后，就做出了人生最重大的选择。要想如愿，首先要弄清你的愿望是什么。"有了志向，你就看清了自己的目标。有了志向，你就有一股无论顺境逆境都勇往直前的动力。

维斯卡亚公司是20世纪80年代美国最为著名的机械制造公司，其产品销往全世界，并代表着当今重型机械制造业的最高水平。许多人毕业后到该公司求职均遭拒绝，原因很简单：该公司的高技术人员爆满，不再需要各种高技术人才。但是令人垂涎的待遇和足以自豪、炫耀的地位仍然向那些有志的求职者闪烁着诱人的光环。

史蒂芬是哈佛大学机械制造业的高才生。他和许多人的命运一样，在该公司每年一次的用人测试会上被拒绝。史蒂芬并没有死心，他发誓一定要进入维斯卡亚重型机械制造公司。于是，他采取了一个特殊的策略——假装自己一无所长。

他先找到公司人事部，提出为该公司无偿提供劳动力，请求公司分派给他任何工作，他可以不计任何报酬来完成。公司起初觉得这简直不可思议，但考虑到不用任何花费，也用不着操心，于是便分派他去打扫车间里的废铁屑。

一年来，史蒂芬勤勤恳恳地重复着这种简单却劳累的工作。为了糊口，下班后他还要去酒吧打工。这样，虽然得到老板及工人们的好感，但是仍然没有一个人提到录用他的问题。

20世纪90年代初,公司的许多订单纷纷被退回,理由均是产品质量问题，为此公司蒙受了巨大的损失。公司董事会为了挽救颓势，紧急召开会议商议对策。当会议进行很长时间却未见眉目时，史蒂芬闯入会议室，提出要见总经理。

在会上，史蒂芬对这一问题出现的原因做了令人信服的解释，并且就工程技术上的问题提出了自己的看法，随后拿出了自己对产品的改造设计图。这个设计非常先进，恰到好处地保留了原来机械的优点，同时克服了已出现的弊病。

总经理及董事会的董事见到这个编外清洁工如此精明在行，便询问了他的背景以及现状。尔后，史蒂芬被聘为公司负责生产技术问题的副总经理。

原来，史蒂芬在做清扫工时，利用清扫工到处走动的特点，细心察看了整个公司各部门的生产情况，并一一做了详细记录，发现了所存在的技术性问题并想出了解决的办法。为此，他花了近一年的时间搞设计，获得了大量的统计数据，为最后一展雄姿奠定了基础。

“志当存高远”，这是一句千古流传的名言，古人很重视人生志向的确立，志存高远，就会自我激励，奋发向上，有所成就；志向远大，才能克服眼前的困难和自身的弱点，去实现宏伟的志愿！人人都要认真地审视自我，感知理想实现路程的艰辛，要有远大的抱负，但不能偏执自负；要志存高远，但不能好高骛远。

自古以来，凡成大事者，无不是立高远之志，以勤为径、以苦作舟去实现自己的理想抱负的。

昔时少年项羽因为看到秦始皇出游的赫赫声势，就有取而代之的念头，才有历史上的楚汉相争；诸葛亮躬耕南阳，因为常“好为梁父吟，自比管仲乐毅”，才有魏晋时期的三国鼎立；霍去病因为有“匈奴未灭，何以家为”的壮志，才演绎出一代英雄赞歌；周恩来因为从小便有“为中华之崛起而读书”的豪气而成为开国总理，成就了新中国；巴尔扎克因为年轻时的挥笔豪言“拿破仑用剑无法实现的，我可以用笔完成”，才有350部鸿篇巨制的源远流传；苏步青教授因为少年时有“读书不忘救国，救国不忘读书”的志向而成为国际公认的几何学权威。

不要把自己当作大人物

有一位将军，在大军撤退时总是断后，回到京城后，人们都称赞他的勇敢，将军却说：“并非吾勇，马不进也。”将军把自己断后的无畏行为说成是由于马走得太慢。其实，在人们心目中，“马走得太慢”绝对无法抵消将军的英雄形象。

何晶是新加坡总理李显龙的夫人，随着李显龙的宣誓就职，何晶也开始走到了新加坡的政治前台。何晶是位精明能干却始终保持低调，尤其不愿被媒体曝光的商业女强人，因此她的身世和成就在新加坡鲜为人知。随着夫君正式宣誓就职，何晶不得不开始在媒体面前“曝光”。

不过，如果稍加留意就不难发现，在美国《财富》杂志首次选出亚洲25位最具影响力的企业家排行榜上，何晶排名第18位，与索尼集团行政总裁出井伸之、日本丰田汽车社长张富士夫及香港富商李嘉诚齐名。只是当时并没有多少人将她与李显龙联系在一起。

身为新加坡官方最重要的投资控股公司——淡马锡控股公司执行董事的何晶，目前掌管着新加坡遍布全球各地的数百亿美元资产。淡马锡控股公司成立于1974年，辖下大型企业包括新加坡航空公司、新加坡电信、新加坡发展银行和世界有名的新加坡动物园等。

她在一次接受媒体的采访时曾说：“我和他（李显龙）时常意见相左，

但我们在这些问题上常做有益的辩论。李显龙（当时）虽然是财政部长，但他不能做任何片面决策，他只是一个团队的一分子而已。”

新加坡虽然是一个小国，但在亚洲却是一个经济强国，作为新加坡的第一夫人，何晶却喜欢朴素装扮，她经常留着一头短发。喜欢舒适朴素装扮的何晶，拥有美国斯坦福大学电子科学硕士学位，同时她也是一位出色的政治学者。在 1985 年嫁给李显龙时，何晶正在新加坡国防部任职，当时李显龙刚以准将一职自军中退役。

接受记者采访时，何晶给记者讲了一个寓言故事：

两只大雁与一只青蛙结成了朋友。秋天来了，大雁要飞回南方，三个朋友舍不得分开。大雁对青蛙说：“要是你也能飞上天多好呀，我们就可以经常在一起了。”青蛙灵机一动，它让两只大雁衔住一根树枝，然后它自己用嘴衔在树枝中间，三个朋友一起飞上了天。地上的青蛙们都羡慕地拍手叫绝。这时有人问:“是谁这么聪明？”那只青蛙生怕错过了表现自己的机会，于是大声说：“这是我想出来的……”话还没说完，它便从空中掉下来了。

越是真正的强者，越懂得低调行事。那些刻意在人面前显示自己是大人物的人，其实内心十分脆弱。

仰头走路势必被撞

谦虚而豁达的做人方式能使事情做起来更顺利。反之，那种妄自尊大、自以为是的做法必然会引起别人的反感。

1860 年，林肯作为美国共和党候选人参加总统竞选，他的对手是大富翁道格拉斯。

当时，道格拉斯租用了一辆豪华富丽的竞选列车，车后安放了一门大炮，每到一站，就鸣炮 30 响，加上乐队奏乐，气派不凡，声势浩大。道格拉斯得意扬扬地对大家说：“我要让林肯这个乡下佬闻闻我的贵族气味。”

林肯面对此情此景，一点也不在乎，他照样买票乘车，每到一站，就登上朋友们为他准备的耕田用的马拉车，发表这样的竞选演说："有许多人写信问我有多少财产。其实我只有一个妻子和三个儿子，不过他们都是无价之宝。此外，我还租有一个办公室，室内有办公桌一张，椅子三把，墙角还有一个大书架，架上的书值得我们每个人一读。我自己既穷又瘦，脸也很长，又不会发福，我实在没有什么可以依靠的，唯一可以信赖的就是你们。"

选举结果大出道格拉斯所料，竟是林肯获胜，当选为美国总统。

做事还是谦虚一些好，谦虚往往能得到别人的信赖。谦虚，别人才不会认为你会对他构成威胁。谦虚不仅是人们应该具备的美德，从某种意义上说，谦虚也是获胜的力量。尤其是在对峙双方地域不同、文化背景各异的情况下，偶尔一句"我不太明白""我没有理解你的意思""请再说一遍"之类谦恭的言语，会使对方觉得你富有涵养和人情味，真诚可亲，从而提高成功的可能性。

越是有成就的人，态度越谦虚，相反，只有那些浅薄的自以为有所成就的人才会骄傲。美国石油大王洛克菲勒就说："当我从事的石油事业蒸蒸日上时，我晚上睡前总会拍拍自己的额角说：'如今你的成就还是微乎其微！以后路途仍多险阻，若稍一失足，就会前功尽弃，切勿让自满的意念侵吞你的脑袋，当心！当心！'"这就是告诫人们要谦虚，尤其是稍有成就时应格外小心，不要骄傲。

越是谦逊的人，你越是喜欢找出他的优点；越是把自己看得了不起，孤傲自大的人，你越会瞧不起他，喜欢找出他的缺点。这就是谦逊的效能。所以，平时你要谦逊地对待别人，这样才能博得人家的支持，为你的事业奠定基础。

主动做事，就是自我创造

观察那些不论领导是否在办公室都会努力做事的人，这种人永远不会被解雇，也永远不必为了加薪而罢工。阿尔伯特在《致加西亚的信》一文中如此写道："在这里我们依旧要强调这一点。那些成大事者和平庸的人之间最大的区别就在于，成大事者总是自动自发地去做事，而且愿意为自己所做的一切承担责任。要想获得成功，你就必须敢于对自己的行为负责，没有人会给你成功的动力，同样也没有人可以阻挠你实现成功的愿望。"

像无数的美国年轻人一样，詹姆斯在青少年时期和大学时代做过许多的事。修理过自行车，卖过词典，做过家教，当过书店收银员、出纳。大学期间，为了换取学费，他还给别人打扫过院子，整理过房间和船舱。

由于这些事都简单，他曾说它们都是下贱而廉价的。他后来发现自己的想法完全错了。事实上不管做什么样的事，他其实都从中学到了不少的经验和教诲。

詹姆斯变成了一位管理者，他依旧像原来那样去发现那些需要做的事——哪怕那不是他的事。无论从事什么职业，只要你这么做你就可以超越别人，这不仅让你与众不同，也会为你的成功铺平一条道路。任何一个在公司里做事的职员都应该相信这一点。只要你主动一些，一切就会变得美好起来。

主动是什么？主动就是不用别人告诉你，你就可以出色地完成一件事。一个优秀的人应该是一个主动地做事的人。而一个优秀的管理者则更应该努力培养人的主动性。

主动地去做好一切吧！千万不要等你的领导来催促你。不要做一个墨守成规的人，不要害怕犯错，勇敢一点吧！领导没让你做的事你也一样可以发挥自己的能力，出色地完成任务。要尽力改善，争当领头羊。当你看到什么事情不如意时，要积极主动去做好。你是否觉得你的公司应该制造一种新产品？如果要，就赶快想办法尽量创新吧。你孩子的学校里要不要增添一些新教材？如果要，就立刻发动募捐，以便你的小孩可以使用。你应相信：即便开始时是一个人孤军奋战，只要这个构想真的很好，对众人都有利，很快就会赢得支持。你一定要使自己成为主动去尽力改善的改革者。

要主动地参加义务活动。你一定有想参加某些活动却又不敢去的经验，为什么呢？因为你害怕。你不是怕能力不足，就是怕别人的批评与破坏。你害怕被人嘲笑，被人说成巴结奉承，被人指为贪功躁进，因此你裹足不前，不敢向前迈进一步。那些能干又肯干的人，都是主动做事的人，而那些站在场外袖手旁观的人，永远只能是看客。大家都信任脚踏实地的人，人们一致相信：这个人敢说敢做，绝对知道怎么做最好。我们还没听过有人因为没有打扰别人、没有采取行动、要等别人下令才做事而受到称赞的。

成功人士和平庸之辈，是两种截然不同类型的人。成功人士凡事都主动，我们不妨称他为积极主动的人；那些庸庸碌碌的普通人凡事都被动，我们不妨称他为消极被动的人。你只要仔细研究这两种人的行为，就可以找到一个成功原理：积极主动的人都是不断做事的人，他凡事现在就去做，直到完成为止。消极被动的人，都是懒惰散漫的人，他们会找借口偷懒，直到最后他证明这件事不应该做，没有能力去做，或已经来不及了为止。

积极主动的人和消极被动的人之间的差异，从很小的地方就能看出来。前者计划好一个假期，就真的会去度假；后者也计划好一个假期，却拖延到明年再打算。前者认为应该定期听成功讲座，结果他真的做到了；后者也认为应该定期听成功讲座，但他会找出各种办法来拖延。前者认为应该发一封 E-mail 给一个人来恭贺他的成就，他真的敲起了电脑键盘；后者却找了一个好理由来延后，结果一直不去行动。

积极主动的人和消极被动的人之间的差异，也会在大事上表现出来。前者想要自己创业，结果他说做就做；后者也想创业，但他总在最后关头发现不该去做的好理由。前者已经 40 岁了，他很想换一个新事做，结果他真的去做；后者也一样，但他一直犹豫不决，结果什么事也没有做成。

积极主动的人和消极被动的人之间的差异，也会在各种行为上表现出来。前者想做就做，因而获得安全感以及更多的收入；后者不会想做就做，因为他不想行动，结果丧失了机会，因而永远蹉跎岁月。积极主动的人会成就许多事情，消极被动的人很想做事但不会真的去做。

抓住知识带给我们的生存权

想在这个社会上赢得一席之地，就必须居安思危。如果做一份什么人都可以做的工作而又不思进取，那么说不定什么时候就被人淘汰了。

人皆有惰性，一旦条件优越，就难免不思进取。然而，一个人要想在异常激烈的社会竞争中不被淘汰，还是要有一点危机意识，这样就可以未雨绸缪，主动出击。

数十年前，高中毕业下乡插队的伟宁顶替父职到了某企业工作，先后当过工人、车间调度、总公司办公室收发兼档案管理，饱经风霜的她任劳任怨。近年来，企业经营不景气，单位进行机构改革与调整，此时此刻，她猛然意识到自己年龄大、学历低，又无专长，下岗的忧患，时刻威胁着她。她思虑再三，决心在短期内掌握一技之长。

平常在工作中她帮打字员校对文稿，发现那位打字员不仅打字速度慢，而且错漏百出，校对后还要耗时修改，工作效率很低。公司里的几位老总都对其不满。看来，换人是迟早的事。于是，伟宁利用空闲时间苦练电脑打字技术，这对 40 多岁的女士来说确实不容易。经过大半年时间的刻苦练习，她的录入速度提高到每分钟 50 字，而且准确率相当高，几乎可以免除校对了。文稿排版美观大方，文字摆放疏密有致，令人赞不绝口。

不久，一位学档案管理专业的大学生接替了她的工作，她则被聘为办公室打字员，而那位比她年轻 10 多岁的前任则无可奈何地下了岗。

有人说：“过去的时代是资本时代，由资本决定社会的发展；而现在则是知本时代,知识就是资本。”知识经济时代,就需我们改变观念,掌握知识,依靠知识，创造财富，终身学习，这已成为这个时代的主旋律，也成为每个人生活的主要内容。科技与经济的竞争，说到底还是人才的竞争、素质的竞争。学不到新知识，就等于失去了社会的生存竞争力。如果你是一个有“心眼”的人，就不要中断学习知识，要知道知识多了路好走。

世界知识经济大潮也冲击着中华大地的各个角落，荡涤着那些不适应生产力发展的旧体制、旧观念，给我国经济、文化、科学技术的发展带来了无限生机，同时也为生长在这一历史环境中的青年一代带来了巨大压力，使他们普遍产生一种危机感、紧迫感。

自从高考招生制度恢复以后，每年都有成千上万的青年进入高等学府，还有不少人被选派出国学习。由于当时我国国力有限，仅仅依靠全日制的教育机构远不能使广大青少年接受教育，特别是高等教育。那些没有机会进入高等院校的大批青年并未因此而颓废自弃，他们通过电视大学、广播大学、函授大学、夜大、高等教育自学考试等多种途径，走上了自学成才的道路。20 世纪 80 年代，工人、农民、干部、知识分子无不为国家、民族的命运担忧，为自己知识的饥渴苦恼。他们把学习视为关系到国家生死存亡的一场全民性的总动员，因而也就形成了前所未有的学习热潮。

北京市电子计算机中心的某技术人员，1979 年被选送去美国留学时已是 30 多岁的人了，明明已经步入中年，还得像青年一样地苦读，他在美国的老师只有 25 岁，聪明能干，但他也不笨啊！只不过他被耽误了 10 年，可在国外，跟谁去解释？

那些同样被耽误的中国留学生夺回逝去时间的唯一办法只能是：人家睡的时候他们少睡，人家玩的时候他们不玩。在美国，中国留学生住的公寓比较舒适，但他们除了吃饭睡觉很少停留在公寓里。他们知道，国家百废待兴，用钱来送他们留学，必须紧紧抓住这个学习机会。老师让他们每天晚上听完一盘磁带，提升词汇量。听磁带也没有文字材料，老师为了增加难度，故意在每盘磁带上录进一些风马牛不相及的词。他们只好把一个个单词中的一个个字母先分解出来，然后再翻字典。每晚啃下一盘磁带，不亚于服苦役。他们熬夜都熬惯了，大伙都累得麻木了，好像失去了知觉。以后想起那段啃磁带的强化学习的日子都觉得害怕。所以，这些留学生回国后，他们完成了美国专家没有完成的项目，取得了不小的成绩。

现在，我们国家很多科研项目都是由这些学成归来的留学生承担的，他们就是因为掌握了世界的最新知识，也就具有一定的竞争力和生存能力。经历了锻炼，就容易成熟。

行动决定一切

一个渴望成功的人，应当具有一种见别人之未见、行别人之未行的精神，成功离不开别具一格的创意，离不开独辟蹊径的能力，思路独特，你才能早日成功，如果只懂得随大流做事，那你注定要落在人后。

伊夫·洛列另辟蹊径，打破常规，积极创新，利用花卉来制造美容霜，而且采取当时闻所未闻的邮购方式，从而使自己的事业取得了不同凡响的成绩。

法国著名美容品制造商伊夫·洛列靠经营花卉店发家，从 1960 年开始生产美容化妆品，到如今他在全世界的分店已逾千家，他的产品在世界各地深受人们的喜爱。伊夫·洛列原先对花卉抱有极大的兴趣，经营着一家自己的花卉店，一个偶然的机会，他从一位医生那里得到了一种专治痔疮的特效药膏秘方。

他对这个秘方产生了浓厚的兴趣。他想：能不能使花卉的香味深入一种药膏，使之成为芬芳扑鼻的香脂呢？说干就干，凭着浓厚的兴趣和对于花卉的充分了解，不久之后，伊夫·洛列果然研制成了一种香味独特的植物香脂。他十分兴奋，于是便带上他的产品去挨家挨户地推销，取得了意想不到的成绩，几百瓶试制品不大工夫就卖得一干二净。

由此，伊夫·洛列想到了利用花卉和植物来制造化妆品。他认为，利用花卉原有的香味来制造化妆品，能给人以自然清新的感觉，而且原材料来源广泛，所能变换的香型种类也非常多，前景一定会大好。

他开始去游说美容品制造商实施他的计划。但在当时，人们对于利用植物来制造化妆品是抱否定态度的。几乎每个制造商都没有听完伊夫·洛列的建议便摇摇头、挥挥手，对他下了逐客令。但是伊夫·洛列坚信自己的新颖想法没错。于是，他自己向银行贷款，建起了自己的工厂。

1960年，洛列的第一批花卉美容霜研制出来了，便开始小批量地生产。结果在市面上引起了轰动。在极短的时间内，就顺利卖出了70多万瓶美容霜，这对于洛列来说，不啻是个巨大的鼓舞。

伊夫·洛列利用花卉来制造美容产品，可以说是一次大胆的尝试，那么，他利用邮购的方式来推销产品，便可以说是一种创举了。

伊夫·洛列开创了自己的公司之后，曾在报刊上刊登过广告，不过效果不太好，金钱花费较大，而反应也并不强烈。有一天，他突然有了一个想法，在广告上附上邮购优惠单，那么一定会引起许多人的注意。

他在《这儿是巴黎》杂志上刊登了一则广告，上面附载了邮购优惠单。《这儿是巴黎》是一份发行量较大的杂志，结果其中40%以上的邮购优惠单给寄了回来，伊夫·洛列成功了。一时间，他这种独特的邮购方式使他的美容品源源不断地卖了出去。

1969年，伊夫·洛列扩建了他的工厂，并且在巴黎的奥斯曼大街上设了一个专卖店，开始大量地生产和销售化妆品。

做任何事情绝不能只在一棵树上吊死，因循守旧、墨守成规只会导致事业的失败。如果只是踩着前人设定好了的路线，跟在别人后面，慢慢地前行，是绝不可能闯出一片属于自己的天地的。

生活中，有的人有主见、有个性，思路新颖，绝不盲从别人，这种人往往比较容易获得成功，独到的眼光、见解，迅速的行动，雷厉风行的执行速度，就是他们成功的秘诀。不墨守成规，有独特的思路，这不仅是做事成功的保证，也是我们做人处世不可缺少的精神。

布莱克早就说过：“只思考不行动的人只能生产思想垃圾。”他说：“成功是一把梯子，双手插在口袋里的人是爬不上去的。”

思想固然重要，但行动往往更重要。

那些发挥主动性的人和那些不发挥主动性的人有着天壤之别。我们指的不是效力上的25％—50％的差别，而是500％。以上的差别，如果那些发挥主动性的人是聪明、有见地和反应敏锐的人，那就更是这样了。

实在做事，畅达成功

曾经听过这样一个故事：

在毕业20周年之际，南京某校的同学组织了一场同学联谊会。

联谊会上，大家把一直还住在乡间的原班主任用专车接了来。老人已年过古稀，头发全白了，腿脚都已不便。同学们仿照原来教室的模样布置了聚会的会场，要求各位同学按20年前的座次坐好，将老师请到讲台前。

轮到同学座谈了。大家讲话中都先感谢老师的栽培。班主任听了也不说话，直到临近结束，才站了起来，说：“今天我来收作业了。有谁还记得毕业前的最后一节课吗？”

那天是个晴天，班主任把大家带到操场上，说：“这是最后一节课了。我布置一个作业，说易不易，说难不难。请大家绕着400米操场跑两圈，并记下跑的时间、速度以及感受。”说完便走了。

20年后老师说话了：“我离开操场后，在教室走廊上观看了同学们作业的完成情况。现在，20年后的今天，我对作业讲评一下。跑完两圈的有4人，时间在5分20秒之内。1人扭伤了脚，1人因为跑得太快摔了跤，有23人跑过一圈后觉得无趣，退出后在跑道外聊天。其余的嫌事小，没有起步。”

大家惊异于老师记得如此清楚，一下子看到了老师昔日的风采，纷纷鼓掌。掌声落下，老师继续说：“我就这次作业，并结合70余年人生体验，送给各位4句话：其一，成功只垂青有准备的人；其二，身边的小蘑菇不捡的人，捡不到大蘑菇；其三，跑得快，还需跑得稳；其四，有了起点并不意味就有了终点。你们现在都是 30 多岁的年纪，又处在世纪之交，尚不是对老师说感谢的时候。请多说说自己的人生作业。”教室里顿时鸦雀无声。

成功也没有别的捷径，只能是脚踏实地，一环扣一环地前进，也就是人们经常说的“一步一个脚印”。再精巧的木匠也造不出没有根基的空中楼阁，任何伟大的事业也都是由无数具体的、微小的、平凡的工作积累的，不愿意干平凡工作的人，很难成大事，世间没有突然的成功，成功的诀窍就是脚踏实地、实实在在地做事。

第五章

沉住气，从最低处走向成功

今日事要今日毕

古人曰:“今日事，今日毕。”其意就是要把眼前的所有事都作为大事。可是在我们的生活中，有的人做事总是拖拖拉拉，今日的事情总是拖到明天去做,甚至拖到后天。有些人遇到一些挫折就闷闷不乐。古人说得好:“合抱之木，生于毫末；九层之台，起于垒土；千里之行，始于足下。”只有经受住小事的考验，才能对自己充满信心，最终走向成功。

低调者在面对不确定的未来时，常常也会犹豫不决。但他们能不断改进和提高自己,他们会订下时间表,只要时间一到,就会下定决心,立即行动,去把握未来，创造未来。

1955 年，张海迪出生在山东济南。不到 5 岁时，她突然被医生诊断为脊髓血管瘤。这种病会反复发作，非常难治，她被迫做了三次大手术，脊椎骨被摘去 6 块,最后高位截瘫。原本天真活泼的海迪,只能整天卧床度日！

一天，海迪终于按捺不住心中的渴望，对妈妈说:“妈妈，我要上学！”妈妈背过身去，抹去两眼的泪，强装镇静地说：“孩子，爸爸和妈妈会让你学到知识的！”从此，爸爸妈妈每天下班后轮流给海迪上课。海迪的学习生涯就这样开始了。海迪的学习并不顺利，她要一边学习一边治疗，但她顽强地坚持着，即便是刚刚做过大手术，只能一动不动地躺在病床上，她也没有停止学习。慢慢地，她学会了汉语拼音，学会了查字典，学会了越来越多的字。

常年卧床使海迪身上长了大面积褥疮，而手术造成的肋间神经痛也不断地折磨着她。有时她实在感到疲倦，就对妈妈说：“妈妈，今天的作业我明天再做行吗？”妈妈说:“今日事今日毕！”海迪明白了,学习是自己的事,绝不能拖拉,要像在学校里的孩子一样,每天完成作业！于是她在家学习时，每天都订下计划，不完成当天的计划不睡觉，绝不把今天的事拖到明天去做。每当病痛袭来时，坚强的她为了分散注意力，就猛揪自己的辫子，想想妈妈说的话：今日事今日毕。就这样，虽然海迪没有机会走进校门，她却自学完小学、中学的全部课程，自学了英语、日语、德语和世界语，并攻读了大学和硕士研究生的课程。后来，她又开始从事文学创作，先后翻译了《海边诊所》等数十万字的英语小说,编著了《向天空敞开的窗口》《生命的追问》《轮椅上的梦》等书籍。今天，当我们读着张海迪的一本本散发着油墨香的著作时，就能感受到深藏其中的执着精神。

今日事，今日毕，这是一种能力的体现，更是一种对待生活的态度。只有默默无闻地干好眼前事，才能有大的成功。

找准你的位置

我们经常听到有人在抱怨：“学习枯燥极了！”“工作总是重复，太无聊了。”其实不然，没有人因为平凡而注定平庸。平平凡凡的李素丽，是整个公共服务业的榜样；还有那些被称之为人类灵魂工程师的老师们……在这些平凡的岗位上有多少不平凡的业绩啊！所以，只要我们找准位置，每个人都是社会的英雄，都有生命的亮色，平凡的付出一样可以汇聚成江海。而这些平凡的人之所以做出了不凡的业绩，正是因为他们找准了属于自己的位置。

大千世界，芸芸众生，我们每一个人就像是棋盘上的一粒棋子，各有其位，各有其用。只有找准了自己的位置，我们才能得心应手、大展宏图，否则便很难有所成就。

2002年，日本人田中耕一获得了诺贝尔化学奖。在此之前，田中耕一是岛津制作所的一名普通工程师，名不见经传。他的经历也非常平凡，而且既非教授亦非博士，连硕士学位也没有，只是毕业于东北大学工学部电气工学专业，与化学、生化等领域完全无关。

田中耕一大学毕业后进岛津制作所，以后的日子里，他怀着极大的热情埋头于实验室的研究工作，把自己的终身大事、荣誉和升迁统统置之度外。在没有获得诺贝尔奖之前，他的头衔也只是个主任，经济上也不是很富裕。甚至可以说，田中耕一几乎处于日本企业的最底层。

由于这种种的平凡，所以田中耕一在日本学术界基本无人知晓，以至于获得诺贝尔奖的消息传来时，日本学术界都出乎意料。2001年的诺贝尔化学奖获得者名古屋大学的野依，针对此事说："这说明只要自己努力，不在学术界活跃也能得到诺贝尔奖。"

有这样一句著名的话："世上好像只有沙最不值钱，然而，最宝贵的东西——金，就在沙的里面。"从经历和自身条件来看，田中耕一实在是一个名不见经传的小人物，在获奖之前，他一直在默默无闻地专心研究。由此可见，他的成功也并非是一蹴而就的，都是他找准自我，然后一步一个脚印，坚持不懈，潜心研究而来的。

德国伟大的作家和诗人歌德说过："只要不失目标地坚持下去，我们都能获得成功。"《浮士德》这部不朽的诗剧，是歌德用了60年之久完成的巨著。《浮士德》的第一部完成于1808年法军入侵的时候，第二部则完成于1831年8月31日，此时他已是83岁的高龄。伟大的无产阶级革命家马克思用40年的时间去写《资本论》，阅读了数量惊人的书籍和刊物，做过笔记的也有1500种以上，到临终的时候，《资本论》还有两卷没有完成……

看古今中外，多少有建树的人，无不是找准了自己的位置，坚持不懈地努力，最终获得成功。

“横看成岭侧成峰，远近高低各不同。”岭和峰都有自己独具的美韵，每个人亦有自己的不同：身体条件、智力条件、家庭条件的差别，形成了大千世界个人位置的千差万别。只要着眼于现实，脚踏实地，找准自己的位置，默默奋斗，不懈努力，就能奏出属于自己的、动人心弦的最强音。

换个角度

有一位哲人曾说：“我们的痛苦不是问题的本身带来的，而是我们对这些问题的看法而产生的。”换个角度切苹果，换个角度看自己，换个角度看世界，便是一种解脱，一种高层次的淡泊宁静。

某公司要招一名业务经理，丰厚的薪水和良好的福利待遇吸引了大批求职者。经过初试和复试，只剩下了 5 名求职者。

主考官对这 5 名求职者说：“你们先回去好好准备一下，一星期后，本公司的总裁将会亲自对你们进行面试。”过了一个星期，5 名求职者如约而至。结果，只有一名其貌不扬的求职者被留了下来。总裁问他：“知道为什么留下你吗？”这名求职者如实回答：“不清楚。”总裁笑着说：“事实上，你并不是这 5 名求职者中最优秀的。他们都做了充分的准备，比如时髦的服装、娴熟的面试技巧，但他们都不像你所做的准备这样务实——一份对本公司产品的市场情况及别家公司同类产品情况的市场调查报告。你在没被本公司聘用之前，就做了这么多工作，不用你，我们还能用谁呢？”

善于为人处世的低调者，往往都能从多个角度去分析和思考问题，有时候还会用更为发散的方式去研究问题。毕竟事物的发展都不是孤立的、片面的，换一个角度看待问题可能就会产生截然不同的感受。而且多角度地研究问题，也更容易找到问题的根本所在，更容易去解决问题。

埃尔科兹酒店的电梯装载量不够，酒店召集了一些专家和工程师来讨论，看怎么解决这个问题。结果大家意见一致：多装一部电梯。但是这需要从底层起，每层楼都进行施工。正在工程师和建筑师们到会议室讨论安装事宜的时候，正在拖地的清洁工人听他们说要对每个楼层都进行施工，就说："那就要乱得不得了！"

"当然，不过我们会处理好的。"一个工程师说。

另一个人说："如果不得不暂且休业的话，我们也只能这么做了，因为不多装一部电梯不行啊！"

清洁工人拄着拖把，看着他们，说："你猜如果让我来干的话，我会怎么干？"

一位建筑师好奇地问："你会怎么办？"

"我会把电梯安装在酒店的外面。"

建筑师和工程师们面面相觑。

后来,他们真的把电梯装在了酒店的外面。这是建筑史上的一次革命。

以多角度思维去考虑问题,也是一种灵活应变的表现。《诗经》中有云："他山之石，可以攻玉。"这是一种对多角度思维方式的描述，而多角度的思维方式是低调者经常采用的方法。低调的人，有审时度势的清醒，有深谋远虑的城府，有欲成大事的胸襟。他们往往能摆脱常规的思维方式或是习惯的束缚，换一种或多种新的观察角度去考虑，从一些其他或是无关的领域中去探讨问题，寻找解决问题的办法，而不是一味只钻牛角尖。对自己固有的习性进行一下创新，不跟在别人身后漫无目的地奔跑，你将会为自己赢得机会。懂得变换方式的人，才能找到适合自己的路。

切勿眼高手低

现实中眼高手低的人常有，这种人老想着干大事，不屑于做小事，即使做了，感情上也总是不情愿，心理上也觉得不舒服，当然有这样心态的人肯定无法成事，连小事都干不好的人，怎么能干大事呢？当他们怀抱着过高的目标接触现实环境时，会感到处处不如意，事事不顺心，于是就整天地抱怨。结果他们也得不到重用，如果委以重任，十有八九事情做不成。想扫天下的人必须有扫天下的能力和心态，扫天下的能力和心态是通过持续性地扫一室而积累和培养出来的，整天只想做大事的人肯定没有扫天下的能力和心态，不仅天下扫不了，而且一室也肯定扫不好。

马志毕业于某著名大学工程系，一直想进入高端的外企工作。可是由于就业形势比较严峻，几番求职遭遇挫折之后，最后却不得不到了一家民企暂时“栖身”。心高气傲的马志根本没把这家小公司放在眼里，他只是想把它当作自己的一块跳板，利用工作的试用期“骑驴找马”。

在马志眼里，这家小公司的一切都那么不合时宜——不修边幅的老板，不完善的管理制度，土里土气的同事——这和自己梦想中的工作可谓是天差地别啊。

“怎么回事？”

“什么破公司？”

“整理文档？这样的小事怎么让我这个工程系的高才生做呢？”

“这么简单的报告必须得我来写吗？”

“噢，我受不了了！”

就这样，马志天天抱怨老板和同事，双眉不展、牢骚不停，而实际的工作却常常是能拖则拖、能躲就躲，因为这些“芝麻绿豆的小事”根本就不在他的思考范围之内，他梦想中的工作应该是一言定千金的那种。可是，虽然一直在不停地投简历，也常常借机去参加面试，却一直没找到理想中的工作。后来，他有些灰心了，心里想着：实在不行，先在这混吧。

可让他没想到的是，试用期之后，老板却对他说：“我们认为，你确实是个人才，但你似乎并不喜欢在我们这种小公司里工作，因此对手边的工作敷衍了事。既然如此，我们也没有理由挽留你。对不起，请另谋高就吧！”

被辞退的马志这才清醒过来，当初自己应聘到这家公司也是费了不少力气的，而且，就眼前的就业形势，再找一份像这样的工作也很困难。初次工作就以“翻船”而告终，这让他万分失望与后悔，可一切都已经晚了。

有生活阅历的人都知道，常常有这样一种“眼高”的人，他们总是急于表现自己的才能，会提出一些激情冲天、大而无当、不切实际的计划。他们大部分时间都沉浸在自己宏伟的梦想中，不能也不会做出什么成就，长久以往，他们就慢慢地沉沦下去，或者跳到其他的环境中去继续发牢骚。事实证明，他们往往以失败告终。即使这样，他们还不会因此而汲取教训，同样的悲剧也难免再次上演。可见，不切实际、眼高手低是人生的大忌。

所以，只有以低调的心态去接触现实环境，才会感到处处如意，事事顺心，每一天也会生活得快快乐乐，工作中也更容易做出成绩。

脚踏实地

李大钊说："凡事都要脚踏实地去做，不驰于空想，不骛于虚声，而唯以求真的态度做踏实的功夫。以此态度求学，则真理可明，以此态度做事，则功业可就。"脚踏实地地去做事情是实现人生目标、成就事业的关键因素，要做到低调就必须具备这种素质。

踏实肯干不仅是低调做人所必备的素质，也是实现梦想、成就一番事业的关键因素。世界上绝对没有不劳而获的事情，成功无一不是按部就班、踏踏实实努力的结果。踏实肯干就是不好高骛远，从最基本的做起。古往今来，没有一个成功人士不是从一点一滴的小事一步一步干出来的。

例如李嘉诚就曾经做过很长时间的推销员；"金利来"的老板曾宪梓创业之初曾不辞辛苦地往来于大小商店，为推销自己生产的塑花、领带向人赔尽笑脸，也尝尽了别人的冷眼。他们都是踏实肯干的人，在艰难创业过程中凭着一股锲而不舍的韧劲获得了巨大的成功。

一步一个脚印，兢兢业业，任劳任怨，这就是走出底层的唯一捷径。不同的人有不一样的机遇和不一样的成功。但有一点是一样的：走好你的第一步，只有这样，你才能在人生的阶梯上步步升高，直至顶点。

现在，虽然你身在底层，你的工作是那么的微不足道，你也许还有许多的失落和怨言，但是，你一定不能看不起你的工作。如果你认为自己的劳动是那样的卑贱，那么你永远也不会从自己的劳动中学到经验和技能，也就永远不可能获得事业的成功。

如果你只是一个刚刚告别学校的大学生，而且没有任何的特殊背景，那么你职业生涯的第一步就是打工，而且要从最底层做起。很多年轻人在人生的第一个转型期都会感到很不适应，因为社会与学校在环境、人际等方面有着天壤之别。所以，这时候如果你还是拿学校里的标准来评判社会上所发生的一切，那么在工作中遇到挫折或是感到压力的时候，你就会失去一份平常心，你会看到很多的事情不顺眼，你会感觉到从未有过的压力和失落，你会体味到一个打工者的卑微和无奈……然而，如果你能换一种角度，用务实的心态和踏实的努力去迎接这一切，那么自然会轻松渡过这个转型期，从而让你的人生有一次质的飞越。事实上，无论是谁，当然包括那些叱咤风云的商场精英，都是从这个过程中一步步走过来的。

松下幸之助说："即使是乞丐也会立下宏愿，努力乞讨，以求致富。这就是工作！"这句话的意思不是说志向越低越好。因为所立下的志愿若超出自己的能力，或者脱离了现实范围，也就成了妄想。诚然，水往低处流，人往高处走，即使低调者身处底层，心却能够站在最高处，他们给自己立下远大的志向和奋斗的目标，然后，他们会一日一日地逐步去实行，直至实现志向和目标，走出身处的底层。

要实干不要虚名

低调者都知道，任何人都不可能只凭借虚名而非实际能力、长久地屹立。世上有以金钱财富为荣者，有以位高权重为荣者，有以文凭职称为荣者……然而，这些东西都不能表明一个人的真实价值。如果一个人不是通过自己的劳动和创造，为社会和他人做出自己应有的贡献，如果不是坚持正直、诚实、高尚的人格，那么一切的财富、地位、职称、文凭，这些华而不实的知名度，都不过是掩盖其真相的假面具。所以，知名度对一个人来说并非越大越好，有时知名度过高反而会带来负面的影响。一个实力不够强的人或者是企业，如果把全部的精力都放在了提升知名度上，却忽视了自身能力的提高，造成自身缺乏抵御风险的能力，其辉煌必将是有限和短暂的。

一味地追求品牌轰动效应，却忽视了自身能力的提高和质量的过硬，最终必将导致失败。做企业是这样，做人也是一样的道理。屈原说："善不由外来兮，名不可虚作。"这句话强调了做人不要贪图虚名，而是要加强自身的修养。要闯过虚名关就要加强思想修养和品德修养。一个人的思想觉悟越高，所追求的目标就越高，对庸俗低级的事物就越少关心。如果我们能低调做人，不过分注重知名度，就能戒除虚荣心，成就真正的人生。时间和成绩会证明一切，那些实干的低调者，比别人更具有长远的眼光和深刻的思想。

"谁能闯过不爱虚名的关，谁就能做出更好的成绩。"每一天都是一个新的开始，你当然可以谋划自己的理想和前程，甚至可以放眼世界寻找更好的机会。但是，请不要忘记：我们首先得"为今天的牛奶努力"，在每个"今天"执着、踏实地走好每一步。

在低调中积蓄前行的力量

荀子说过："不积跬步，无以至千里；不积小流，无以成江海。骐骥一跃，不能十步；驽马十驾，功在不舍。锲而舍之，朽木不折；锲而不舍，金石可镂。"每天都努力，人生几十年坚持天天如此，量变必然引起质变，所积累的力量必定是不可估量的。低调者的坚持是世界上最伟大的力量，也正是这种力量让他们笑到了最后。

北魏节闵帝元恭，是献文帝拓跋弘的侄子。孝明帝当政时，元义专权，肆行杀戮，元恭虽然担任常侍、给事黄门侍郎，却总担心有一天大祸临头，便索性装病不出来了。那时候，他一直住在龙华寺，和朝中任何人都不来往。

他潜心研究经学，到处为善布施，就这样装哑巴装了将近十二年。

孝庄帝永安末年，有人告发他不能说话是假，心怀叵测是真，而且老百姓中流传着他住的那个地方有天子之气。孝庄帝听说这个消息之后，就派人把他捉到了京师。在朝堂上，孝庄帝当面询问元恭有关民间传说之事，元恭依然装聋作哑，而且态度十分谦卑。最后，孝庄帝认定他根本不会有所作为，只不过想安享晚年而已，于是就又放了他。

到了北魏永安三年十月，尔朱兆立长广王元晔为帝，杀了孝庄帝。那时，坐镇洛阳的是尔朱世隆。他觉得元晔世系疏远，声望又不怎么高，便打算另立元恭为帝。更有知情人告诉他元恭只是装成哑巴，为的就是躲过仇人的追杀，如此胸襟和智慧非一般人所有。尔朱世隆于是暗访元恭，得知他常有善举，为人随和而且学识渊博，在当地深得人心。不久，元恭即位当了皇帝。

人生多舛，世事艰难。那些成功者并不一定都拥有好运气，但是他们必定都是从逆境中拼搏而站起来的。这就是说，人生少不了逆境，少不了坎坷，少不了挫折。而成就往往就是在逆境中低调积聚力量的结果，只有那些不断磨炼自己的人才能取得成功，才能突破人生的逆境，忍受人生的挫折，走过人生的坎坷。

每个人周围都有盘根错节的关系网，上面的人会提防着可能与其抗衡的下属，平级的人会心生妒忌，暗自结党与之为敌，下级的人更多是些墙头草的角色，一不留神就会成了糖衣炮弹的靶子。相反，低调稳重的人懂得在悄然无声中积聚力量，他们更懂得审时度势，躲过上级的猜疑、同级的嫉妒、下级的阳奉阴违。在众人还无察觉的情况下，站上更高的位置。

低调处世可以追求自己内心的境界，这何尝不是一种成功。他们并不一定有多大的野心，内心世界的升华也是一种境界。战国的庄子，东晋的陶渊明，他们能够舍弃繁华生活，追求一种内心的沉静和智慧，谁又能说他们不是成功的呢？在当今这个物欲充斥的社会，这种从心底里寻求低调生活的人往往无欲则刚。

保持一种低调的姿态，不断积聚力量的人必定会是笑到最后的人。低调之人不会引人嫉妒，也不会引人非议。或者出于局势所迫，或者天性使然，懂得在低调中积聚力量的人一定会有所作为。

输赢只是暂时，并非永远

古往今来，胜负乃兵家常事。一次成功并不等于一辈子的成功，一次失败也不意味着今生的失败，输赢只是暂时的，只有看淡成败才能最终取得胜利。商界名人胡雪岩就是这么一位不在乎输赢的大人物。

太平天国运动初期，胡雪岩听说了京城里发行官票的消息。其实，消息并不是直接传到胡雪岩耳朵里的，而是与胡雪岩有一定交情的刘二爷在路上遇到了钱庄的刘庆生，当时刘庆生手里拿着两张从京城传出的新发行的银票，就叫刘二爷见识一下。刘二爷一看，坏了。这肯定是朝廷为了凑军饷而想出来的一种敛财招数，如果钱庄应付不当，不仅会有损失，甚至会有灭顶之灾。

刘二爷拿了银票，赶紧与邻近的钱庄老板会合，去找胡雪岩商议。胡雪岩仔细看了一下银票，说：“各位如此紧张，就是因为这件事如果应对不好，就可能给大家带来灾难。在我看来，各位都把成败看得太重了。我们一手创建这钱庄，虽然不容易，毕竟也是意外之财。咱们之中，开始的时候，谁曾有万贯家财？如果真的失败了，也不过是回到了原点，何必那么紧张呢？”看看众人都面色沉重，胡雪岩接着说：“都说乱世出英雄。越是乱的时候，就越有机会。有其弊必有其利。如果各位都看不开成败，不敢放手一搏，那么也只能让赚钱的机会在我们眼皮子底下溜走了。”

刘二爷等人也是明白人，听了胡雪岩的这番话，觉得很有道理，自觉获益匪浅。于是，他进一步向胡雪岩请教其中的道理。胡雪岩就此提出了自己的看法。他觉得官府发行这种银票，无非是想凑齐了银子对付太平军。眼下，太平军只甘于守城，虽然战斗力很强，但是势头不盛。官军中有曾国藩、左宗棠二人带兵，自然不可小觑，再加上洋人的相助，官军必胜无疑。如果钱庄能够助官军一臂之力，那么等到胜利了，无论是做什么生意，朝廷都会一路放行的，哪还有不发财的道理？

众人觉得胡雪岩分析得很透彻，就委托他做代理，处理新银票发行的所有事宜。朝廷向钱庄发放银票的两天后，胡雪岩很快将官府所需的二十万两银子凑齐了。在兵荒马乱的时代里，钱庄能够如此支持朝廷政令，让官员们很是吃惊，大家都对胡雪岩很佩服。自此，胡雪岩不仅在同行里得到敬重，在朝廷里也颇具影响力。

胡雪岩在事业发展的过程中，并不是一帆风顺的，做什么事情都能一本万利，更不是他有十足的预测能力，能够洞悉一切事物的结果，而是他在做的时候，能够看淡成败，不惧前方的困难险阻，只要认准了目标，就能勇敢地前行。

相比之下，很多人都把成败看得太重了，顾虑太多。有的人想换一个新环境工作，可是又害怕自己在新的工作中表现不好，业绩不如从前，所以一直没有行动；有的人得了很多奖，也得到了很多人的肯定，可是越是这样压力越大，因为害怕失败，害怕从万人瞩目的高位上掉下来……我们越是小心翼翼，越是可能被心中的担忧拖垮。不如看淡成败，放手一搏，尽管存在着风险，但是会抓住更多的机会，获得更大的发展。

一个人最重要的是要有富足之心，能够笑看输赢得失，这样的人拥有足够的信心实现梦想。那么，怎样才能不被成败所困扰呢？在此，我们总结了一些方法：

（1）帮助他人而不求回报。笑看输赢的人愿意帮助他人，不求名、不求利、不求回报。他会在奉献的过程中实现自己内心的满足。

（2）不自怨自艾。笑看输赢者对损失看得很淡。他们不会怨恨别人和自己，而只是采取行动来挽回损失，做自己能力范围内的事。

（3）放弃“多多益善”的想法。只要你有“多多益善”的想法，认为物质生活“越多越好”，你就永远不会满足。

三百六十行，无论从事哪一个行业，总会有竞争，总会有成败。在事业中沉浮，在经验中成长，这才是一个成熟的人的人生轨迹。要知道输赢只是暂时的，重要的是从中汲取经验和智慧。

最糟，也不过是从头再来

昨天所有的荣誉，已变成遥远的回忆。

勤勤苦苦已度过半生，今夜重又走入风雨。

我不能随波浮沉，为了我挚爱的亲人。

再苦再难也要坚强，只为那些期待眼神。

心若在梦就在，天地之间还有真爱。

看成败人生豪迈，只不过是从头再来。

相信大家对刘欢的这首《从头再来》不会陌生，曾几何时，这首催人奋发的歌曲陪伴着我们走过了人生的风风雨雨，从绝望无助到勇往直前。

“你怎么了？亲爱的！”妻子笑容可掬地问道。

“完了！完了！我破产了，家里所有的财产明天就要被法院查封了。”他说完便伤心地低头饮泣。

妻子这时柔声问道：“你的身体也被查封了吗？”

“没有！”他不解地抬起头来。

“那么，我这个做妻子的也被查封了吗？”

“没有！”他拭去了眼角的泪，无助地望了妻子一眼。

“那孩子们呢？”

“他们还小，跟这些事根本无关呀！”

“既然如此，那么怎能说家里所有的财产都要被查封呢？你还有一个支持你的妻子以及一群有希望的孩子；而且你有丰富的经验，还拥有上天赐予的健康的身体和灵活的头脑。至于丢掉的财富，就当是过去白忙一场。以后还可以再赚回来的，不是吗？”

听了妻子的话，企业家站起身来，重新振作了精神，几年后，他的公司又恢复了往日的辉煌。

无论是面临自然灾难还是人生难题，我们都应有一切不过从头再来的勇气和决心。还记得小时候学骑自行车的情形吗？摔倒了，裤子划破了，膝盖也出血了，虽然感到疼痛，然而我们并没有因此而放弃，而是坚强地站起来，拍拍灰尘，扶起自行车继续练习。虽然明知道接下来可能还会摔得鼻青脸肿、鲜血直流，但为了尽快学会骑自行车，再苦再难也坚持了下去。摔倒了再起来，又摔倒了又起来，直到自己学会为止。小时候我们都知道一切不过从头再来，更何况长大后的我们呢？

“看成败人生豪迈，只不过是从头再来”，刘欢用他豪迈的歌声告诉我们，重新起跑确实不是一件坏事，我们完全可以准备好从头再来。

在社会中打拼，不可能总是一帆风顺，事事顺心，谁都难免遭受挫折与不幸，甚至失败。比如，你的想法得不到家人的支持，你的创意总是被老板否定，当你试图主动提建议时总是遭到领导的白眼，等等，这些都是很多人在奋斗中经历过的挫折，是很难避免的。但是如果你就此把眼光拘泥于挫折的痛感之上，就很难抬头向前看，更不会取得跨越性的成功。失败在很大程度上标志着一个新的起点，它是通向成功道路中的一道绚丽风景，是失败者东山再起的一块基石。失败更是一个棒槌，能激发我们沉睡的激情，锤炼我们的意志，让我们做人生的“冠军”。

有位哲学家说过：“失败，是步入更高的开始。”检验一个人，最好是在他失败的时候：看失败能否唤起他更多的勇气；看失败能否使他更加努力；看失败能否使他发现新力量，挖掘潜力；看失败以后，他是更加坚定信心还是就此心灰意冷。

失败算什么？挫折又算什么？最糟，也不过是从头再来。

第六章

沉住气才能厚积薄发

命运不被别人掌握，而在自己脚下

脚踏实地才能成就未来。成功所需要的一切条件都需要靠务实努力来获取：大量有用的知识要靠扎扎实实地学习来获得；克服困难的力量要靠一点一滴的艰苦努力来积淀；同事的协作和上司的支持要靠诚信的品质和实实在在的能力来赢取；转瞬即逝的机遇要靠脚踏实地的艰苦付出来把握。因此，无论是完成一项任务，做好一项工作，还是成就一项事业，都必须在实际工作中形成行大于言的务实作风，不尚空谈，不崇清议，不好高骛远，认认真真地工作，踏踏实实地行动。

有一次，大哲学家柏拉图和他的弟子一起赶路。这名学生是柏拉图的得意弟子之一。而且这名弟子也很有理想，一直希望自己能够成为像老师一样伟大，甚至比老师还要博学的哲学家。柏拉图也相信这名学生能够做出一番大事业，但作为老师，柏拉图也知道自己的学生有一个缺点：只看到大目标而不顾脚下道路的坎坷。因此，他也一直想找一个合适的机会让学生意识到这一点。

这一天，柏拉图和这名学生外出散步，看到他们前面的不远处有一个很大的土坑，这个土坑周围还有一些杂草，平常人们只要稍加注意就可以绕过这个土坑，但柏拉图知道他的学生在赶路时经常不注意脚下。于是，他指着远处的一个路标对学生说：“这就是我们今天行走的目标，我们两个人今天进行一次行走比赛如何？”学生欣然答应，然后他们就出发了。

学生正值青春年少，他步履轻盈，很快就走到了老师的前面，柏拉图则在后面不紧不慢地跟着。柏拉图看到，学生已经离那个土坑近在咫尺了，他提醒学生“注意脚下的路”，而学生却笑嘻嘻地说：“老师，我想您应该提高您的速度了，您难道没看到我比您更接近那个目标了吗？”他的话音刚落，柏拉图就听到了“啊！”的一声——学生已经掉进了土坑里，这个土坑虽然不至于让人受重伤，但是它却足以使掉下去的人无法独自上来。

学生现在只能在土坑里等着老师过来帮他了，柏拉图走过来了，他并没有急着拉学生，而是意味深长地说：“你现在还能看到前面的路标吗？根据你的判断，你说现在我们谁能更快地到达目的地呢？”

聪明的学生已经完全领会了老师的意思，他满脸羞愧地说：“我只顾着远处的目标，却没走好脚下的每一步路，看来我还是不如老师呀！”

一心想着宏伟的目标，而不懂得通过具体的行动将之付诸实施的人，和故事中这名只知道看着远方，而不懂得留心脚下的学生非常相似。好高骛远会导致盲目行事，脚踏实地则更容易成就未来。年轻人往往充满梦想，这是件好事情。但同时还要明白的一点是，梦想只有在脚踏实地的工作中才能得以实现。

据说在久远的古代，古老的阿拉比国坐落在大漠的深处，多年的风沙肆虐使得城堡变得满目疮痍。于是有一天，国王对四个儿子说，他打算将国都迁往据说美丽而富饶的卡伦。

人们只知道卡伦距这里很远很远，但没有人知道究竟有多远。据说要翻越许多崇山峻岭，要穿过草地、沼泽，还要涉过很多的河流，国王决定让四个儿子分头前去探路。

大儿子乘车走了七天，翻过了三座大山，来到了一个一望无际的大草原。他问一个当地人，得知过了草地还要过沼泽，还要过大河、雪山……便调转马车回去了。

二儿子策马起程，当他穿过这片沼泽后被那条宽阔的大河挡了回来。

三王子漂过了大河却又被一片辽阔的大漠挡了回来。

一个月过去了，三个王子陆续回到了国王这里，将各自沿途所见讲给国王听，并再三强调他们路上问过了许多人，都告诉他们去卡伦的路很远很远。

又过了五天，小王子风尘仆仆地回来了，他兴奋地告诉父亲：去卡伦的路只要十八天的路程。

听了小王子的回答，国王满意地笑了："孩子，你说的对，其实我早就去过卡伦了。"

那三个王子不解地望着国王："那为什么还要派我们去探路呢？"

国王一脸郑重地说："那是因为我想告诉你们四个字——脚比路长。"

脚比路长，学会"用脚做梦"才能够梦想成真。诗人汪国真曾说过一句话，"没有比脚更长的路，没有比人更高的山"。脚比路长，许多人都曾经有过梦想，却始终无法实现，最后只剩下牢骚和抱怨，其原因就在于没有脚踏实地去行动。

脚踏实地的耕耘者能够在平凡的工作中抓住机遇，而那些只会把眼光盯在高处，不愿意踏实工作的人只能在等待机遇的焦急中度过黯淡无光的一生。著名企业家李嘉诚说："不脚踏实地的人，是一定要当心的。假如一个年轻人不脚踏实地，我们使用他就会非常小心。你造一座大厦，如果地基不好，上面再牢固，也是要倒塌的。"

空谈误事又误己，脚踏实地才是真

在现实生活中，一些看似踌躇满志的人，常常会把"我将来能够怎么样"，"假如是我，我会做到怎么怎么样"这样的话语挂在嘴边，夸夸其谈的时候，能从天南侃到海北，即使说大话的时候，也能够热血沸腾、浮想联翩，却始终未能干成几件事情。所以，脚踏实地，少谈空话，多干实事才是成功的必要条件，夸夸其谈则一事无成。

下面的一则寓言，为那些空谈的人敲响了警钟。

有一个农夫，家里值钱的东西只有两样：一头会干活的牛和一只会说话的鹦鹉。

有一次，牛从地里干活归来，一进院便躺在地上休息。看着它累得汗流浃背、气喘吁吁的样子，鹦鹉非常感慨，说："老牛呀，即便你辛勤劳作、吃苦受累，别人还是会抱怨你牛脾气，干活慢。可是我被主人养着，不需要干活，还常常被人们表扬，说我可爱，会学舌。你看，你是不是比我笨多了？"

老牛说："我知道自己不如别人聪明，可是我相信主人是聪明的。靠空谈和漂亮话来取宠是没办法长久的。"

听了老牛的话，鹦鹉不以为然。

一天夜里，有一伙强盗闯入了农夫的家里，他们抓住农夫，强迫他交出一件值钱的东西，否则就要了他的命。鹦鹉心想：农夫最喜欢我了，所以肯定会把我留下来的。

让人意外的是，农夫留下了老牛，把鹦鹉交给了强盗。

鹦鹉觉得不服，质问农夫为什么要这么做，农夫说："没有你鹦鹉的话，我只是少听一些漂亮话而已，并没有什么大不了的。但是，如果没有牛来耕田的话，我就会挨饿。这是最简单的道理。"

我们经常会在现实生活中遇到一些言语上夸夸其谈，做起事情来却稀里糊涂、一事无成的人。也许，在言语上他们会给人很深刻的印象，但是，只有脚踏实地、多干实事才是成功的必要因素。

在不得不面对现实、需要干实事的时候，许多人内心的激情和理想都会变成无可奈何，一旦面对具体问题，平素的高谈阔论也会变成不知所措。一味设想而不去落实的空谈，只会成为华而不实的空中楼阁，再完美的战略、再滴水不漏的计划、再绝妙的招数亦是纸上谈兵。

肯干实事、落到实处才是成就一件事情的关键，只谈空话、只喊口号是行不通的。在任何事情上，都要正确处理"空谈"和"落实"的辩证关系，做到脚踏实地、言行一致、说到做到，这样才能够成功。这并不是说不需要口号和宣传，必要的口号和宣传能够对成功起到辅助作用，但我们不能仅仅局限于喊口号、做宣传，更重要的在于脚踏实地抓好落实。这就需要我们投入更多的时间、精力和智慧，去思考、研究那些能够切合工作实际的好办法、好计策。只有踏实肯干，真正落实了计划的各个环节，肯下苦功和硬功，才能够达成目标。

曾经有一个轰动事件，一家园艺所愿意以高额的奖金征求纯白金盏花，丰厚的奖赏令许多人跃跃欲试。但是，在自然界中，只存在金色或者棕色的金盏花，培植出白色的花朵并非一件容易的事情。所以，在引起了广泛的社会关注后，这则启事就渐渐被人们淡忘了。

时光飞逝。20 年后的一天，那家园艺所收到了一粒纯白金盏花的种子，随之而来的还有一封热情的应征信。当天，这件事情就迅速地传开了，又一次引起了巨大的轰动。

种子的培育者是一个古稀之年的老人，20 年前，她偶然看到园艺所的征求启事,便心动了。作为一个地地道道的爱花人,不管 8 个儿女怎么反对，她都不顾一切地坚持下来。

她撒下一些普通的种子，精心地侍弄了一年，金盏花开放之后，她把颜色最淡的花朵从那些金色、棕色的金盏花中挑选出来，等到其自然枯萎后,就得到了这批花里面最好的种子,第二年的时候重又种下去。如此往复，不断从这些花中挑选出颜色更淡的花的种子进行培育……

终于，20 年后的一天，她在花园中看到了梦寐以求的白色金盏花，它并非近乎白色，也非类似白色，而是如雪的纯白。这个连专家都无法解决的问题，在一个没有接受过遗传学教育的老人的长期努力和恒久坚持下，最终解决了。

如今的社会，有很多人都满腔热情、胸怀理想和抱负，可是成功往往都是从点滴积累开始的，并不取决于你的设想和空谈，如果不能脚踏实地、埋头苦干地做好眼前的事情，目标只会离你越来越远。

踌躇满志、胸怀远大固然是值得称赞的，但这并不等同于沉迷虚无的幻想，并为此脱离了实际，一味追求理想化的目标。仅仅怀有远大的目标是不足以成功的，在实际的生活中，我们需要脚踏实地、量力而行、埋头苦干，同时也要根据实际情况来调整自己的状态，才能够逐渐靠近成功的彼岸。

生活中，获得成功的人往往不是那些夸夸其谈的人，也不是满腹空想、终日幻想的人，而是真正能够脚踏实地去把设想变成实践的人。纸上谈兵永远只是空话，是无法达到目标的，深陷于虚无的幻想中是没有前途的。专注于当前的职业和工作，一步一个脚印地埋头苦干，把这些工作尽可能做到细致完美，才能够获得培育成功之花的土壤，真正地从寻常迈向非常。

人生无大事，事事皆小事

很多时候，一件看起来微不足道的小事，或者一个毫不起眼的变化，却能起到关键的作用。这就要求我们始终保持充分的责任心和高度的注意力，始终保持清醒的头脑和敏锐的判断力，能够对工作或生活中出现的每一个变化、每一件小事迅速做出准确的反应和判断。

大凡世界上做成大事的人，都能把小事做细、做好。做好了每件小事，逐渐积累，就会发生质变，小事就会变成大事。任何一件小事，你把它做规范了，做到位了，做透彻了，就会从中发现机会，找到规律，从而为做成大事奠定基础。

峨山禅师对禅理的领悟非常深刻，讲解禅理时妙语连珠、寓意深刻，因此很受推崇，拥有众多弟子。

随着岁月的流逝，峨山禅师渐渐衰老，虽然生活中也需要人照顾，但是他仍然亲自做自己力所能及的事情。

一天，峨山禅师在院子里晾晒自己的被子，累得气喘吁吁，一个信徒看到了，奇怪地问："您德高望重，拥有那么多弟子，这些小事还要您亲自动手吗？"

峨山禅师微笑着反问道："老年人不做点儿小事，还能做什么呢？"

信徒说道："您可以打坐修行呀！那不轻松得多吗？"

峨山禅师微微一笑，反问道："你以为仅仅打坐才叫修行吗？佛陀为弟子穿针，为弟子煎药，难道不也是修行吗？做小事也是修行啊！"

正像峨山禅师所言，做小事也是修行。世间大事无不是由小事积累而来的。我们每个人所做的工作，都是由一件件微不足道的小事组成的，但我们不能因为它小就忽视它。事实上，世界上所有的成功者，他们与我们一样都做着同样简单的小事，唯一的区别就是，他们从不认为自己做的事是简单的小事。

很多人时常对自己目前的工作不满意，还常常抱怨，诸如工作内容太简单、大材小用、不受领导重视等，却很少会从自身找原因，问一问自己是否尽心尽力，有没有把这份"简单"的工作做好？有没有把当前工作做到最佳水准？

许多想一步登天的高学历毕业生眼高手低，只想做"大事"，不愿做"小事"，又不知道自己的能力在哪里，结果是大事做不了，简单的小事也做不好。

一位 MBA 毕业生到银行任职，人事部门把他安排到营业网点当柜员，做储蓄工作。一个月后，他找到行长说，他到银行来不是干这种简单的琐事的，他应该担当更重要的工作。

行长便把他安排到了国际信贷部，但很快信贷部的负责人和同事们对他的工作能力都非常不满。他还自认为很能干，总是抱怨单位不好，领导不给他机会，同事嫉妒他。结果，大家都认为他是个大事干不了、小事不想干的讨厌家伙。

每个新职员都会被告诫应该做好当前的基本工作，但能意识到这一点并真正做得好的人并不多。一位银行分行的行长说，每年都会有一些大学毕业生到基层锻炼，而往往他们都没有耐心熟悉银行的基本业务，却总想着管理的问题，好像都是来等着当行长似的。

只要能一心一意地做事，世间就没有做不好的事。这里所讲的事，有大事，也有小事，所谓大事小事，只是相对而言。很多时候，小事不一定就真的小，大事不一定就真的大，关键在做事者的认知能力。那些一心想做大事的人，常常对小事嗤之以鼻，不屑一顾。其实，连小事都做不好的人，大事是很难做成功的。许多成功人士都是能将小事坚持做好的人。

有位智者曾说过这样一段话，他说："不会做小事的人，很难相信他会做成什么大事。做大事的成就感和自信心就是由做小事的成就感积累起来的。可惜的是，我们平时往往忽视了它，让那些小事擦肩而过。"

人生无大事，事事皆小事。生活的一切原本都是由细节构成的，如果一切归于有序，那么决定成败的必将是微若沙砾的细节，正如柏拉图所说："如果没有小石头，大石头也不会稳稳当当地矗立着。"只要你能做好每一件简单的小事，你就不简单。

一生只做一件事

天下的麻雀是捉不尽的，一只手也抓不住两只鳖。自古以来，人不能在同一时间内，既能抬头望天又可以俯首看地。所以说，不能专心便一事无成。

爱默生是一位谦虚的作家，可是他在晚年反思自己一生的成就时却说："让我步入失败深渊的人不是别人，是我自己。我一生中最大的敌人不是别人，是我自己。我是给自己制造不幸的建筑师，我一生希望自己成就的事业太多了，以至于一事无成。"以爱默生的成就，他还这样反省自己，认为自己一事无成，足见他是多么的谦虚。不过我们能从他说的话中得到一个启示：做事必须将所有精力投到一点上，三心二意，只能一事无成。正如俗话说的："你要想把天下的麻雀捉尽，结果只会一只也捉不到。"

欲成就大事的人，往往会专注于所从事的事情，紧紧抓住事情的关键，攻其难点和重点，实现质的飞跃，成就一番事业。

在专一的用心面前，智慧的大脑、优势的体格节节败退。我们不能因为别的事情而分散了我们的精力。中国古代的铸剑师为了铸成一把好剑，必须在深山中潜心打造十几年。有道是“十年磨一剑”，专注能够保证工作效率得到最大的发挥，为了专心做好一件事，必须远离那些使你分散注意力的事情，集中精力地去完成主攻目标，专心致志地去做好你要做的事，这样才可能取得成功。

沉住气，方法总比问题多

想办法是解决困难的唯一办法，而且，只要努力寻找，就势必会有办法。很多时候，那些能力优秀的人总能够找到适当的解决问题的办法，而那些表现恶劣的人通常只是头痛困扰、推卸责任，四处寻觅能够勉强站住脚的推诿理由。由此可见，问题总是能解决的，关键是我们面对困难时持何种态度。

成功的内涵不在于如何去做，真正决定一切的是你如何去想。

一个人会采取什么行动，取决于这个人在想什么，这就是所谓的“思维决定行动”。

能够成为一个团队或者企业的坚实力量的人，必然是一个善于发掘、勤于思索的人，只有这样的人，才能够找到做好一件工作的最佳途径。

美国总统罗斯福曾经说过：“找办法是解决困难的唯一办法，而且，只要努力寻找，就肯定会有办法。”他 8 岁的时候，牙齿暴露在外又不齐整，经常成为别人的笑料，这使得他在人际交往中畏畏缩缩，内向自闭。在课堂上，每当老师向他提问，他总是怯怯地、有些颤抖地站在那里，从牙缝里吐出一些无人能够听懂的、模糊不清的答案，只有老师让他坐下的时候，他才如遇大赦般松一口气。

但罗斯福从没有因此认为自己是可怜的，也未曾自暴自弃，他坚信，能够拯救自己的始终只有自己。他不以这些缺陷作为逃避的借口，也不会自怨自艾。因为借口只会让自己变得疏松懈怠，只有直面缺陷才能够坚持奋斗。他尝试着去努力改正自己的缺陷，无法改正的地方就反其道而行之，从另一角度来加以利用。渐渐地，他学会在演说中巧妙地使自己沙哑的声音和暴露于外的牙齿成为自己获得成功不可或缺的条件，而不是导致失败的缺陷。在他的努力下，他终于就任美国总统，并深受人民爱戴。

就如同罗斯福的人生一样，每个人都或多或少地会遇到一些障碍和曲折，我们不应该望而生畏，反而要勇敢地去面对，积极地去寻求解决的办法，努力克服这些前进中的阻碍。

在生活中，如果想尽力做到优秀出色，不循旧路、创新思维是必须的，只有这样才能够避免被灰尘蒙蔽。对待工作中可能遇到的问题时，要竭尽全力地去尝试任何可能的解决办法。

传说中，在法国一个偏僻的小镇里有一眼十分灵验的泉，经常会出现各种奇迹，能够使任何疾病痊愈。有一天，一个少了一条腿的退伍军人拄着拐杖，一瘸一拐地走过镇上的马路。镇民们同情地看着他，说："可怜的人啊，难道他是想向上帝祈求能有一双健全的腿吗？"退伍军人听到了这句话，转身对镇民们说："不，我并不想向上帝祈求有一条新腿，而是希望上帝能够告诉我，帮助我，解答我的疑惑，让我知道怎样在没有一条腿之后生活。"这个故事经常被爱达斯石油公司的总裁用来教育自己的员工，他觉得只有那些在缺失了一条腿之后，还能有用积极的心态争取把路走好的员工才会成为公司的脊梁，困难对于这些人来说并不是不可攻克的敌人，因为他们"总有克服困难的办法"。

有一位就职于美国某石油公司的青年，他每天的任务就是巡视和确认石油罐盖有没有被自动焊接好。一般的焊接技术通常都是将石油罐放在输送带上，当移动到旋转台的时候，焊接剂会自动滴下来，沿着盖子回转一周。但是，这种技术需要耗费很多焊接剂，尽管公司一直尝试改造，却因其太过困难而作罢。这位青年没有灰心泄气，他并不认为无法找到解决的途径，于是，他每天工作的时候都观察罐子的旋转，并努力思考改进的方法。

通过细致的观察，他发现，每次的焊接工作都需要滴落 39 滴焊接剂。这个发现忽然激发了他的一个设想：如果能够减少焊接剂的滴数，是否就能够节省一些消耗呢？于是，他从这个切入点开始进行研究，终于研制出了 37 滴型焊接机，但这种焊接机所焊接的石油罐会偶尔漏油。这个结果没有使他灰心气馁，他很快又投身于新的解决办法的探求中去，最后，成功地研制出了 38 滴型焊接机，取得了相当完美的结果。由此，公司对他评价很高，迅速将这种机器投入生产，采用了新的焊接方式。在很多人看来，也许节省一滴焊接剂并不是什么了不得的事情，可正是这样的“一滴”，每年都给公司带来了 5 亿美元的新利润。这位青年，就是后来的石油大王约翰·戴维森·洛克菲勒，他掌握了全美 95% 的制油业实权。

现代心理学的研究表明，在通常情况下，大多数人的智力都处于半开发的状态，而在兴奋或者激动的状态下才会有一些出乎意料的智力表现。因此，我们的潜在能力是否能被激发，取决于我们在面对困难、阻碍时是否具有积极思考对策的态度。面对阻碍时，成功的人会沉住气，不急不躁，努力营造出动脑思考、寻求办法的积极氛围，而失败的人，往往败在自己没有付出努力寻求出路上。

小处着手，细节成就完美

有句耳熟能详的谚语说：“大处着眼，小处着手。”但是，现实生活中，人们往往专注于前半句的“大处着眼”，却忽视了后半句的“小处着手”。毕竟，小处着手是一个需要忍耐和毅力的过程，常常让人心生厌倦，相比之下，大处着眼所看到的是对美好明天的憧憬，比小处着手愉悦得多。因此，很多人不知道如何从小处着手地向愿景迈进，只是一味从大处着眼的角度设立愿景。所以，我们需要往前跨一步，跳出“大处着眼、小处着手”

的思维模式，坚持做到“小处着眼，小处着手”。

一只新组装好的小钟和两只旧钟放在了一起。两只旧钟一分一秒、不紧不慢地走着，发出“滴答”“滴答”的声音。其中，一只旧钟对新来的小钟说道：“你也一起来开始工作吧。当你走完3200万次之后，我担心你会吃不消。”

小钟感到十分惊讶：“3200万次！我怎么可能干成这么大的事？绝对办不到。”

“别听信他胡说八道。”另一只旧钟说，“你只需要每秒滴答摆一下就行了，不用担心。”

小钟将信将疑地说：“怎么可能会有这样简单的事情呢？倘若真的如此的话，我就试一试吧。”

时光飞速地流淌着，一年过去了，小钟只是每秒钟很轻松地“滴答”摆一下，不知不觉中也摆了3200万次。

小钟每秒摆一下，持之以恒，看起来不能完成的事情就在这样平凡的过程中默默地完成了——摆动3200万次。这样思考的话，只要我们不畏惧艰苦的过程，全力以赴，坚持“细微之处见精神”，成功也并非难事。

做好一件工作，重要的在于做好其中的细节。为了使目标不至于过分遥远，我们需要养成小处着眼的思考模式，这样，在小处着手的时候也会觉得踏实一点。能够从小处着眼，从某种程度上说，就能够降低忽略从小处着手的可能性。另一种说法是，小处着眼是做好细节的推动力，尽管未必就能够取得成功，但却远甚于那些连细节都无法做好的人。“治大国，若烹小鲜。”这是老子的名言，也是“小处着眼，小处着手”的意义所在，只有这样，那些远大愿景才会成为现实。

一位年轻的修女在进入修道院后，就一直在从事编织挂毯的工作。过了几周，一天，她忽然感叹道：“我一直在用黄色的丝线编织，然后打结，接着剪断。这些简直都是没有意义的任务，毫无道理可言，太浪费精力了。我实在无法干下去了。”

一位老修女在另一边织挂毯，她说道：“孩子，虽然你只是织出很小的一部分，但却是非常重要的组成部分，这样的工作并非浪费精力。”

于是，老修女带着她来到了隔壁的工作室。年轻的修女盯着面前那幅摊开的挂毯，不知不觉地看呆了。她用黄线所织出来的那部分是圣婴头上的光环，和其他部分一起，组成了一幅非常美丽的三王来朝图。原来，这项看起来毫无意义、浪费精力的工作竟如此伟大。

年轻的修女从这幅美丽的挂毯中忽然领悟到了这些琐碎细节的意义，她带着希望回到了工作室，毫无怨言地继续完成自己的工作。因为这样的“小处着眼”，她再也不会怠慢那些细枝末节的工作步骤了，进一步领悟到了“小处着手”的重要性。

“小处着眼，小处着手”是全心尽力做好细节的基础，只有做好了细节，才能够谈得上做好整件工作。所以，“小处着眼、小处着手”的心态是工作必须的，全力以赴做好工作细节，才有希望做好整件工作。

看过杂技的人都知道，台上的每一个演员在表演时必须要专注于每一个跳跃，每一次翻转，正是这种细节处的绝对精准才保证了节目的成功。在竞争日益激烈、残酷的今天，任何细微的东西都可能成为“成大事”或者“乱大谋”的决定性因素。沉住气，专注于细节，让专注的艺术发挥到如军队纪律一般的精准，才能让事情达到预期的效果。

主动设计人生，提前做好准备

古今中外，凡成大事者，无不具有一个特点，那就是：有目标，沉住气，悄悄干。

人要有长远的计划与目标，在制订计划以后，就要朝目标的方向努力。而不能目光短浅，做出一些短视的行为和判决，仅仅以眼前的一点利益为满足，只要没有利益，就立即失望甚至放弃，这种人不能取得大成就。

《庄子·逍遥游》：“天之苍苍，其正色邪？其远而无所至极邪？其视下也，亦若是则已矣。”天地很大，我们根本就不可能知其所以然，世界上身无分文的人并不是最贫穷的，只有没有远见的人才是最贫困潦倒的。有了远见之后，还得有一种凡事都能沉住气，提前准备、计划的习惯，因为要是事到临头才采取措施，往往一事无成。

有这样一篇调查似乎能说明一些东西。

有一年，一群踌躇满志的年轻人从同一所大学毕业了，他们的智力、学历、所处环境条件都相差无几。在临出校门时，有调查机构对他们进行了一次关于人生目标的调查。结果是这样的：

27% 的人，没有目标；

60% 的人，目标模糊；

10% 的人，有清晰但比较短期的目标；

3% 的人，有清晰而长远的目标。

10 年后，调查机构再次对这群学生进行了跟踪调查。结果又是这样的：

3% 的人，10 年间他们朝着一个方向不懈努力，基本都成了社会各界的成功人士，进入上流社会；

10% 的人，他们的短期目标不断地实现，成为各个领域中的专业人士，成为社会的中产阶级；

60% 的人，他们按部就班地生活与工作，没有什么特别成绩，过着小康生活；

剩下 27% 的人，他们的生活没有目标，过得很不如意，并且常常在抱怨他人、抱怨社会。

这个例子说明了主动规划、早做准备的重要意义。做事要懂得规划，要学会早做准备，谋划明天。世界会向那些有目标和远见的人让路，自信、执着、富有远见、勤于实践，会让你永远握有一张人生之旅的坐票。

明天是未来的希望。要在以往经验教训基础上，主动做好工作。要坚持主动规划，主动设计，提前做好准备。

有两个大学毕业生被一同分配到一个部委的某个处。其中一位同学在工作之前，就很好地考虑和分析了自己的特长，以及自己在学校的学习工作表现，比如他学习一般，但是很擅长社会活动，所以他认为自己适合在行政系统长期工作下去。于是他就给自己定了一个目标：3 年之后当处长；5 到 10 年之后当司长、局长。但是另外一名学生就觉得还是工作一段时间再说吧。

第一天报到后，两位都很卖力，毕竟是刚从学校毕业，素质也比较高，扫地、打水，认真完成领导交代的任务，加班，等等。两个人的工作表现很相似，但一旦有机会时，两人的反应就不一样了。刚好单位有一个援外机会，前一位有规划的同学没有选择援外，他想如果处里正好有一个重要的课题，不出去就能利用这个机会熟悉处里的工作，培养自己的核心能力。

而另一位同学认为出国挣点钱，见见世面也不错，回来再说吧。结果两年后回来，没走的那位同学已成了处里的骨干。在很多业务上更能理解处长、司长乃至部长的意图，也更能准确快速做好手头的工作。而另外一名同学就需要重新熟悉和适应这个环境，虽然他也出国并挣了一些美元。大家一定知道结果：3 年以后，当初有自己人生规划的同学如愿以偿地当上了处长，而另外一位则只是他手下的一个兵。

这个例子说明，无论是个人还是企业，如果有了自己长期的战略规划，就会在工作过程中围绕这个长期目标，培养自己的核心能力，并能够实现自己的长远目标。也说明了制订战略目标，提前准备的必要性。

如果我们安于现状，事到临头乘势而动，没有长远的计划与提前的准备，就会变得安于现状，就会退步。在事业的规划中，不管是执行计划，还是在追求理想的过程中，我们一定要沉住气，具备长远的眼光和早做准备的行动，以便进行深刻的思考、困苦和磨砺，从中获得一些创新的想法。

在这个准备过程中，我们也能及时发现问题，及时解决问题。每一个问题分开解决，一次追踪一个问题，就很快找到问题的根源，也就能以最快最简洁的方式解决问题。

从整体角度考虑问题

那些取得辉煌成就的人都有一个共同的特征，那就是目标明确，并且具有不屈不挠、坚持到底、不达目的决不罢休的精神。为了这个长远的目标，他们会顾全大局，一切的执着努力都指向那个目标。

大视野的人生观是一种对全局的把握，是一种系统化的思维运作。如果要运用系统思维做出完美的策划，就必须将自己的视野拉到最高的视点，看到整个生命的最广阔图景。这样才能有整体观、全局观，着重看面，而不是看点，要考虑到方方面面，找出所有的关联点。

1997 年，世界卫生组织宣布要在非洲消灭疟疾。但是 8 年后，非洲的疟疾发病率整整提高了 5 倍。为什么初衷很好，但造成的后果却更加严重呢？原因是世界卫生组织在制订目标之后，开始大量采购一家日本公司的药品，导致当地生产疟疾药物的厂商倒闭，并进而导致当地一种可以治疗疟疾的植物无人种植，结果预防疟疾的天然药物由此消失。

出现这种悲剧性的结果，其重要原因在于世界卫生组织没有做出系统性的思考，只治标不治本。他们没有看到种植药物的农民也在其中起作用，更没有意识到预防疟疾的天然药物到底起什么作用。外部系统如果不考虑原来的体系的话就只能是适得其反，而下面故事中的这家公司，则为我们提供了成功的榜样。

1980 年，古兹维塔担任了可口可乐的 CEO，当时他面对的是与百事可乐的激烈竞争，可口可乐的市场占有率正在被它逐渐地蚕食，可口可乐的管理者为此很是着急。可口可乐其他的管理者都把竞争的焦点全部集中在百事可乐身上，只想着如何让可口可乐一次增长 0.1% 的市场占有率。古兹维塔经过思考，毅然决定停止与百事可乐的这种正面竞争，而改为与 0.1% 的成长相当的另类市场进行角逐。他派人进行市场调查，然后把调查的结果展示给其他管理者。

美国人一天的平均液态食品消耗量是多少？答案是14盎司。可口可乐在其中有多少？答案是2盎司。

“你们看出什么了吗？”古兹维塔说，“可口可乐需要在另一块市场提高占有率。我们的竞争对象不是百事可乐，而是要占掉市场剩余12盎司的水、茶、咖啡、牛奶及果汁。当大家想要喝一点什么时，应该是去找可口可乐。”

为了达到这个目的，可口可乐在每一个街头都摆上自动售货机，销售量也因此节节攀升，彻底占领了液态食品市场。通过这种做法，可口可乐很自然地就把百事可乐远远抛到了身后。

可口可乐的成功秘诀，就在于其具有层次性和综合性的产品复合体，将企业着眼于全局市场的竞争。着眼于全局，不仅仅意味着能够对全局进行有效的掌握，它更是一种价值观，是一种将自身格局拉大至整体层面，能够看到整体利益，顾全大局的视野高度。凡事顾全大局仍然是为人处世的重要品质。以大局为重，不计小嫌是一种难得的风度。有这种风度的人，心胸宽广，不记私怨，不但能赢得人们的尊敬和拥护，往往也能干出一番大事业。

很多所谓的聪明人，往往是那些做事只考虑自己的利益、目光短浅的人。这些人心中没有大局的概念，也不会有团队的位置，他们只是小聪明，不是大智慧。真正拥有大智慧的人，能够看清楚长远之势，从整体角度考虑问题。

黑格尔曾说过一句非常深刻的话:“譬如一只手，如果从身体上割下来，名虽可叫作手，实已不是手了。”这句话表明，部分脱离了整体，已经不能保持其属性了。眼前利益与长远目标犹如手和身体，我们要沉住气，不能只看到自己的眼前利益，而应站在更高的角度考虑长远，要有统观全局、服从全局的先进思想，否则，一时的眼前利益就如同那只从身体上割下来的手，非但没有任何用处，反而会破坏全局功能的发挥。

站在山顶俯瞰生命全景，这样不但能够令我们更好地掌控全局，而且是对自我格局的一种扩大，能够让自己的人生观与价值观处于高广的人生视点上，使自己成为拥有较高生命品质的人。

提升自我才能成就卓越

人生路上不会永远一帆风顺，要想使自己立于不败之地，办法只有一个，即提升自己。只有不断增强自己的能力，才能与风雨搏击。

很多人充满了梦想，却不肯脚踏实地地去实现梦想。他们自命不凡，整日怨天尤人，工作无精打采。其实，每一天的生活中都蕴藏着成就卓越的机会，在平凡的生活中沉得住气，脚踏实地地努力，总能收获诸如才能、社会经验、人际关系等；而那些心浮气躁，不懂得提升自我的人，往往因为缺乏足够的能力而与成功失之交臂。

小孩迈克在他父亲的葡萄酒厂看守橡木桶。每天早上，他用抹布将一个个木桶擦拭干净，然后一排排整齐地摆放好。令他生气的是：往往一夜之间，风就把他排列整齐的木桶吹得东倒西歪。

小迈克面对这种情景，伤心地哭了。父亲抚摸着迈克的头说："孩子，别伤心，我们可以想办法去征服风。"于是，迈克擦干了眼泪，坐在木桶旁边想啊想啊，想了半天，他终于想出了一个好办法，他去井里挑来一桶一桶的清水，然后把它们倒进空空的橡木桶里，然后他就忐忑不安地回家睡觉了。

第二天，天刚蒙蒙亮，迈克就匆匆爬了起来，他跑到放桶的地方一看，那些木桶一个一个排放得整整齐齐，没有一个被风吹倒的，也没有一个被吹歪的。迈克高兴极了，他对父亲说："要想木桶不被风吹倒，就要增加木桶自己的重量。"迈克的父亲赞许地笑了。

小迈克终于从中学会了让木桶不倒的方法，毫无疑问，这个方法会让他终身受益。在狂风中屹立不倒的参天大树必然有庞大的根系，它们的每一条根须都深深地扎进土地中，向大地汲取能量。如果想在狂风中保持站立的姿势，我们就应该不断加固自己的根基。每个人都不应该忽视学习，沉住气，每天进步一点，便没有什么能阻挡我们抵达成功的彼岸。成功与失败的距离其实并不遥远，很多时候，它们之间的区别就在于你是否每天都在提高你自己。

现实生活中有许多人，尽管他们的资质很好，却一生平庸，原因是他们不求上进。一个人的知识储备愈多，生活才能愈充实。自强不息、追求进步的精神，是一个人卓越超群的标志，更是一个人能够成功的征兆。

彼得生活在一个贫困的工薪阶层家庭中，因为经济困难，他刚刚高中毕业，便不得不放弃去大学深造的机会，到一家百货公司打工。虽然每周只有 5 美元的薪水，他仍然很珍惜这个来之不易的机会，每天尽职尽责地对待工作，努力充实自己，想办法把自己的工作做得更好一些。

经过仔细观察，他发现无论有多么劳累，主管每次都要认真检查那些进口的商号账单。由于那些账单都是用法文和德文书写的，他便开始在每天上班的过程中仔细研究那些账单，并努力钻研与这些商务有关的法文和德文。

一天，他看到主管十分疲惫，但仍一一核查那些账单，便主动要求帮助主管检查。由于早有准备，他干得相当出色。从那以后，检查账单的工作便由彼得接手了。

又过了两个月，彼得被叫到一间办公室接受一个部门经理的面试。面试彼得的经理年纪比较大，对他说："我从事这个行业已经 40 多年了，你是我发现的为数不多的每天都要求自己进步、日益把工作做得更加完善的人。从这个公司成立开始，我一直从事外贸工作，也一直想物色一个得力的助手，但是因为这项工作涉及的面太广，工作又劳累繁杂，尤其是需要有高度的责任心，否则一个小小的差错也会使公司蒙受巨大的损失。这项工作最大的要求就是员工要把工作做到毫无差错、尽善尽美，我们认为你是一个合适的人选。"

尽管彼得对这项业务一窍不通，但是他凭着那股尽职尽责的认真劲，对工作不断钻研、学习的精神，不断提高自己的能力，半年后他已经完全胜任这份工作并做得相当出色。一年后，他接替了那位经理的工作，成为该公司有史以来最年轻的部门经理。

每个人都有成功的无限潜能，潜能就像肥沃的土壤，我们要像农夫一样不急不躁，辛勤地耕耘，才能有所收获。在日常工作与生活中，你只有努力把事情做好，才有展现自己潜能的机会。潜能也是有生命的，你只有通过提升自己，当自己的实际能力与内在潜力接近时，潜能才会爆发出它全部的力量。

麦克阿瑟将军在南太平洋指挥盟军的时候，办公室墙上就挂着一块牌子，上面写着这样的座右铭：“你有信仰就年轻，疑惑就年老；你有自信就年轻，畏惧就年老；你有希望就年轻，绝望就年老；岁月使你皮肤起皱，但是失去了热忱，就损伤了灵魂。”这是对“热忱”最好的赞词。“失去了热忱，就损伤了灵魂。”保持热忱的进取心，便能点燃智慧的心灯，灵魂的火焰才有足够的力量把成就天才的各种材料熔冶于一炉。

思想家爱默生曾说：“人类可以分为两种：一种是属于过去的人，一种是属于将来的人；一种是维持现状者，一种是改变现状者。”维持现状的人满足于现阶段的状态，而努力改变现状的人每分每秒都在为更好的未来做准备。有一句格言：“只因准备不足才导致失败。”这句话可以写在无数可怜失败者的墓碑上。改变世界要从提升自我开始，在知识的海洋中，你的智慧只是其中的一粒沙，一滴水，我们拥有的只是一颗不断进取的心灵，唯有不断地学习，才能安抚它的躁动。

每天学习一点点，每天进步一点点

有这样一句名言：“在生命的每一天我都有进步。”在现实生活中，只要我们每一天都有进步，每一天都一步一步不停地向着人生目标迈进，无论路程多么艰难险阻，总会有抵达终点的那一天。

沉住气，一步一步前行，一点一点进步，就能一个目标一个目标地实现，成功就会一点点地接近我们。

1983 年，伯森·汉姆徒手攀壁，登上纽约的帝国大厦，在创造了吉尼斯纪录的同时，也赢得了“蜘蛛人”的称号。美国恐高症康复联合会得知这一消息，致电“蜘蛛人”汉姆，打算聘请他做康复协会的心理顾问，因为在美国有 8 万多人患有恐高症。

伯森·汉姆接到聘书，打电话给联合会主席诺曼斯，让他查一查第 1024 号会员。这位会员很快被查了出来，他的名字叫伯森·汉姆。原来他们要聘作顾问的这位“蜘蛛人”，本身就是一位恐高症患者。

诺曼斯对此大为惊讶。一个站在一楼阳台上都心跳加速的人，竟然能徒手攀上 400 多米高的大楼，这确实是件令人费解的事，他决定亲自拜访一下伯森·汉姆。

诺曼斯来到费城郊外的伯森住所。这儿正在举行一个庆祝会，十几名记者正围着一位老太太拍照采访。原来伯森·汉姆 94 岁的曾祖母听说汉姆创造了吉尼斯纪录，特意从 100 千米外的葛拉斯堡罗徒步赶来，她想以这一行动为汉姆的纪录添彩。谁知这一异想天开的想法，无意间创造了一个耄耋老人徒步 100 千米的世界纪录。

《纽约时报》的一位记者问她，当你打算徒步而来的时候，你是否因为年龄关系而动摇过？老太太笑着说，小伙子，打算一口气跑 100 千米也许需要勇气，但是走一步路是不需要勇气的，只要你走一步，接着再走一步，然后一步再一步，100 千米也就走完了。

恐高症康复联合会主席诺曼斯站在一旁，一下明白了伯森·汉姆登上帝国大厦的奥秘，原来他只需要一步一步往上爬就可以了。

伯森·汉姆患有恐高症却能登上帝国大厦，也许这看起来不可思议，但只要每次前进一点，持续不断地努力，就总有一天能够达到目的。

成功与失败之间的距离，并不像大多数人想象的那样是一道巨大的鸿沟。成功与失败之间的差别只在于一些小小的动作：每天花 10 分钟阅读、多打一个电话、多努力一点、多一个微笑、演出时多费一点心思、多做一些研究，或在实验室中多做一次试验。伟大的哲学家冯·哈耶克告诫道："如果我们多设定一些有限定的目标，多一分耐心，多一点谦恭，那么，我们事实上倒能够进步得更快且事半功倍；如果我们自以为是地坚信我们这一代人具有超越一切的智能及洞察力并以此为傲，那么我们就会反其道而行之，事倍功半。"

《礼记·大学》中有句话："苟日新，日日新，又日新。"老子在《道德经》中说："合抱之木，生于毫末，九层之台，起于累土，千里之行，始于足下。"这些古老的中国经典文化都说明了一个道理：量变积累到一定程度就会发生质变。一个人，只要沉住气，坚持每天进步一点点，终有到达成功的那一天。

第七章

沉住气，深藏不露才能巧避锋芒

认识自己

伟大的古希腊哲学家苏格拉底曾经说过："人啊，请认识你自己。"对于低调者来说，这是他们一生恪守的箴言。

低调者成功的原因，就来自于他们对自己有一种正确的认识，基于这种正确的认识，他们才能够给自己一个正确的定位，给自己设置正确可行的目标，让自己能够正确对待挫折和困难。从人格上来说，只有认识自己的人，才知道什么是应该做的，什么是不应该做的，也就是说具有"自我意识"。

出于种种原因，约翰失业了，他不得不开始重新找工作。一个月过去了，投了数份简历的他一直没有接到面试的通知，这让周围的朋友们感到非常不解。因为无论从经验还是从能力上来说，约翰都是有一定"实力"的，为什么这么长时间连一个通知也接不到呢？当朋友们看了他发出去的简历之后才恍然大悟。约翰在简历上是这样写的：

（1）在我上大学时，准备去找一份家教工作，因此交了100元中介费，但因为家长过于挑剔而辞职，钱打了水漂儿。而我的一个同学张贴广告，没花几元钱就找到3份家教。从此，我提醒自己：凡事要多动脑思考。

（2）毕业后的第一份工作是负责带领十几个人挨家挨户送奶。因为用人不当，第一个月就出现严重亏空，不但自己工资全部被扣，还倒贴进好几百元。于是，我时时告诫自己：永远保持清醒的头脑和高度的警惕。

（3）一次与同班同学竞聘销售主管一职，经理问我认为我俩谁更适合这项工作。我举荐了同学，自己却被拒绝了。

（4）不久前，因为不愿替老板销售以假乱真的配件，结果被辞退了。

朋友们都说这哪是简历，简直是一本“失败回忆录”，看了这样的简历任谁也不会给他发通知的。所以，朋友们劝他重新写一份，把自己“刻画”得完美一些，这样才有更多的机会。但约翰始终坚持自己的初衷，同时他相信总有人慧眼识珠发现自己。

不久之后，约翰果然接到一家著名企业的面试通知，最终成功地找到了工作。

那么，到底是什么原因让这家企业相中了约翰呢？这与他的那份简历密切相关。公司的负责人解释说：“他交的是一份感情真挚的记录。我们需要的正是这样诚实守信，能不断吸取经验教训，从而不断进步、不断开拓、不断向上的管理者！”

约翰没有像其他应聘者那样掩饰因经验不足导致失败的过去，而是勇敢、真诚地正视了自己，这就是因为认识自己而获得的成功。

低调的人不会因为不如别人而低估自己。低估自己的人容易产生自卑心理，这是一种心理扭曲，这样的人在任何时候都觉得自己不行，他们担心的事情太多了：长得矮、太胖或太瘦，自己不健康，担心患癌症。他们在工作上甘居中游、下游，没有进取心。而低调的人认为骄傲是很荒谬的事情，因为无论自己过去做了什么事情都不重要，自己将要做的事，比已经做了的事总是要重要得多。所以，低调的人总是很谨慎地看待自己的成就和能力，他们总是明白：已经取得的成功，其中有多少成分是属于自己的，有多少成分来自于别人的帮助，有多少成分来自于运气。

人不仅要意识到周围世界客观事物的存在，同时更要能够意识到自己的心理和行为，这样方能成大器。

低调的人能够客观地评价自己，他们不会把自己看得太高，总是很谨慎地看待自己的成就和能力。因为他们知道自己的成功，虽有自己主观的因素，但更离不开一切外在的条件，自己仅仅是其中的一个因素而已。正确地认识自己，在别人面前始终保持着一份温和的态度，真诚而朴实，就会在现实生活中，在繁忙工作中赢得更多的朋友，这是一种品格，也是一种修养。

经常反省

有人曾说：人类的历史其实就是在不断的反省中才得到发展和进步的。历史的大趋势是如此，对于渺小的个人来说，自我反省自然更加重要。

学会自我反省就是实事求是地把以前的经验教训，总结出一个规律性的东西，及时修正自身的错误，寻找更好的方法，如此一来，成功自然就在不远的前方了。

“吾日三省吾身”，出自孔子的弟子曾参之口。与孔子一样，曾参也是一个恪守反省之道的君子。

有一次，曾参的学生子襄问他说：“什么是勇敢？”曾参直接引用孔子的话，说：“你喜欢勇敢吗？我曾听我的老师孔子先生说最大的勇敢就是会自我反省，正义不在自己一方，即使对方是普通百姓，我也不恐吓他们；自我反省，正义在自己一方，即使对方有千军万马，我也勇往直前。”

当你背向太阳的时候，你会只看到自己的身影，连别人看你，也只会看见你脸上阴黑一片。只拿愤世嫉俗来代替反省自己，对自己的成长是一种最大的耽误。有一句话说得好：“一个人的成长 = 经验 + 反思。”一个人或许工作了 20 年、30 年，如果没有反思，也只是一年经验的 20 次、30 次的机械重复而已。低调者倡导每天都自我反省，思索自己做人、处世的方法是否正确，好给自己以后的行动指明方向，这对低调者的成功有极大的促进。自我反省不是故意要把自己弄得愁眉苦脸，跟自己的大脑过不去，而是对自身的深刻审查，以求进步。

实际上，每个人在做事情、做工作的时候都要有自我反省的态度，并不断以实际行动去追求，去实现自己美好的愿望。一个不善于自我反省的人，则会一次又一次地犯同样的错误，不能很好地发挥自己的能力。相反，一个善于自我反省的人，往往能够发现自己的优点和缺点，并能够扬长避短，发挥自己的最大潜能。

夏朝时期，一个背叛的诸侯有扈氏带兵入侵，夏禹派他的儿子启去抵抗，结果启失败了。他的部下很不服气，要求继续攻打，但是，启说："不必了，我的兵比他多，领地也比他大，却被他打败了，这一定是我的德行不如他，带兵方法不如他的原因。从今天起，我一定要努力改正过来才是。"从那以后，启每天很早就起床工作，粗茶淡饭，照顾百姓，任用有才干的人，尊敬有品德有能力的人。过了一年，有扈氏知道了启这样的德行，不但不敢再来侵犯，反而自动投降了。

启把自己放在一个平凡的位置上，不断地反省自己，以改变自我为关键，最终得到了天下人的认可。布朗宁说："能够反躬自省的人，一定不是庸俗的人。"再伟大的人也不可能是完美的，在性格、逻辑、处世方面总有缺憾与不足，这就需要学会自我反省来洞察自己的言行。真正的低调者不断地反观自己，不断地反省自己，这是值得极力赞扬的。自我反省是从古至今人们都很看重的一种为人品格，它是低调修身的重要方面。孔子尚"日三省其身"，更何况常人呢？学会自我反省，才能不断地修正自己的言行，提高自己的身心修养；学会自我反省，才能在事业上有所成就，获得人生的更大进步。

贵而不炫

真正低调的人，从不炫耀他所拥有的一切，他从不告诉别人他住什么样的房子，银行里有多少存款，他是多么受周围人的尊重，因为他没有自卑感，他对自身存在的价值充满自信。

生活中，有钱、有权、有势的人随处可见，而且他们中的大多数人都有逢人便炫耀的“恶习”。他们以为，这样就可以抬高自已，贬低别人，就可以以一种俯视的眼光来面对“贫穷”的人。其实，这只是他们一厢情愿的想法而已。固然，有钱、有权、有势是有能力的象征，但是让人们感到敬仰或者说羡慕的并不是财富或是权势本身，而是获得这些所需要的能力和勇气。所以，当富贵者向人们展示他们的财富地位时，或许能够得到许多人的奉承，但那都是表面现象，他们实际得到的只能是背地里人们的不屑和蔑视。

说起贵而不炫的典范，自然不能不提瑞士。

在瑞士，年收入超过百万瑞士法郎的人数高达 18.3 万，比例达到全国人口的 2.6%。据世界银行发表的各国富裕程度排行榜显示，瑞士多次蝉联全球最富裕的国家。在这个百万富翁密度很高，甚至许多人都身家过亿的国家里，给人们留下的整体印象却是——生活富而不奢。

在一次国际会议上，人们见到“世界经济论坛”创始人兼执行主席克劳斯·施瓦布。他多次被记者采访，每次都见他穿着一套款式老旧但非常整洁的双排扣黑色西服。施瓦布聊起他的生活，自称不爱打扮，也不稀罕用名牌服饰或昂贵的高档手表来“炫富”。无论是在达沃斯年会上与数百位各国首脑会面，还是奔波于世界各地，他穿的都是一套西服。施瓦布的办公室陈设也非常简单，没有宽敞的空间和贵重的办公设施，只有普通的沙发、茶几和几个书柜。平时施瓦布自己驾驶一辆客货两用车，午餐是与其他员工一样的自助餐。

在瑞士，有很多富翁都像施瓦布一样过着节俭的生活。在吃的方面，瑞士人也绝不摆阔。那里的餐馆不允许顾客浪费，甚至会对浪费者罚款；在穿戴方面，瑞士是“手表王国”，但大多数富翁手上戴的并不是“劳力士”“欧米茄”等奢侈品牌手表，而只是普通手表，有的甚至戴着普通老百姓都不愿戴的塑料电子表；在交通方面，瑞士富翁和大多普通百姓完全有条件买“宝马”“奔驰”，然而瑞士公路上行驶的大多是“大众”“雪铁龙”等普通型汽车；在日常用品方面，由于瑞士物价相对较高，每逢节假日，节俭的瑞士人大多会开着车到邻国买便宜货。

在瑞士，没人会只因为财富而对他们表示尊敬，人们尊敬的是对社会做出贡献的人。

所以，即使你真的很富有，很有权势，最应该珍惜的也是健康的普通人生活。珍惜金钱，富而不耀是中华民族的传统美德。先哲老子曾将它视为为人处世的三大法宝之一，儒家学说的创始人孔子也把它视为很重要的品德。珍惜金钱对个人来说，是一种良好的生活习惯，也是一种文明行为。所以说，富而不耀对社会来说，是一种文化，也是社会文明程度的体现，更是一个人人格魅力的体现。

言多必失，寡言少过

“静者心多妙，超然思不群。”生活中，有一些人总是能够三缄其口，不急于表达自己的观点，而是在沉默中察言观色，审时度势。正因为如此，他们往往成竹在胸，保持沉着冷静的姿态，其胜算的概率也会更大。

相反地，还有一些人总是沉不住气，不管是什么时候，他们总爱说上几句，从来没有沉默过，急躁的心情已经占据了他们的心灵，他们没有时间考虑自己的处境和地位，更不会坐下来认真地思索有效的对策。因此他们常常会因言行不慎，或者得罪了别人，把事情搞糟，或者让自己陷入困境，这是最不合算的事情。

“沉默是金，言多必失。”一句话往往能够产生不可预料的结果，出言不慎，很容易树立劲敌，反胜为败，所谓“祸从口出”即是如此。相反，保持沉默，可以使表态时间得以后延，也可以使表态所需面对的事态更为明朗，从而避免因说话欠考虑而发生的尴尬、冲突和其他危险。

南北朝时，北周有位大将贺若敦，他多次荣立战功，因此不甘心屈居别人之下，总是想做大将军。每当看到别人晋升时，他就很不服气，抱怨、愤恨之情溢于言表。

久而久之，贺若敦引起了晋王宇文护的不满。当有一次贺若敦又因立了战功而未得到嘉奖而到处宣扬自己的不满时，晋王忍无可忍，下令让已被贬为中州刺史的贺若敦自尽。死到临头的贺若敦才开始后悔自己祸从口出，为了让儿子贺若弼记住这个教训，不再犯和自己一样的过错，他在死前用锥子刺破了儿子的舌头。

后来贺若弼做到了隋朝的右领大将军，他忘记了父亲的遗训，常为自己没有当上宰相而怨言不断。当原本职位在他之下的杨素被晋升为尚书右仆射，而自己仍是将军时，他也步上了父亲贺若敦的“后尘”，开始大肆宣泄心中的不满和愤恨之情，为此，他被捕下狱。隋文帝责备他说：“你这人有三大过：一是嫉妒心太强；二是自以为是，以为别人都是错的；三是目无长官，言语无忌，信口胡说。”后来，隋文帝念他有功，不计前嫌，释放了他。

然而，出狱后的贺若弼并没有吸取教训，仍不思悔改，再次到处宣扬自己与太子杨勇之间的关系，以此来抬高身价。不久之后，杨广取代失势的杨勇成了太子，贺若弼失去了炫耀的本钱和倚仗的靠山。

后来隋文帝虽然没有杀贺若弼，却把他贬为庶人，再也没有任用他。

像贺氏父子这样遇事喜欢大发怨言的人，在我们的日常生活中随处可见。这样的人从来不知道隐忍为何物，更不知道自己逞一时之快说出的话会对自己造成什么样的不良后果。要知道，动乱的产生往往就是借由言语作阶梯的，言多必失是人们对此最通俗的注释。

沉默并不是无知，也不是懦弱，更不是不爱说话，它是一种无声的力量。真正懂得沉默的真谛的人，必是十分有底气和自信的人，也必是十分宽容和有耐心的人。惜字如金，不为了任何虚伪多说一个字。话说多了，往往自己都不清楚说了些什么，稀里糊涂中自己真的失去了判断力，就更加容易说漏嘴，就容易言辞偏颇。只可惜，等你意识到不应该时，说出的话已不属于你，甚至会被有的人铭记一辈子，而你迟早会为此付出代价的。

沉默是尊贵的，像金子；沉默是有气度的，像海洋，承载惊涛骇浪；像土地，春风化雨。“天不言自高，地不言自厚。”话多，不能说明人贤；话少，不能说明人愚。沉默是一种让一个人变得有深度，有主张的智慧；是一种虚怀若谷的做人哲学；是一种力量的蓄积和低调的美丽。

学会适度示弱

烈风可以吹断几个人才能抱得过来的大树，却奈何不了一根细细的小草，铁锤可以砸碎坚硬的石块，但捶不坏软软的棉被。柔与刚、弱与强，是对立的，也是可以转化的。在手段上取柔和弱，才能达到刚和强的目的。也就是说，刚不若柔，强不若弱，柔能克刚，弱能守强。

向人示威是人人都会的，向人示弱却是少数人才会的，因为这需要智慧和勇气。遇到与自己势均力敌的对手时，处处显出自己的强悍，反而会增强敌人的警惕心理，很难取胜。这时，不妨表现得低调一点，示弱于他人，若敌人有骄纵的弱点，必会掉以轻心，产生轻蔑的思想，所谓“骄兵必败”，而此时你取胜的机会也就增加了。放低姿态，示人以弱，这是在众多竞争中取胜的一大法宝。

寒山和拾得都是有德行的僧人。一天，寒山问拾得说：“如果世间有人无端地诽谤我、欺负我、侮辱我、耻笑我、轻视我、鄙贱我、恶厌我、欺骗我，我要怎么做才好呢？”

拾得回答道：“你不妨忍着他、谦让他、任由他、避开他、耐烦他、尊敬他、不要理会他。再过几年，你且看他。”

人处于弱势，应该学会示弱，学会忍耐。示弱不仅是一种生存技能，更是一种“糊涂智慧”。所谓大巧若拙，大智若愚，只为选择时机，出奇制胜。从古至今，此类虚晃一招假装败退，再反戈一击出奇制胜的例子太多，不用再举。

示弱并不代表真的弱，忍耐并不代表没有骨气，越是品德高尚的人，就越能理解这里面的内涵。他们无所谓装糊涂，因为他们的心里是明白的。

弥勒菩萨偈语说：

老拙穿衲袄，淡饭腹中饱，补破好遮寒，万事随缘了。

有人骂老拙，老拙只说好，有人打老拙，老拙自睡倒。

有人唾老拙，随他自干了，我也省力气，他也无烦恼。

这样波罗蜜，便是妙中宝，若知这消息，何愁道不了。

人弱心不弱，人贫道不贫，一心要修行，常在道中办。

如果能够体会偈语中的精神，那就是无上的处世秘诀。可是很多人，特别是初入社会的年轻人多不懂此道理，一开始便以恃才傲物的姿态阻断了先辈向自己传授经验的机会，这样会为以后的发展留下隐患。

其实，高下强弱瞬时变化，没有谁永远占据绝对的上风，想通了所谓强弱也就是寸心偏执罢了，就像古希腊谚语所说：上坡路与下坡路是同一条路。如此，示弱、装糊涂又何妨?

不能示弱的人，在心理上，才是被“强”蹂躏得最惨的人。敢于示弱，则是真正强有力的表现。

在日常生活中，那些处处争强好胜，事事占先、拔尖的人虽然能得一时之利，却难成为最终的成功者。因为他们虽然也曾立下雄心壮志，非干出一番大事不可，可惜，不是热情难以持久，就是稍遇挫折便一蹶不振。反倒是那些处于弱势的人，凡事不逞能，怀柔以对，没有豪言壮语，心境平和宽容，能抛除私心杂念，不受外人干扰，做事能够持之以恒。即使受到打击，也不会万念俱灰。因为心境平和，所以能处之泰然，这种人跑得不快，但能坚持到终点。

因此，学会适度示弱是低调为人的一种处世哲学。有人说示弱就意味着奴颜屈膝，就意味着伏低做小，这绝不是大丈夫所为。然而有些事情，就需要我们能够装一装糊涂，容忍那些锋芒毕露的人，以免造成不必要的伤害，得不偿失。

谨言慎行

一言不慎身败名裂，一语不慎全军覆没。几乎所有在谈话中出现的失误或错误都是由于没有认真考虑造成的。而低调者则能把握说话的场合和时机，思考与权衡一句话说出后的利弊，选择恰当的言语进行表达。这样，他们的话语往往能达到扭转乾坤的效果。

古时候，有一位学者智慧过人。

一天，一位熟人遇见这位学者，便对他说："你知道我刚才听人怎样议论你朋友吗？"

"等等，"学者说，"在你告诉我之前，请允许我先问你几个问题好吗？"

"当然可以。"熟人说。

"那么请问，你要告诉我的事属实吗？"

"我不大清楚。"这位熟人说。

"好吧，"学者说，"既然是这样，那我再问个问题，你要告诉我的是好事吗？"

"不，不是什么好事！"熟人回答。

"那么请允许我问第三个问题。你要说的对我有用吗？"学者问。

"不，好像没什么用。"熟人说。

"假如这事可能并不属实，又没什么好处和用处，那你为什么要告诉我呢？"

这位熟人立刻无言以对。

在你开口之前，问过自已这些问题了吗？

生活中的很多矛盾纠纷大多都是由于说话不慎引起的，话一旦出口，就没有办法收回了。所以一定要管好自已的嘴，在每句话出口之前，都必须仔细地思考一番，否则就会给自已带来麻烦。

低调的人在说每一句话的时候，都是要进行再三的推敲的，因为他们既怕被人误解，有口难辩，又怕出言伤人，与人结怨。那么，具体来说，恪守谨言慎行要避免哪些情况出现呢?

1. 沟通中，最忌讳废话

人与人之间交流的时候，最忌讳的是多言或废话，尤其是用一句话能说清楚的事情，或者简单几句话就能表达出的意思，就不要说过多无用的话。所谓最好的说话技巧，就是能够在话题开始的时候，很自然地把意思表达出来。如果为了表达一个意思，不断地解释，增加不必要的废话，只能招人讨厌。

2. 炫耀又爱说教，是最糟糕的习惯

每个人都有爱表现的心理，只不过各自表现的方式不一样。其实习惯说废话的人就是出于一种爱表现的心理，这样的人让人难以接受，如果你不仅废话多，还喜欢炫耀和说教，那简直让人无法忍受了。

3. 说话时不要有过高的音量

尖锐的高音往往能在你无意的时候破坏你的形象，只能让人觉得你没有教养。从医学角度讲，某种声音的音频超过一定程度，就会让听到的人产生不安的情绪，严重的时候还会让人变得焦躁。低沉的声音其实可以给人一种稳重、权威的感觉，让人觉得你是个可靠、可信的人。

古人言："三思而后行。"相信大家都深谙其中的道理。所以说，在与别人交流的时候，如果能先多考虑一下你所要说的话，可能会使你们之间的关系更加融洽。

中篇

经得起诱惑，耐得住寂寞

第一章

面对诱惑，给欲望设个底线

欲望让你的人生烦恼不安

我们接受教育和训练的目的是什么呢？难道是为了得到别人口头上的称赞吗？当然不是，其实在这个世界上真正值得尊重的并不是那些所谓的名声，而是一个人能够根据自身恰当的条件推动自己，使自己不屈服于身体的引诱，不被感官压倒，只做自己应该做的事情，而不追求其他多余的东西，即不产生任何过分的欲望。

人的一生是短暂的，很快我们就将化为灰尘，被世界遗忘。一个名称——可能连名称也没有——只是声音和回声。既然生命如此短暂，那在生活中被我们高度重视的东西也就是空洞的、易朽的和琐屑的，至于在肉体和呼吸之外的一切事物，要记住它们既不是属于你的也不是你所能拥有的。

有人问智者："白云自在时如何？"

智者答："争似春风处处闲！"

那天边的白云什么时候才能逍遥自在呢？当它像那轻柔的春风一样，内心充满闲适，本性处于安静的状态，没有任何的非分追求和物质欲望，放下了时间的一切，它就能逍遥自在了。

保持自己的理性，放下世间的一切假象，不为虚妄所动，不为功名利禄所诱惑，一个人才能发现自己的真正本性，看清本来的自己。否则，我们只能使自己的心灵处在一种烦恼不安的状态之中。就好像种植葡萄的人目的在种而不在收，如果还要希望自己的葡萄比别人大、比别人多，那他产生的这种欲望将会使自己失去心灵上的自由。因为他会变得不知足，会变得妒忌、吝啬、猜疑，会变得敌视那些比他拥有更多葡萄的人。

县城老街上有一家铁匠铺，铺子里住着一位老铁匠。时代不同了，如今已经没人再需要他打制的铁器，所以，现在他的铺子改卖拴小狗的链子。

他的经营方式非常古老和传统。人坐在门内，货物摆在门外，不吆喝，不还价，晚上也不收摊。你无论什么时候从这儿经过，都会看到他在竹椅上躺着，微闭着眼，手里是一只半导体收音机，旁边有一把紫砂壶。

当然，他的生意也没有好坏之说。每天的收入正好够他喝茶和吃饭。他老了，已不再需要多余的东西，因此他非常满足。

一天，一个文物商人从老街上经过，偶然间看到老铁匠身旁的那把紫砂壶，因为那把壶古朴雅致，紫黑如墨，有名家风范。他走过去，顺手端起那把壶。壶嘴内有一记印章。商人惊喜不已，因为他知道这款茶壶价值连城。商人端着那把壶，想以 10 万元的价格买下它，当他说出这个数字时，老铁匠先是一惊，然后很干脆地拒绝了，因为这把壶是他爷爷留下的，他们祖孙三代打铁时都喝这把壶里的水。

虽然壶没卖，但商人走后，老铁匠有生以来第一次失眠了。这把壶他用了近 60 年，并且一直以为是把普普通通的壶，现在竟有人要以 10 万元的价钱买下它，他转不过神来。

过去他躺在椅子上喝水，都是闭着眼睛把壶放在小桌上，现在他总要坐起来再看一眼，这种生活让他非常不舒服。特别让他不能容忍的是，当人们知道他有一把价值连城的茶壶后，来访者络绎不绝，有的人打听还有没有其他的宝贝，有的甚至开始向他借钱。他的生活被彻底打乱了，他不知该怎样处置这把壶。当那位商人带着 20 万现金，再一次登门的时候，老铁匠没有说什么。他招来了左右邻居，拿起一把斧头，当众把紫砂壶砸了个粉碎。

现在，老铁匠还在卖拴小狗的链子，据说，他已经106岁了。

这个故事证明，“人到无求品自高”，人无欲则刚，人无欲则明。无欲能使人在障眼的迷雾中辨明方向，也能使人在诱惑面前保持自己的人格和清醒的头脑，不丧失自我。在这个充满诱惑的花花世界里，要想真正做到没有一丝欲望，毫无牵挂的确很难。

要想做到“无欲”，首先要有一颗静如止水的心。不受到外界事物打扰，好好地坚持走正确的道路，正确地思考和行动，就能消除你的欲望。心淡如水是生命褪去了浮华之后，对生活中那些细微处的感动，只有用感恩的心生活，从而在一种幸福的平静流动中度过一生，才能在人生感悟之中找寻到生命的意义所在，才能做到不为“欲”所牵连、不为“欲”所迷惑，在欲望充斥的浊世之中仍能保持心中的一方净土。

最长久的名声也是短暂的

看看周围那些你熟知的人，他们之中的一部分人可能没有目标，做着一些对自己、对别人都毫无益处的事情，却不明白自己身上真正的本性是怎样的，有一点虚名就会沾沾自喜。这样的做法是不明智的，相反，在做事情之前，我们一定要弄清楚自己的本性是什么，之后遵从自己的本性，只做属于自己本性的事情。一定要记住，你做的每一件事都要以这件事情的本身价值来进行判断，不要过分注意那些鸡毛蒜皮的小事，这样你将会对命运的安排和生活的赐予感到满足。

过去熟悉的一些词语现在已经不用了，同样，那些声名显赫一时的名字如今也被忘却了，例如卡米卢斯、恺撒、沃勒塞斯、邓塔图斯以及稍后一些时候的西庇阿、加图，然后是奥古斯都，还有哈德里安和安东尼。这些人和他们做的事很快就过去了，变成了历史，甚至有可能已被一些人忘记了。上面提到的那些在历史上留下丰功伟绩的人尚且如此，那么其他的普通人，一旦呼吸停止了，别人就不会再提起他了。如果是这样的话，所谓的“永恒的纪念”是什么呢？只是虚无罢了。所以，认识到了本性的人，早就放弃了对名利的追求，即使他们偶然获得了荣誉，也完全不放在心上，只会淡化自己对名利的渴望和与人攀比的虚荣。

人的行为都是受欲望支配的，可欲望是无穷的，尤其是对于外部物质世界的占有欲，更是一个无底深渊。现实生活中，到处都是诱惑，人的占有欲往往就这样被强烈地激发出来。但是，虽然人们承认欲望的客观存在，但这并不代表人们肯定欲望的永无休止。欲望的永无休止只会给我们带来更深重的灾难，所以我们要竭力避免和舍弃的东西正是在欲望的支配下对名利无休无止的渴望。

放弃生活中的“第四个面包”

非洲草原上的狮子吃饱以后,即使羚羊从身边经过,也懒得抬一下眼皮;瑞士的奶牛也是一样,只要吃饱了肚子,它就会闲卧在阿尔卑斯山的斜坡上,一边享受温暖的阳光，一边慢条斯理地反刍。

有一位作家非常赞赏瑞士奶牛和非洲狮子的生存哲学。他说，假如你的饭量是三个面包，那么你为第四个面包所做的一切努力都是愚蠢的。

几年前王立到一个宾馆去开会，一眼瞥见领班小姐，貌若天仙，便上前搭讪。小姐莞尔一笑，用一种很不经意的口气说：“先生，没看见你开车来哦！”他当即如五雷轰顶，大受刺激，从此立志加入有车族。后来王立和朋友在一起吃饭，几杯酒下肚之后，朋友告诉王立，准备把开了一年的“昌河”小面包卖掉，换一辆新款的“爱丽舍”。然后又问王立买车了没有？王立老老实实地回答还没有,而且在看得见的将来也没有这种可能性。他同情地看着王立：“唉！一个男人，这一辈子如果没有开过车，那实在是太不幸了。”

这顿饭让王立吃得很惶惑。因为按他目前的收入水平，买辆“爱丽舍”，他得不吃不喝地攒上好几年。更糟糕的是，若他有一天终于买上了汽车，也许在他还没有来得及品味“幸福”滋味的时候，一个有私人飞机的家伙就会对他说：“作为一个男人，没有飞机太不幸了！”那他这辈子还有救吗?

这个问题让王立坐立不安了很长时间。如何挽救自己,免于堕入“不幸”的深渊，让他甚为苦恼。直到有一天，他无意中看到这样一段话：有菜篮子可提的女人最幸福。因为幸福其实渗透在我们生活中点点滴滴的细微之处，人生的真味存在于诸如提篮买菜这样平平淡淡的经历之中。我们时时刻刻拥有着它们，却无视它们的存在。

王立恍然大悟。原来他的朋友在用一个逻辑陷阱蓄意误导他：没有汽车是不幸的。你没有汽车,所以你是不幸的。但这个大前提本身就是错误的，因为“汽车”与“幸福”并无必然的联系。

在一个成功人士云集的聚会上，王立激动地表达了自己内心深处对幸福生活的理解：“不生病，不缺钱，做自己爱做的事。”会场上爆发了雷鸣般的掌声。

成功只是幸福的一个方面，而不是幸福的全部。人们对“成功”的需求是永无止境的,没完没了地追求来自外部世界的诱惑——大房子、新汽车、昂贵服饰等，尽管可以在某些方面得到物质上的快乐和满足，但是这些东西最终带给我们的是患得患失的压力和令人疲惫不堪的混乱。

两千多年前，苏格拉底站在熙熙攘攘的雅典集市上叹道：“这儿有多少东西是我不需要的！”同样，在我们的生活中，也有很多看起来很重要的东西，其实，它们与我们的幸福并没有太大关系。我们对物质不能一味地排斥，毕竟精神生活是建立在物质生活之上的，但不能被物质约束。面对这个已经严重超载的世界，面对已被太多的欲求和不满压得喘不过气的生活，我们应当学会用好生活的减法，把生活中不必要的繁杂除去，让自己过一种自由、快乐、轻松的生活。

过多的欲望会蒙蔽你的幸福

人很多时候是很贪心的，就像很多人形容的那样，吃自助餐的最高境界是“扶墙进，扶墙出”。进去扶墙是因为饿得发昏，四肢无力，而扶墙出则是因为撑得路都走不了。人愿意活受罪是因为怕吃亏。而有些时候，人总是对自己不满，还是因为太贪心，什么都想得到。

很多人常常抱怨自己的生活不够完美，觉得自己的个子不够高，自己的身材不够好，自己的房子不够大，自己的工资不够高，自己的老婆不够漂亮，自己在公司工作了好几年了却始终没有升职……总之，对于自己拥有的一切都感到不满，觉得自己不幸福。真正不快乐的原因是：不知足。一个人不知足的时候，即使在金屋银屋里面生活也不会快乐，一个知足的人即使住在茅草屋中也是快乐的。

剑桥教授安德鲁·克罗斯比说：真正的快乐是内心充满喜悦，是一种发自内心对生命的热爱。不管外界的环境和遭遇如何变化，都能保持快乐的心情，这就需要一种知足的心态。知足者常乐，因为对生活知足，所以他会感激上天的赠予，用一颗感恩的心去感谢生活，而不是总抱怨生活不够照顾自己。

有一个村庄，里面住着一个左眼失明的老头儿。

老头儿9岁那年一场高烧后，左眼就看不见东西了。他爹娘顿时泪流满面，一个独生的儿子瞎了一只眼睛可怎么办呀！没料他却说自己左眼瞎了，右眼还能看见呢！总比两只眼都瞎了要好！比起世界上的那些双目失明的人，不是要强多了吗？儿子的一番话，让爹娘停止了流泪。

老头儿的家境不好，爹娘无力供他读书，只好让他去私塾里旁听。他的爹娘为此十分伤心，他劝说道：“我如今也已识了些字，虽然不多，但总比那些一天书没念，一个字不识的孩子强多了吧！”爹娘一听也觉得安然了许多。

后来，他娶了个嘴巴很大的媳妇。爹娘又觉得对不住儿子，而他却说和世界上的许多光棍汉比起来，自己是好到天上去了！这个媳妇勤快、能干，可脾气不好，把婆婆气得心口作痛。他劝母亲说："天底下比她差得多的媳妇还有不少。媳妇脾气虽是暴躁了些，不过还是很勤快，又不骂人。"爹娘一听真有些道理，怄的气也少了。

老头儿的孩子都是闺女，于是媳妇总觉得对不起他们家，老头儿说世界上有好多结了婚的女人，压根儿就没有孩子。等日后他们老了，女儿女婿一起孝敬他们多好！比起那些虽有儿子几个，却妯娌不和，婆媳之间争得不得安宁的要强得多！

可是，他家确实贫寒得很，妻子实在熬不下去了，便不断抱怨。他说："比起那些拖儿带女四处讨饭的人家，饱一顿饥一顿，还要睡在别人的屋檐下，弄不好还会被狗咬一口，就会觉得日子还真是不赖。虽然没有馍吃，可是还有稀饭可以喝；虽然买不起新衣服，可总还有旧的衣裳穿；房子虽然有些漏雨的地方，可总还是住在屋子里边，和那些讨饭维持生活的人相比，日子可以算是天堂了。"

老头儿老了，想在合眼前把棺材做好，然后安安心心地走。可做的棺材属于非常寒酸的那一种，妻子愧疚不已，而老头儿却说，这棺材比起富贵人家的上等柏木是差远了，可是比起那些穷得连棺材都买不起，尸体用草席卷的人，不是要强多了吗？

老头儿活到72岁，无疾而终。他在临死时，对哭泣的老伴说："有啥好哭的，我已经活到72岁，比起那些活到八九十岁的人，不算高寿，可是比起那些四五十岁就死了的人，我不是好多了吗？"

老头儿死的时候，神态安详，脸上还留有笑容……

老头儿的人生观，正是一种乐天知足的人生观，永远不和那些比自己强的人攀比，用自己拥有的与那些没有的人进行比较，并以此找到了快乐的人生哲学。人生不就这样吗？有总比没有强多了。

很多时候，我们就缺少老头儿的这种心境，当我们抱怨自己的衣服不是名牌的时候，是否想到还有很多人连一套像样的衣服都没有；当我们抱怨自己的丈夫没有钱的时候，是否想到那些相爱却已阴阳两隔的人；当我们抱怨自己的孩子没有拿到第一的时候，是否想到那些根本上不起学的孩子；当我们抱怨工作太累的时候，是否想到那些在街上摆着小摊的小贩，他们每天起早贪黑，根本没有工夫去抱怨……其实，我们已经过得很好了，我们能够在偌大的城市拥有自己的房子，哪怕只是租的，我们不用为吃饭发愁，我们拥有体贴的妻子，可爱的孩子，拥有依旧对自己牵肠挂肚的父母……实际上我们已经拥有的够多了，还有什么不满意的呢？快乐也是在知足中获得。

知足可以除去你的各种贪念

老子曾说过："祸莫大于不知足，咎莫大于欲得。"这句话对于今天有着尤其特殊的意义。纵观今日一些落马之人，探其缘由，"祸咎"概莫能出其"不知足"和"欲得"之外。王宝森、胡长清、成克杰、王怀忠……贪婪的欲望使得一个又一个春风得意的"能人"，从马上倏然坠地，沦为"阶下囚"，甚至走上"断头台"。

自老子以后，很多先哲都提倡"知足知止"的信条，这个信条也确实在紧紧地约束着中国人的行止。比如庄子就是一个清心寡欲的人，他曾告诫人们："知足者，不以利自累也。"王廷相则说："君子不辞乎福，而能知足也;不去乎利,而能知足也。故随遇而安,有天下而不与也,其道至矣乎！"吕坤也有一言曰："万物安于知足，死于无厌。"

从古至今，人类始终难以摆脱欲望。在欲望的支配下，人们会做出许多不可理解的事情。当自己的欲望得到了满足的时候,就万事顺心了。可是，当欲望没有得到满足的时候，人们的心理就会失衡，就会产生抱怨的情绪。所以，抱怨源自不知足，只有知足的人才能感受到人生的富足。

哲学家克里安德，当时虽已八十高龄，但依然仙风道骨，非常健壮，有人问他：“谁是世上最富有的人？”

克里安德斩钉截铁地说：“知足的人。”

这句话恰和老子的“知足者富”的说法如出一辙。

更妙的是，罗马大政治家兼哲学家西塞罗也曾有类似的说法：“对于我们现在有的一切感到满足，就是财富上的最大保证。”

知足者常乐，知足便不做非分之想；知足便不好高骛远；知足便安若止水、气静心平；知足便不贪婪，不奢求，不巧取豪夺。知足者温饱不虑便是幸事；知足者无病无灾便是福泽。过分的贪婪、无理的要求，只是徒然带给自己烦恼而已，在日日夜夜的焦虑企盼中，还没有尝到快乐之前，已饱受痛苦煎熬了。因此古人说：“养心莫善于寡欲。”我们如果能够把握住自己的心，驾驭好自己的欲望，不贪得、不觊觎，做到寡欲无求，生活上自然能够知足常乐、随遇而安。

知足不是自满和自负，不是装饰，不是自谦，而是知荣辱、乐自然。知足的人即满足于自我的人，知足者能认识到无止境的欲望和痛苦，于是就干脆压抑一些无法实现的欲望，这样虽然看起来比较残忍，但它却减少了很多的痛苦。在能实现的欲望之内，他拼命为之奋斗，一旦得到了自己的所求，快乐便油然而生，每上一个台阶，快乐的程度也会高出一个台阶。只有经常知足，在自我能达到的范围之内去要求自己，而不是刻意去勉强自己，强迫自己，而是自觉地知足，才能心平气和去享受独得之乐。

学会控制不合理的欲望

合理、有度的欲望本是人奋发向上、努力进取的动力，但倘若欲望变质了，我们就容易上当、受骗。人的欲望一旦转变为贪欲，那么在遇到诱惑时就会失去理性。

一个顾客走进一家汽车维修店，自称是某运输公司的汽车司机。她对店主说：“在我的账单上多写几个零件，我回公司报销后，有你一份好处。”但店主拒绝了这样的要求。顾客继续纠缠道："我的生意很大，我会常来的，这样做你肯定能赚很多钱！"店主告诉她，无论如何也不会这样做。顾客气急败坏地嚷道："谁都会这么干的，我看你真的是太傻了。"店主火了，指着那个顾客说："你给我马上离开，请你到别处谈这种生意。"谁知这时顾客竟露出微笑并紧紧握住店主的手说："我就是这家运输公司的老板，我一直在寻找一个固定的、信得过的维修店，现在我终于找到了，你还让我到哪里去谈这笔生意呢？"

面对诱惑不动心，不为其所惑，虽平淡如行云，质朴如流水，却让人领略到一种山高海深般的品格，让人感到放心。这样的人也是真正懂得如何生存的人。

荀子说："人生而有欲。"人生而有欲望并不等于欲望可以无度。宋代哲学家程颐说："一念之欲不能制，而祸流于滔天。"古往今来，因不能节制欲望，不能抗拒金钱、权力、美色的诱惑而身败名裂，甚至招致杀身之祸的人不胜枚举。诱惑能使人失去自我，这个世界有太多的诱惑，一不小心往往就会掉入陷阱。找到自我，固守做人的原则，守住心灵的防线，不被诱惑，你才能生活得安逸、自在。

1856年，亚历山大商场发生了一起盗窃案，共失窃8只金表，损失16万美元，在当时，这是相当庞大的数目。就在案子侦破前，有个纽约商人到此地批货，随身携带了4万美元现金。她到达下榻的酒店后，先办理了贵重物品的保存手续，接着将钱存进了酒店的保险柜中，随即出门去吃早餐。在咖啡厅里，她听见邻桌的人在谈论前阵子的金表失窃案，因为是一般社会新闻，这个商人并不当一回事。中午吃饭时，她又听见邻桌的人谈及此事，他们还说有人用1万美元买了两只金表，转手后即净赚3万美元，其他人纷纷投以羡慕的眼光说："如果让我遇上，不知道该有多好！"

然而，商人听到后，却怀疑地想："哪有这么好的事？"到了晚餐时间，金表的话题居然再次在她耳边响起，等到她吃完饭，回到房间后，忽然接到一个神秘的电话："你对金表有兴趣吗？老实跟你说，我知道你是做大买卖的商人，这些金表在本地并不好脱手，如果你有兴趣，我们可以商量看看，品质方面，你可以到附近的珠宝店鉴定，如何？”商人听到后，不禁怦然心动，她想这笔生意可获取的利润比一般生意优厚许多，便答应与对方会面详谈，结果以4万美元买下了传说中被盗的8块金表中的3块。

但是第二天，她拿起金表仔细观看后，却觉得有些不对劲，于是她将金表带到熟人那里鉴定，没想到鉴定的结果是，这些金表居然都是假货，只值几千美元而已。直到这帮骗子落网后，商人才明白，从她一进酒店存钱，这帮骗子就盯上了她，而她听到的金表话题也是他们故意安排设计的。骗子的计划是，如果第一天商人没有上当，接下来他们还会有许多花招准备诱骗她，直到她掏出钱为止。

贪婪自私的人往往鼠目寸光，所以他们只瞧见眼前的利益，看不见身边隐藏的危机，也看不见自己生活的方向。贪欲越多的人，往往生活在日益加剧的痛苦中，一旦欲望无法获得满足，他们便会失去正确的人生目标，陷入对蝇头小利的追逐。贪婪者往往自掘坟墓而不自知。我们一定要随时提醒自己，控制自己不合理的欲望，因为你的贪欲很可能让你失去一切。

第二章

淡看繁华，拒绝诱惑

身外物，不奢恋

从前，有一个非常富有的国王，名叫米达斯。他拥有的黄金数量之多，超过了世上任何人。尽管如此，他仍认为自己拥有的黄金数量还不够多。他碰巧又获得了更多的黄金，这使他非常高兴。他把黄金藏在皇宫下面的几个大地窖中，每天都在那里待上很长时间清点自己有多少黄金。

米达斯国王有一个小女儿名叫马丽格德。国王非常喜欢这个小女儿，他告诉她："你将成为世界上最富有的公主！"但是马丽格德对此不屑一顾。与父亲的财富相比，她更喜欢花园、鲜花与金色的阳光。她大部分时间都是自己一个人玩，因为父亲为获得更多的黄金和清点自己有多少黄金忙得不可开交。和别的父亲不同的是，他很少给她讲故事，也很少陪她去散步。

一天，米达斯国王又来到他的藏金屋。他反锁上大门，将藏金子的箱子打开。他把金子堆到桌子上，开始用手抚摸，看上去他很喜欢那种感觉。他让黄金从手指缝间滑落而下，微笑着倾听它们的碰撞声，仿佛那是一首美妙的曲子。突然一个人影落到了那堆金子上面。他抬起头，发现一个身着白衣的陌生人正对着他笑。米达斯国王吓了一跳。他明明记得把门锁上了呀！他的财宝并不安全！但是陌生人继续对着他微笑。

"你有许多黄金，米达斯国王。"他说道。

"对，"国王说道，"但与全世界所有的黄金相比，那又显得太少了！"

“什么！你并不满足吗？”陌生人问道。

“满足？”国王说，“我当然不满足。我经常夜不能寐，想方设法获得更多的黄金。我希望我摸到的任何东西都能变成黄金。”

“你真的希望那样吗，米达斯陛下？”

“我当然希望如此了，其他任何事情都难以让我那样高兴。”

“那么你将实现你的愿望。明天早晨，当第一缕阳光透过窗子射进你的房间时，你将获得点金术。”陌生人说完便消失了。

米达斯国王揉了揉眼睛。“我刚才一定是在做梦。”他说道，“如果这是真的，我该有多高兴啊！”

第二天米达斯国王醒来时，房间里晨光熹微。他伸手摸了一下床罩，什么也没有发生。“我知道那不是真的。”他叹了口气。就在这时，清晨的阳光透过窗户射进房间。米达斯国王刚才摸的床罩变成了黄金。

“这是真的，是真的！”他兴奋地喊道。他跳下床，在房间中跑来跑去，见什么摸什么。屋里的家具都变成了金子。他透过窗户，向马丽格德的花园望去。“我将给她一个莫大的惊喜。”他自言自语道。

他来到花园中，用手摸遍了马丽格德的花朵，把它们都变成了金子。“她一定会很高兴。”他想。他回到房间中，等着吃早饭。他拿起昨天晚上看过的书，然而他一碰到书，书就变成了金子。“我现在无法看这本书了，”他说道，“不过让它变成金子当然更好。”

就在这时，一个仆人端着吃的东西走了进来。“这饭看起来非常好吃，”他说道，“我先吃那个熟透了的红桃子。”他把桃子拿到手中，但是他还没有尝到桃子是什么滋味，它就变成了金子。米达斯国王把桃子放回到盘子中。“桃子很好看，我却不能吃！”他说道。他从盘子上拿下一个卷饼，但卷饼也立即变成了金子。他端起一杯水，但还没喝水就变成了金子。“我可怎么办啊？”他喊道，“我又饥又渴，我既不能吃金子，也不能喝金子！”

这时，房门开了，小马丽格德手里拿着一支玫瑰花走了进来，眼里噙满了泪水。

“出了什么事，女儿？”国王问道。

“噢，父亲！你看我的玫瑰花都怎么了？它们变得又硬又丑！”

“嘿，它们是金玫瑰，孩子，你不认为它们比以前的样子更好看吗？”

“不，”她抽泣着说，“它们没有香气，也不再生长。我喜欢活生生的玫瑰。”

“不要在意了，”国王说，“现在吃早饭吧。”

马丽格德注意到父亲没有吃饭，一脸的悲伤。“发生了什么事，亲爱的父亲？”她问道，然后向他跑过来。她伸开双臂，抱住他，他吻了她。但他突然痛苦地喊了起来。他摸了一下女儿，她那漂亮的脸蛋变成了金灿灿的金子，双眼什么也看不到，双唇无法吻他，双臂无法将他抱紧。她不再是一个可爱的、欢笑的小女孩了。她已经变成了一尊小金像。米达斯低下头，大声哭泣起来。

“你高兴吗，陛下？”他听到一个声音问道。他抬起头，看到那个陌生人站在他身旁。

“高兴？你怎么能这样问！我是世界上最不幸的人！”国王说道。

“你掌握了点金术，”陌生人说道，“那还不够吗？”米达斯国王仍低头不语。

“在食物与一杯凉水以及这些金子之间，你更愿意要哪一个？”

“噢，把我的小马丽格德还给我，我愿放弃所有的金子！”国王说道，“我已经失去了应该拥有的东西。”

“你现在比过去明智多了，米达斯国王，”陌生人说道，“跳到从花园旁边流过的那条河中，取一些河水，洒到你希望恢复原状的东西上。”说完这句话，陌生人就消失了。

米达斯一下跳起来，向小河跑去。他跳进去，取了一罐水，然后急忙返回皇宫。他把水洒到马丽格德身上，她的脸蛋立即恢复了血色。她睁开那双蓝眼睛。“啊，父亲！”她说道，“发生了什么事？”米达斯国王高兴地叫了一声，把女儿抱到怀中。从那以后，米达斯国王再也不喜欢金子了，他只钟爱金色的阳光与马丽格德的金发。

物欲太盛造成灵魂扭曲，精神上永无宁静，永无快乐。正如故事中的国王一样，即使手中已有大量的黄金，还仍不满足。学会点金术后，他可以拥有更多的金子，然而，凡他手所触及的地方，无论是什么东西，包括他的爱女，均变成了金的。国王陷入了烦恼，失去了快乐，也不再认为拥有更多的金子是幸福的。要想拥有幸福的生活，就要学会控制你的欲望，也要懂得放弃。放弃是一种让步，让步不是退步。让一步，然后养精蓄锐，为的是更好地向前冲。放弃是量力而行，明知得不到的东西，何必苦苦相求？明知做不到的事，何必硬撑着去做呢？须知该是你的便是你的，不是你的，任你苦苦挣扎也得不到。有时你以为得到了，可能失去的会更多；有时你以为失去了不少，却有可能获得了许多。“身外物，不奢恋”，这是思悟后的清醒。谁能做到这一点，谁就会活得轻松，过得自在。

放弃复杂欲求，恢复简单生活

一个樵夫上山去打柴，看见一个人在树下躺着乘凉，就忍不住问他：“你为什么不去打柴呢？”

那人不解地问：“我为什么要去打柴？”

樵夫说：“打了柴好卖钱呀。”

“那么卖了钱又有什么用呢？”

“有了钱你就可以享受生活了。”樵夫满怀憧憬地说。

乘凉的人笑了：“那么你认为我现在在做什么？”

这个人没有把自己盲目地投入紧张的生活中，他过的是恬静的日子——躺在树下轻松自在地呼吸，并且对生命充满由衷的喜悦与感激。这种简单、干净的生活方式是多么令人向往啊。这是一种发自心灵的简单与悠闲。

生活在当下，我们是否应该回头看一看现代人的生活？所有人都莫名其妙地忙碌着，被包围在混乱的杂事、杂务，尤其是杂念之中，一颗颗跳动的心被挤压成了有气无力的皮球，在坚硬的现实中疲软地滚动着。也许是因为在竞争的压力下我们丧失了内心的安全感，于是就产生了担心无事可做的恐惧，所以才急着找事做来安慰自己。这样不知不觉中，我们已经陷入了一种恶性循环，离真正的快乐，甚至真正的生活越来越远。

在20世纪末，人类对自然的征服可谓达到了顶峰，人们恨不得把地球上能开发的地方都开发出来以满足人们日益增长的消费需求。我们深深地被各种人工风景紧紧地包围着。信息的汹涌和浩大正如大海的波涛一样，我们每一个人都在这海里沉浮着，在一层层海浪的推举下荡来荡去。也许我们并没失去什么，却凭空地感到凄凉。现代人已经很难找到宁静和从容，找到自己内心的真实。

很多时候，并不是我们在行动，而是时代的力量左右我们的行动。但如果我们认识到自己的处境，从而奋力反抗时势的捉弄，还有可能获得自由的希望。可怕的是，我们并没有充分认识到这一点，我们的心已被时代蒙住，只看到自我行动的艰难，而思想的虚弱顺理成章，又极易把被动错认成自由。

也许是我们真的太累了。在追逐生活的过程中，我们也应该尝试着放弃一些复杂的东西，还原生命的本质，让一切都恢复简单的面孔。其实生活本身并不复杂，复杂的只有我们的内心。所以，要想恢复简单的生活，必须重新开始。

艳羡别人，不如珍惜自己的生活田园

生活中有些人羡慕那些明星、名人日日淹没在鲜花和掌声中，名利双收，以为世间苦痛都与他们无缘。这是羡慕别人的盲区，也是一些人老是羡慕别人光鲜的原因。事实上，走进明星、名人真正的生活，他们同样有着不为人知的心酸。

俗话说，人生失意无南北，宫殿里也会有悲恸，茅屋里同样也会有笑声。只是，平时生活中无论是别人展示的，还是我们关注的，总是风光的一面、得意的一面。这就像女人的脸，出门的时候个个都描眉画眼，涂脂抹粉，光艳亮丽，这全是给别人看的。回家以后，一个个都素脸朝天。于是，站在城里，向往城外，而一旦走出了围城，就会发现生活其实都是一样的，有许多我们一直在意的东西，在别人看来也许根本就不算什么。所以，我们根本就没必要将自己的眼光一直投放到别人的生活上，多关注一下自己，欣赏一下自己的人生才能让你真实体会到生活的惬意。

故事一：

在一条河的两岸，一边住着凡夫俗子，一边住着僧人。凡夫俗子们看到僧人们每天无忧无虑，只是诵经撞钟，十分羡慕他们；僧人们看到凡夫俗子每天日出而作，日落而息，也十分向往那样的生活。日子久了，他们都各自在心中渴望着：到对岸去。

一天，凡夫俗子们和僧人们达成了协议。于是，凡夫俗子们过起了僧人的生活，僧人们过上了凡夫俗子的日子。

几个月过去了，成了僧人的凡夫俗子们发现，原来僧人的日子并不好过，悠闲自在的日子只会让他们感到无所适从，便又怀念起以前当凡夫俗子的生活来。

成了凡夫俗子的僧人们也体会到，他们根本无法忍受世间的种种烦恼、辛劳和困惑，于是也想起做和尚的种种好处。

又过了一段日子，他们各自心中又开始渴望着：到对岸去。

可见，在你眼中他人的快乐，并非真实生活的全部。每个生命都有欠缺，不必与人做无谓的比较，珍惜自己所拥有的一切就好。

故事二：

一青年总是埋怨自己时运不济，生活不幸福，终日愁眉不展。

这一天，走过一个须发俱白的老人，问：“年轻人，干吗不高兴？”

“我不明白我为什么老是这么穷。”“穷？我看你很富有啊！”老人由衷地说。“这从何说起？”年轻人问。老人没有正面回答，反问道：“假如今天我折断了你的一根手指，给你1000元，你干不干？”“不干！”年轻人回答。“假如斩断你的一只手，给你1万元，你干不干？”“不干！”“假如让你马上变成 80 岁的老翁，给你 100 万，你干不干？”“不干！”“这就对了，你身上的钱已经超过了 100 万呀！”老人说完，笑吟吟地走了。

由此看来，那些总是认为自己太差的人，他们心灵的空间挤占了太多的负累，从而无法欣赏自己真正拥有的东西。

永远不要眼红那些看上去幸福的人，你不知道他们背后的悲伤。这个社会上，达官显贵不知平凡，他们的外表实在都令人羡慕，但深究其里，每个人都有一本很难念的经，甚至苦不堪言。

所以，不要再去羡慕别人，好好珍惜上天给你的恩典，你会发现你所拥有的绝对比没有的要多出许多，而缺失的那一部分，虽不可爱，却也是你生命的一部分，接受它且善待它，你的人生会快乐豁达许多。爱你的生命，它会焕发出更明亮的光。

金钱不是唯一能满足心灵的东西

金钱并不是唯一能够满足心灵的东西，虽然它能为心灵的满足提供多种手段和工具，但在现实生活中，我们不能只顾享受金钱而不去享受生活。享受金钱只能让自己更快堕落，而享受生活却能够使自己不断品尝人生的幸福。享受金钱会使自己被金钱的恶魔无情地缠绕，于是自己的生活主题只有“金钱”二字，整天为金钱所困惑，为金钱而难受，为金钱而痛苦，生活便会沦为围绕一张钞票而上演的闹剧。享受生活的人更在意心灵的宁静与快意。享受金钱的人最后会成为金钱的俘虏。享受生活的人会感觉人生是无限美好的，于是越活越有味道。

美国石油大王洛克菲勒出身贫寒，在他创业初期，人们都夸他是个好青年。当黄金像贝斯比亚斯火山流出的岩浆似的流进他的口袋里时，他变得贪婪和冷酷。深受其害的宾夕法尼亚州油田地方的居民对他深恶痛绝。有的受害者做出他的木偶像，亲手将“他”处以绞指之刑，或乱针扎“死”。无数充满憎恶和诅咒的威胁信涌进他的办公室。连他的兄弟也十分讨厌他，而特意将儿子的遗骨从洛克菲勒家族的墓地迁到其他地方，他说："在洛克菲勒支配下的土地内，我的儿子变得像个木乃伊。"由于洛克菲勒为金钱操劳过度，身体变得极度糟糕。医师们终于向他宣告一个可怕的事实：以他身体的现状，他只能活到50多岁。并建议他改变拼命赚钱的生活状态，在金钱、烦恼、生命三者中选择其一。这时，离死不远的他才开始省悟到是贪婪的魔鬼控制了他的身心，他听从了医师的劝告，退休回家，开始学打高尔夫球，上剧院去看喜剧，还常常跟邻居闲聊。

经过不断地自我反省，洛克菲勒开始考虑如何将庞大的财富捐给别人。于是，他在1901年，设立了"洛克菲勒医药研究所";1903年，成立了"教育普及会"；1913年，设立了"洛克菲勒基金会"；1918年，成立了"洛克菲勒夫人纪念基金会"。他后半生不再做钱财的奴隶，而是喜爱滑冰、骑自行车与打高尔夫球。到了90岁，依旧身心健康，耳聪目明，日子过得很愉快。他逝世于1937年，享年98岁。他死时，只剩下一张标准石油公司的股票，因为那是第一号，其他的产业都在生前捐掉或分赠给继承者了。

对待金钱必须要拿得起放得下。赚钱是为了活着，但活着绝不仅仅是为了赚钱。如果人活着只把追逐金钱作为人生唯一的目标和宗旨的话，那么，人将是一种可怜的动物，人将会被自己所制造出来的这种工具捆绑起来，被生活所遗弃。

有些人谈到富有，单纯指的就是拥有钱财。实际上，金钱本身并不代表富有，唯有具备与金钱价值相等的东西才是真正的财富。人之所以工作，是为了在人生的各个领域中，生活得更有意义，并充分发挥自己的潜能，使得人人生活得更为美好。我们必须领悟：财富是无所不在的。金钱、土地、股票、债券是财富，但是水、空气、太阳、山、海、树木、花草、爱与帮助也是财富。凡是大自然所赋予人类的一切均为财富，只有充分享受这些恩惠，才能算得上是一个内心充盈的人、一个最富有的人。

虚荣浮华，幸福却在减少

四月的洛阳城，开满了雍容华贵的牡丹，四面八方的人们纷至沓来，只可惜，花开花落，终究摆脱不了一岁枯荣的命运。人们的虚荣正如那一时的争艳，忘我地享受着众人的目光，过后将是无尽的冷遇。

花开到荼靡，就会影响之后果实的生长，甚至成为无果之花。虚荣岂不同样如此？在花开之后却没有果实作为回报。还记得中学语文课本中的那篇《项链》吗？马蒂尔德为了在舞会上让自我的虚荣心得到满足，于是向富有的朋友借了一条“价值不菲”的项链作为装饰。她成功了，在舞会上她成为全场的焦点，大放异彩。然而大喜之后的大悲却让她始料未及，项链在舞会结束之后丢失了。马蒂尔德用尽了余生的精力，只是为了偿还朋友的这条项链。谁知命运弄人，原来这条“价值不菲”的项链居然是假的。在弄清事实之后，马蒂尔德也已年老沧桑。

莫泊桑用他那短小精悍的文章告诫人们虚荣心的可怕，它就像蛀虫一样侵蚀着人们的身心。很多年轻貌美的女性，让自己的青春败落在衣着的鲜亮之中。她们没有身心的修养，没有文化的充实，没有灵魂的荡涤……有的只是光鲜亮丽的外表。这样的女性在容颜渐失之后又有什么收获呢？虚荣带给自己一时的光彩，却让自我丧失了一世的聪慧。

在一个由鸟儿建立起的王国里，每只小鸟都认为自己比其他鸟儿漂亮，它们也常常因此而争吵不休。一天，上帝由于受不了这样的吵闹，于是就宣布：“我要在你们中间选出一只最美丽的作为鸟王！在此之后不得有任何一只鸟儿再为美丽而喋喋不休！”

小鸟们为了争夺王冠而修整着自己的羽毛，直到打扮得十分漂亮为止。这时候，在河边徘徊的乌鸦也想要坐上鸟王的宝座。于是它捡起了其他鸟儿落下的羽毛，插在了自己身上。等到美丽的羽毛插满了全身之后，乌鸦探着头往河里一看：“天哪！我居然也变成一只美丽的小鸟啦！”

选举的日子终于来临。在诸种鸟儿之中，乌鸦显得格外引人注目。上帝问乌鸦："你是什么鸟类啊？竟然如此漂亮，我决定封你为王。"乌鸦听到这句话后兴奋不已。然而，就在这个时候，鸟们发出了异议。一只鸟发现乌鸦的身上插着自己的羽毛，于是就上前将其拔下。之后又有其他的鸟儿接连地从乌鸦身上拔下了自己的羽毛。到最后，乌鸦全身又是一片漆黑。乌鸦羞愧无比，匆忙地躲进树丛中去了。

本来想要炫耀自我，结果却失了身份。乌鸦在无意之中现了原形，最终成了整个鸟王国的笑柄。就像乌鸦身上的彩色羽毛一样，虚荣一旦被暴露，丢失的不仅是外表，而且是自我的尊严。莎士比亚说："爱好虚荣的人，用一件富丽的外衣遮掩着一件丑陋的内衣。"这不正是乌鸦的所作所为吗？

与其为了虚荣而注重外表的修饰，还不如潜下心来充实自我的心灵。伟大的寓言家伊索就说过："向往虚构的利益，往往会丧失现在的幸福。"在期望不可能的尽善尽美的同时，人们反而会失去本可得到的美好的东西。花开是美丽的，但是过于盛艳很可能就会一无所有。生活中的我们当然也不能为了博得他人一时的赞美而丢失了精神中最可贵的真挚，不能让虚荣占了上风。

学会放下，幸福需要自己来成全

某天，老板把你叫到办公室，给你发了个价值不菲的红包，并且对你说，因为这段时间你的工作成绩突出，公司决定专门给你一人发奖金。老板同时再三叮嘱：这是给你一个人的，千万不要对别人说啊。拿着沉甸甸的红包，一种成就感和幸福感油然而生。可很快你就发现，老板不仅给其他人也发了红包，而且有些人的红包比你的还大，于是拿到红包的幸福感还来不及回味，便很快转而陷入一种失落和痛苦中。

你的生活中是否也发生过类似的事情？其实，一个人幸福不幸福，不仅取决于个体获得的满足感，还取决于和他人的比较。通过比较，既得的满足感和初始的欲望就会发生变化。比如你初始的欲望是想将草房盖成瓦房，按说当你将草房换成瓦房时，应该感到幸福，但这时你却发现邻居正在盖楼房，于是刚刚涌起的幸福感便随之消失，你想盖起比邻居更高的楼房。欲望膨胀，来源于和他人的比较，是人不幸福的根源。放不下内心的欲念，幸福从何而来？

《巴尔的摩哲人》的编辑亨利·路易斯·曼肯曾说过，财富就是你比你妻子的妹夫多挣100美元。行为经济学家说，我们越来越富，但并没有觉得更幸福，部分原因是，我们老是拿自己与那些物质条件更好的人比。电话发明以前，人们不用电话照样可以生活得很快乐，但现在如果没有电话，你和别人沟通的范围就会受限，所以没有电话的人就想拥有一部自己的电话。在过去，没有车照样可以出行，但现在，你不得不挤公共汽车，不得不为买火车票而焦头烂额。再从教育上看，若在过去，上一般的学校也不是不能生活，但现在每个人都在尽最大的努力，上更好的学校，为的就是获得比别人更好的社会通行证和更强的生存能力。社会的发展，让我们的欲望不断疯长，也让人们的内心充满了焦虑。现代社会整体发展了，即使最穷的人，也比古代一般的富人生活优越。有人曾做过比较，说现在一般家庭都用上抽水马桶了，而无人匹敌的古罗马帝国国王当时只能蹲石板砌成的茅坑。可尽管如此，现代人还是端起碗来吃肉，放下筷子骂娘。

对此，我们不禁要思忖，幸福到底是什么，或许，它不是丰饶的财富，不是便捷安逸的生活，不是物质上的丰足，而仅仅是内心的安适和满足。

夏普说过：“如果你想幸福，有一件非常简单的事你能做，那就是与那些不如你的，比你更穷、房子更小、车子更破的人相比。可问题是，许多人总是做相反的事，他们老在与比他们强的人比，这样会产生很大的挫折感，觉得自己不幸福。”科内尔大学的教授罗伯特·弗兰克说，当被问到你是愿意自己挣11万美元，其他人挣20万美元，还是愿意你自己挣10万美元而别人只挣8.5万美元呢？大部分的美国人选择后者，他们宁愿自己少挣，别人不要超过他，也不愿意自己多挣别人也多挣。

生活中很多人常以“比上不足，比下有余”而自慰。比上，我们会感到痛苦;比下,我们会感到幸福。而我们下面的人,则因和我们比上而痛苦。从这个意义上说，一个人的幸福，建立在他人的痛苦之上;而一个人的痛苦，则屈居在他人的幸福之下。从古到今，多少哲人用心思索幸福的真谛，描绘幸福的奇幻绚丽,如果幸福的本质即是“比较”,那么人类该有多么可悲。人生在世，往往易被外物所牵引，古人告诉我们应当“不以物喜，不以己悲”，然而真正达此境界的又有几人？我们总是放不下对利益的追逐，放不下对欲望的渴求，通过比较，我们或者寻求安慰，或者自惭形秽。殊不知，幸福需要自己来成全，学会放下，才能寻找到真正的幸福。

第三章

在诱惑中坚守，在寂寞中坚持

不要迷失自己

人生最重要的就是做自己。然而生活中，有很多人却在忙碌中迷失了自己，他们不断地效仿成功者的方法和模式，但往往是照猫画虎，忘记了真实的自己，忽视了自己的优势。

而聪明人从来不去模仿别人，他们只做自己想做的事，做自己该做的事。当愚者为没有遵循成功者的准则而叹息时，聪明人却在轻松坦荡地依照自己的原则生活，这个原则就是："我首先是我自己，然后才向别人学习。"想要成为一个聪明的人，就要敢于做自己。

意大利著名电影演员索菲亚·罗兰，曾经为了实现自己的演员梦，16岁时就到罗马寻求发展。刚开始，她就听到许多不利于自己在演艺界发展的议论。有的说，她个子太高，臀部太宽；有的说，她鼻子太长，嘴太大，下巴太小……种种议论都表明了一个事实，那就是：她的形象根本不适合做一个电影演员。然而，索菲亚不在意这些，她依然坚持自己的人生追求。

不过，幸运的是制片商卡洛看中了她，带她去试了许多次镜头。但摄影师们也都抱怨无法把她拍得美艳动人，因为她的鼻子太长，臀部太"发达"了。于是，卡洛对索菲亚·罗兰说："如果你真想干这一行，就得把鼻子和臀部'动一动'，做一次整容手术。"

索菲亚·罗兰是个有主见、不愿意随波逐流的人，她断然拒绝了卡洛的要求。她决心不靠自己的外表而靠内在的气质和精湛的演技来取胜，并理直气壮地说："我为什么非要长得和别人一样呢？我知道，鼻子是脸庞的中心，它赋予脸庞以个性，我就喜欢我的鼻子，必须保持它的原状。至于我的臀部，那也是我的一部分，我只想保持我现在的样子。"

索菲亚·罗兰没有因为别人的议论而停下自己奋斗的脚步，她将压力化成了动力。1961年，索菲亚·罗兰获得了奥斯卡最佳女演员奖，她成了世界著名影星。

随着索菲亚·罗兰事业上的不断成功，那些有关她"鼻子长，嘴巴大，臀部宽……"的议论都销声匿迹了。在20世纪末，耄耋之年的索菲亚·罗兰被评为本世纪"最美丽的女性"之一。

索菲亚·罗兰把自己的成就归功于她坚持做自己："我谁也不模仿。我不去奴隶似的跟着时尚走。我只要做我自己。""当你把自己独有的一面展示给别人的时候，魅力也就随之而来了。"

索菲亚·罗兰的成功正是因为她敢于做自己，面对别人的嘲弄和各方面的压力，她并没有听从别人的意见而改变自己的长相，相反，她决心依靠演技来征服观众，经过不懈的努力，她终于成功了。

聪明人就是敢于做自己、坚持做自己的人。每一个人都是一个独特的个体，个人魅力和气质是自己最大的优势，是别人所难以模仿的。我们每一个人都是这个世界上的唯一，谁都无法代替。人只要坚持做自己，走自己的路，做自己想做的事，坚持下去，就能获得属于自己的成功。因为只有敢于活出自我本色的人，才能真正成为生命的主角，成为自己命运的主宰。整天随波逐流、人云亦云的人是很难有杰出成就的。古语说得好：刻鹄不成尚类鹜，画虎不成反类犬。

每一个人都要敢于选择做真实的自己，不要抱怨，不要在意别人的言论，走自己的路。这条路，也许热闹，也许冷清，也许寂寞，也许快乐。走在路上，不仅需要不言败的意志，更需要有不屈的勇气。我们一定要懂得经营自己的人生，把自己的人生打拼得有声有色，活出自己真实的风采。

成功有时需要等待

在漫长的人生旅途中，总有一段除了等待以外再也没有办法可以通过的阶段。人的能力是有限的，总会碰到好多事情，自己没有能力解决而无可奈何，为了更好地生存和发展，在这个阶段，我们必须等待。人生没有过不去的坎，遇到不顺利的事情，如果无法改变，我们就需要暂时的等待。

蛹只有经过等待破茧，才能化为漂亮的蝴蝶。人生何尝不是如此呢？煎熬、磨炼、挫折、困难……这些都是成长的必然过程与代价。只有经过等待，才能体会到快乐的来之不易，才能体会战胜困难的喜悦，才能变得更加坚强，才能更好地领会人生的意义。

一条小河，此岸遍布荒草和荆棘，彼岸却繁花似锦，鸟鸣嘤嘤。此岸有几条毛毛虫，非常向往彼岸，它们抱怨它们的母亲为啥把它们生在这种鬼地方。蝴蝶母亲说："你们知道吗，出生在这边比那边更安全。要想到彼岸，一定要等到长大，现在还不是时候。"毛毛虫们都不以为然，只有一只例外。

一天，一个男孩在小河里游泳，出于好奇，游到此岸。几条毛毛虫迫不及待地爬到男孩头上，想乘机到彼岸去。不想男孩返回时，在下水的瞬间，就发现了头上的异样，三两下就弄死了那几条毛毛虫。

不久，彼岸又游过来几只鸭子，又有几条毛毛虫蠢蠢欲动，想借助鸭子到达对岸，尽管这种尝试异常危险。但它们还是瞅准机会，落在几只鸭子的身上。鸭子们起初并不知道。就在毛毛虫们暗自得意的时候，鸭子们发现了彼此身上的美味，接下来就是饱餐一顿。

尽管如此，剩下的毛毛虫对彼岸的向往并未消失。它们仍然在寻找机会。机会终于来了。一日，河里起了大风，风向竟是从此岸吹向彼岸。毛毛虫们纷纷爬上落叶。落叶顷刻就被风吹到河里，这正是它们想要的：以叶为舟，渡过河去。但不幸的是，风太大，那些树叶都被掀翻了，毛毛虫们都被淹死了。

那唯一听妈妈话的毛毛虫，慢慢长大，变成一只蝴蝶，飞过河，到达了美丽的彼岸。

确实，人生并非处处顺利平坦，也不总是莺歌燕舞，常会伴随着几多不幸，几多烦恼。一旦遭遇不顺和困难，我们就需要慢慢等待，毕竟，胜利的喜悦和醇厚的美酒，都是需要时间的积淀才能享受的。

梅花斗艳，独立寒枝，是在等待春天；雨声潇潇，花木入梦，是在等待晨曦；江河咆哮，一泻千里，是在等待入海；鹰立如睡，虎行似病，是在等待出击。

所以，等待不是无所作为，而是为了有所作为，因此我们必须放弃等待中无所事事的埋怨，学会积极等待，学会用等待驱散黑暗，用等待走出逆境，用等待迎接命运的每一次挑战。

等待，是静候时机的自然成熟，它不存在一丝的侥幸，更不是无所事事的埋怨，它只需要平心静气。有时候，有些事情，我们必须慢慢等待。

卸下人生中不必要的负累

生命之舟需要轻载，太多的行李不仅使我们筋疲力尽，而且也会使生命之舟不堪重负，甚至有负载沉没的危险。然而，很多人却忽略了这一点，总是在寡情中悲伤，在失意中哀叹，使自己平白地添了许多心事。这样的人背着超负荷的行李上路，重担压弯了肩膀，使自己透不过气来，在人生的路上非但不能加快步伐，反而会越来越吃力。

只有卸下不必要的负累，轻装上阵，我们才能有更多的精力去体会生活中的美好。

有一个寡妇，为了抚养年幼的儿子，辛辛苦苦地教书赚钱。儿子长大成人后，又被送到美国留学。完成学业后，儿子在国外娶妻生子，建立了美满的家庭和辉煌的事业。

寡妇为此欣慰不已，打算退休后前往美国与儿子一家人团聚。于是，她在距离退休不到三个月的时候，赶紧给儿子写了一封信，说明了自己的想法。信寄出后，她一面等待儿子的回音，一面把产业、事务逐一处理。

不久，她接到儿子的回信。信一打开，有一张支票掉落下来，她捡起来一看，是一张3万美元的支票。她觉得很奇怪：儿子从来不寄钱给她，而且自己就要到美国去了，怎么还寄支票来？莫非是要给她买机票用的？她心中涌上一丝喜悦，赶紧去读信。只见信上写道："妈妈，我们经过讨论，还是决定不欢迎你来美国同住。如果你认为你对我有养育之恩，以市价计算，为2万多美元，现在我给你寄上一张3万美元的支票，希望你以后不要再写信打扰我们了。"

寡妇的一颗心由欣喜的巅峰坠入了痛苦的谷底。自己辛辛苦苦地抚养儿子，就换来了如此的忘恩负义。她老泪纵横，只觉得一生守寡，到头来老年凄凉，如风中残烛，她难以接受这个事实。

她心情沉重，几乎难以自拔。一天下来，她就苍老了很多。望着红彤彤的夕阳，她忽然有所觉悟：自己一生劳碌，没有一天轻松的生活，而退休后，将无事一身轻，何不出去透透气？如此一想，她就振作起来，为自己规划了一趟环游世界之旅。

世界之旅非常愉快，于是她又寄了一封信给她的儿子："你要我别再写信给你，这封信就当作是以前所写信的补充好了。我用你寄来的支票规划了一次成功的世界之旅。感谢你让我懂得放宽自己的胸襟，让我看到天地之大，自然之美。"

我们经常听到老人因为子女不孝而痛苦不堪的故事，这些子女的行为有些的确令人发指，但是作为父母，如果看不开，必然心中怒不可遏，一旦怒气难消，必因怨恨攻心而生病，病倒后死去，这又有什么意义可言？反过来，我们再看看故事中的这个老妇人，她是多么明智，生命之舟已然负重，又何必和自己过不去，让它更加沉重，直至超载？

人生本来就是一个背负行李前去旅行的愉快而放松的过程，这就需要你在一个个驿站里卸去人生的旧行李，丢弃那些不必要的负累，这样人生才不至于太沉重和痛苦，这样才能真正地欣赏和享受自己的人生。

太过急功近利只会劳而无功

成就事业要能忍受孤独、潜心静气。稳重是成大器不可或缺的必要条件，而浮躁则是走向失败的陷阱。

在现实生活中，不少人学习投机钻营的“成功哲学”，不扎扎实实努力，而是急功近利，投机取巧，这种态度势必会使工作大打折扣，久而久之，也必定会影响事业的进一步发展，所谓“机关算尽太聪明”，到头来，终是“聪明反被聪明误”。

小威和孙博同时被一家汽车销售店聘为销售员，同为新人，两人的表现却大相径庭：小威每天都跟在销售前辈身后，留心记下别人的销售技巧，学习如何才能销售出更多的汽车，积极向顾客介绍各种车型，没有顾客的时候就坐在一边研究、默记不同车款的配置；而孙博则把心思放在了如何讨好领导上，掐算好时间，每当领导进门时，他都会装模作样地拿起刷子为车做清洁。

一年过去了，小威潜心业务，能力不断提升，终于得到了回报，不仅在新人中销售业绩遥遥领先，在整个公司的业务中也名列前茅，得到了老板的特别关注，并在年底顺利地被提升为销售顾问。而孙博却因为没有把公关特长用在工作上，出不了业绩，甚至好几个月业绩不达标濒临淘汰，部门领导也因此对他很冷淡。孙博在公司的地位岌岌可危，不久便被迫离开了。

与其像孙博这样辛苦表演最后却换来竹篮打水一场空，倒不如像小威那样，一开始就端正态度，沉住气，扎扎实实做事，这样在创造业绩的同时，自己的能力与价值也得到了提升，今后要想谋求大的发展也就相对容易多了。

庄子说：“虚静恬淡，寂寞无为者，天地之平，而道德之至也。”持重守静乃是抑制轻率躁动的根本。浮躁太甚，会扰乱我们的心境，蒙蔽我们的理智，所谓“言轻则招扰，行轻则招辜，貌轻则招辱，好轻则招淫”，轻忽浮躁是为人之忌。要想成就一番功业，还是该戒骄戒躁，脚踏实地，扎扎实实地积累与突破，这样才能在人生路上走得稳，并且走得远。

在流行唱高调、凡事讲究“惊天动地”“轰轰烈烈”的今天，低姿态的进取方式常常能够取得出奇制胜的效果！老子认为，轻率就会丧失根基，浮躁妄动就会丧失主宰。

做人切忌浮躁、虚荣、好高骛远；而应沉下心来，守住内心的宁静，淡泊名利，踏实求进。我们无论在工作还是生活当中，都应该静下心来深入钻研，“见人所不能见，思人所不能思”，其结果也必然能成人所不能成之功。

享受寂寞，守得云开见月明

王国维在《人间词话》里说：“古今之成大事业、大学问者，必经过三种境界：‘昨夜西风凋碧树，独上高楼，望尽天涯路’，此第一境也；‘衣带渐宽终不悔，为伊消得人憔悴’，此第二境也；‘众里寻他千百度，蓦然回首，那人却在灯火阑珊处’，此第三境也。”第一境界“昨夜西风凋碧树，独上高楼，望尽天涯路”是说要有一颗甘于寂寞的心，甘于为事业献身；第二境界“衣带渐宽终不悔，为伊消得人憔悴”，是说在不断地追求中费心费力，倾注自己的心血；第三境界“众里寻他千百度，蓦然回首，那人却在灯火阑珊处”，是说在不断地追求和付出后最终能够取得成果而成大业。

而在现实的社会中，这种甘于寂寞的人越来越少。快节奏的生活让人变得浮躁，为了眼前的小利而蠢蠢欲动，一味地追求所谓的利益，没有一颗能够坚持梦想的心，最后什么利益也没有得到，只是害了自己。

刚刚大学毕业的小张是从农村出来的，刚走上工作岗位时拿到的薪水还算不错。但是，他给自己施加的心理压力很大。他从小家境贫寒，父母终日在田地里辛苦耕作，用省吃俭用积攒下来的钱供他读书，因此他一直希望有朝一日能在城里买房接父母来住。虽然他生活已经很节约了，但是每月将房租、饭钱、交通费、通讯费等生活必需费用扣除之后，几乎所剩无几。而城里的房价飞涨，物价也在上涨，都使他心境难以平静。这就使他萌生跳槽的念头，于是他开始四处搜集招聘信息，希望能够跳到一家薪水更高的公司。

可以想象，他萌生这个念头的时候，就难以专心工作了。不久，他的上司就觉察出了他的问题，他做的方案漏洞百出、毫无新意，甚至出现很多错别字，可以明显看出是在敷衍了事，没有用心去做。于是，上司找他谈话，不料刚批评几句，小张不仅没有承认自己的问题，反而质问上司："你给我这么点薪水,还希望我能做出什么高水平的方案来！"上司这才意识到，小张的情绪源于薪水低。他并没有生气，反而平静地告诉小张："公司里的薪水并不是一成不变的，只要你做出了业绩，薪水自然会上去的。真正决定你薪水的不是公司，不是老板，而是你自己。"但是，小张根本听不进去，刚工作不到半年的他毅然决定辞职了。

辞职后，他开始专心找薪水高的工作，凭着他的聪明才智，很快又应聘到另外一家公司，这家公司的薪水比之前的公司高出了 1000 元。这让小张庆幸自己跳槽非常明智。刚工作 3 个月，小张偶然从同事那里了解到，同行业里的另一家公司薪水比现在的公司还要高。这使小张本来平静的心又一次波动起来。他又开始关注这家公司的消息。本来他所在的公司打算委任他一项重要的项目，要出差到外地的分公司半年，虽然辛苦，但是能够为以后在公司的晋升奠定基础。

但是，小张一心想要跳到另一家公司，根本无心继续待下去，拒绝了这个在别人看来千载难逢的好机会。于是，小张在公司老板的眼里就留下了不思进取的印象。在金融危机袭来的时候，公司裁员，小张不幸被裁掉。当他再去找工作的时候，几乎所有的面试官都会问他同一个问题："为什么你在不到一年的时间就换了三份工作？"

对于一个刚走上社会的人，最忌讳的就是沉不住气。看到眼前的利益，就往往失去了对于自己能力的正确评估，也忘了自己踏踏实实学习的初衷。

金钱并不是衡量成功的唯一标准，人生永远不忙的一件事是去挣钱。如果你拥有足够的能力，就不会缺少这些机会。如果只是看到仅有的小利，而放弃坚持和学习，是一件多么得不偿失的事情。工资有价，但是经验和能力无价，没有沉下心来的学习，是无法得到的，自视甚高的智力资本也在经验和能力前不值得一提。

现代社会中的每个人都在为自己的梦想而奋斗，这个过程是长期的且枯燥的，是需要一步一步坚实地付出的。在实现梦想的过程中，将面临很多的诱惑，出现很多所谓的捷径，但是这些并不能让你实现梦想，只能让你距离自己的梦想越来越远。真正实现梦想的过程是一个不断沉淀，不断积累，然后厚积薄发的过程。这个过程，容不下三心二意，容不下朝秦暮楚，只有具备一颗敢于“独上高楼，望尽天涯路”、甘于寂寞的心，沉浸在自己的梦想实现过程中，并为之有“衣带渐宽终不悔，为伊消得人憔悴”的努力，才能够收获“那人却在灯火阑珊处”的惊喜。

活在当下，耐心做好应做的事

现在的社会是一个多元化持续发展的社会，各种生存机遇的增多使人们的内心焦躁不安，于是活在当下的人们很容易好高骛远，急功近利，总想在事业起步时就能站在高起点上。年轻人，特别是拥有高学历的年轻人，很少有从基层干起的想法和打算。这样做的结果，往往是适得其反，大多数时候难以如愿以偿。

由于对未来的期望值过高，要求太多，所以更容易遭到别人的拒绝和排斥，从而丧失很多宝贵的成长机会。实际上，敢于放弃从高层就业的打算而从低层干起，沉住气，耐心地做好你现在要做的事，才能使自己拥有更多的机会，并能充分地展现自己的才华和能力，更容易使自己快速脱颖而出。

汤姆在一家广告公司工作了一年，由于不满意自己的工作，他愤愤地对朋友说：“我在公司里的工资是最低的，老板也不把我放在眼里，如果再这样下去，总有一天我要跟他拍桌子，然后辞职。”

“你对那家广告公司的业务都清楚吗？对于公司运营的窍门完全弄懂了吗？”他的朋友问道。

“没有！”

“大丈夫能屈能伸。我建议你先冷静下来，认认真真地对待工作，好好地把他们的一切经营技巧、商业文书和公司组织完全搞通，甚至包括如何书写合同等具体事务都弄懂了之后，再一走了之，这样做岂不是既出了气，又有许多收获吗？”

汤姆听从了朋友的建议，一改往日的散漫习惯，开始认认真真地工作起来，甚至下班之后还留在办公室研究商业文书的写法。

一年之后，那位朋友又遇到了他。

“你现在大概都学会了，可以准备拍桌子不干了吧？”

“可是我发现近半年来，老板对我刮目相看，最近更是委以重任，又升职又加薪，说实话，现在我已经成为公司的红人了！”

“这是我早就料到的！”他的朋友笑着说，“当初你的老板不重视你，是因为你工作不认真，又不肯努力学习，没问自己能做什么，却总想着自己能够得到什么。后来，你痛下苦功，能力增强了，也给公司带来了效益，当然会令老板刮目相看了。”

我们中的许多人不正像起初的汤姆吗？因为薪酬不高而满腹牢骚，却忘了先问自己能够做什么，给企业带来了什么。而聪明的人却恰恰相反，他知道沉住气，耐心做好手边的工作，就能从工作中获益良多。一个懂得付出的人，自然也会收获更大的成功，这本来就是一个良性循环。因此，要想成就大事，就要调整好自己的心态，耐心地做好你现在要做的事。

许多实现了人生目标的人都说，谁都无法“一步到位”，只能一步一个脚印地走下去，才能取得成功。

人生中的每一步对于实现成功目标来说都很重要，任何事情的发展都需要一个逐步提升的阶段性过程，任何宏伟目标的实现都需要一个逐步积累的过程。尽心尽力、踏踏实实地工作，就能实现梦想。

成功要坚持一万个小时

“不积跬步，无以至千里；不积小流，无以成江海。”这是荀子《劝学》中的句子。无边江河，都是由一个个小溪小河汇聚而成的。生活也是这个道理，如果事情不从一点一滴中做起，那就不可能有所成就。

《超凡者》是美国作家马尔科姆·葛拉威尔所著，其核心是“10000 小时定律”，就是不管你做什么事情，只要坚持 10000 小时，基本上都可以成为该领域的专家。

“10000 小时法则”的核心在于，10000 小时是成功的最底线，而且没有例外之人。没有人仅用 3000 小时就能达到世界级水准；7500 小时也不行；一定要 10000 小时——10 年，每天 3 小时——无论你是谁。

这等于是在告诉大家，10000 小时的练习，是走向成功的必经之路。

比尔·盖茨在开办公司之前，就已经接触计算机编程 10000 个小时以上了。音乐神童莫扎特，在 6 岁生日之前，音乐家父亲已经指导他练习了 3500 个小时。到他 21 岁写出最脍炙人口的第九号协奏曲时，可想而知他已经练习了多少小时。国际象棋神童鲍比·菲舍尔，17 岁就奇迹般奠定了大师地位，但在这之前他已投入了 10 年时间，艰苦训练。

在大量的调查研究中，科学家发现，无论是在对作曲家、篮球运动员、小说家、钢琴家还是国际象棋选手的研究中，这个数字——10000 反复出现。

这是“10000 小时法则”被提出的事实论据。其实“10000 小时定律”还告诉我们，贵在坚持。古往今来，人们对那些在学业和事业上取得重大成就的人，总认为他们是天才。比如，有人说文学巨匠鲁迅是天才，而鲁迅说：“哪里有天才，我是把别人喝咖啡的时间都用在工作上了。”更多的人说美国发明家爱迪生是天才，可是爱迪生说：“天才就是 1% 的灵感加上 99% 的汗水。”我们可以不及别人聪明，但我们不可以不努力。实践证明，即使是一个智商一般的人，只要付出更多的努力，就可以做出非凡的成绩，正所谓勤能补拙。

美国游泳天才菲尔普斯，人称外星人、超人、未来人，他已经被一些人视为游泳运动历史上最伟大的全能运动员。在2004年的美国选拔赛中，菲尔普斯取得了6个单人游泳项目的雅典奥运会参赛资格，这些项目包括了各种游泳姿势。他最终获得了6枚奥运会金牌，2枚铜牌。在2008年北京奥运会上他又因破纪录地独揽8枚金牌而震惊世界。

很多人说菲尔普斯是天才，但他自己说过一句话：“我知道，没有人比我训练更刻苦。”菲尔普斯7岁开始练游泳，每天早上5点半别人还在熟睡，他已去训练了，每周要游100千米。12岁起，每周要比对手多训练一天。没有假期，没有娱乐活动，游泳占据了菲尔普斯全部的时间。“如果你休息一天，实力就会倒退两天。”这是菲尔普斯的座右铭，他一直深信，“如果浪费两天的话，也许就再也追不回来了”。

成功源于对目标长期而固执的坚持，菲尔普斯凭借自己的努力，不断地挑战属于他的理想目标，锲而不舍地为之奋斗，最终实现了理想。苏轼有言：“古之立大事者，不唯有超世之才，亦必有坚忍不拔之志。”很多人之所以脱颖而出，就是因为他们有超人的耐心和毅力，所以水滴石穿，终成正果。

“宝剑锋从磨砺出，梅花香自苦寒来。”世界上没有人能轻易成功。成功的路上不一定有朋友的安慰，不一定有鲜花的陪伴，但一定有汗水的挥洒和身心的磨砺。浮躁时、想放弃时，不妨问问自己：坚持了10000小时没有?

走向成功的人要有“铁杵磨成针”的耐性，已经成功者更要坚持，只有坚持才能取得更辉煌的成就。拳击运动员为了赢得比赛都受过长时期的严酷训练，不少职业拳击家都赚过几十万美金的报酬，而他们中大多数人的目标也被局限在此，之后就过上了糜烂的生活，最终陷于贫困之中。法国作家拉罗什夫科曾说：“取得成就时坚持不懈，要比遭到失败时顽强不屈更重要。”

第四章

舍弃眼前的诱惑，才有最后的辉煌

功名利禄过眼忘，荣辱毁誉不上心

俗话说：“天下熙熙，皆为利来；天下攘攘，皆为利往。”贪腐者们追求的那些东西其实不外乎身体的安适、丰盛的食品、漂亮的服饰、绚丽的色彩和动听的乐声，到头来终究是一场空而已。

有位信徒对默仙禅师说：“我的妻子贪婪而且吝啬，对于做好事情行善，连一点儿钱财也不舍得，你能发慈悲到我家里来，向我太太开示，行些善事吗？”

默仙禅师是个痛快人，听完信徒的话，就非常爽快地答应下来。

当默仙禅师到达那位信徒的家里时，信徒的妻子出来迎接，可是却连一杯水都舍不得端出来给禅师喝。于是，禅师握着一个拳头说：“夫人，你看我的手天天都是这样，你觉得怎么样呢？”

信徒的夫人说：“如果手天天这个样子，这是有毛病，畸形啊！”

默仙禅师说：“对，这样子是畸形。”

接着，默仙禅师把手伸展开成了一个手掌，并问：“假如天天这个样子呢？”

信徒夫人说：“这样子也是畸形啊！”

默仙禅师乘机说：“夫人，不错，这都是畸形，钱只知贪取，不知道布施，是畸形。钱只知道花用，不知道储蓄，也是畸形。钱要流通，要能进能出，要量入而出。”

握着拳头，你只能得到掌中的世界，伸开手掌，你能得到整个天空。握着拳头暗示过于吝啬，张开手掌则暗示过于慷慨，信徒的夫人在默仙禅师的开悟之下，对做人处世和经济观念、用财之道，豁然领悟了。

吝啬、贪婪的人应该知道喜舍结缘是发财顺利的原因，因为不播种就不会有收成。布施的人应该在不自苦不自恼的情形下去布施。否则，就是很不纯粹地做善事了。

人降临世界的时候，手是合拢的，似乎在说："世界是我的。”他离开世界时手是张开的，仿佛在说："瞧，我什么都没有带走。”世间的道理大多都是相通的。

一个人是否追求名利，往往取决于一个人的荣辱观。有的人以出身显赫作为自己的荣辱，公侯伯爵，讲究某某“世家”、某某“后裔”；有的人则以钱财多寡为标准，所谓“财大气粗”，“有钱能使鬼推磨”，“金钱是阳光，照到哪里哪里亮”，以及“死生无命，荣辱在钱”，“有啥别有病，没啥别没钱”，等等，这些俗话正揭示了以钱财划分荣辱的现状。

以家世、钱财来划分荣辱毁誉的人，尽管具体标准不同，但其着眼点、思想方法并无二致。他们都是从纯客观、外在的条件出发，并把这些看成是永恒不变的财富，而忽视了主观的、内在的、可变的因素，导致了极端、片面的形而上学错误，结果吃亏的是自己。持这种荣辱观的人，往往会拼命地追逐名利，最终导致有些身居要职的人总是铤而走险，走向贪污、腐败的道路。攫取这种不义之财，必然会遭受一定的报应。

一切功名利禄都不过是过眼烟云，得而失之、失而复得等情况都是经常发生的。如果意识到一切都可能因时空转换而发生变化，就能够把功名利禄看淡、看轻、看开些，做到“荣辱毁誉不上心”。

远离名利的烈焰，让生命逍遥自由

古今中外，为了生命的自由、潇洒，不少智者都懂得与名利保持距离。

惠子在梁国做了宰相，庄子想去见见这位好友。有人急忙报告惠子："庄子来，是想取代您的相位哩。"惠子很恐慌，想阻止庄子，派人在国中搜了三日三夜。不料庄子从容而来拜见他道："南方有只鸟，其名为凤凰，您可听说过？这凤凰展翅而起，从南海飞向北海，非梧桐不栖，非竹实不食，非醴泉不饮。这时，有只猫头鹰正津津有味地吃着一只腐烂的老鼠，恰好凤凰从头顶飞过。猫头鹰急忙护住腐鼠，仰头视之道：'吓！'现在您也想用您的梁国来吓我吗？"惠子十分羞愧。

一天，庄子正在濮水垂钓。楚王委派二位大夫前来聘请他："吾王久闻先生贤名，欲以国事相累。"庄子持竿不顾，淡然说道："我听说楚国有只神龟，死时已三千岁了。楚王以竹箱珍藏之，覆之以锦缎，供奉在庙堂之上。请问二位大夫，此龟是宁愿死后留骨而贵，还是宁愿生时在泥水中潜行摇尾呢？"二位大夫道："自然愿活着在泥水中摇尾而行啦。"庄子说："二位大夫请回去吧！我也愿在泥水中摇尾而行。"

庄子不慕名利，不恋权势，为自由而活，可谓洞悉幸福的真谛。

人活在世界上，无论贫穷富贵，穷达逆顺，都免不了与名利打交道。《清代皇帝秘史》记述乾隆皇帝下江南时，来到江苏镇江的金山寺，看到山脚下大江东去，百舸争流，不禁兴致大发，随口问一个老和尚："你在这里住了几十年，可知道每天来来往往多少船？"老和尚回答说："我只看到两艘船。一艘为名，一艘为利。"一语道破天机。

淡泊名利是一种境界，追逐名利是一种贪欲。放眼古今中外，真正淡泊名利的很少，追逐名利的很多。今天的社会是五彩斑斓的大千世界，充斥着各种各样炫人耳目的名利诱惑，要做到淡泊名利确实是一件不容易的事情。

旷世巨作《飘》的作者玛格丽特·米切尔说过："直到你失去了名誉以后，你才会知道这玩意儿有多累赘，才会知道真正的自由是什么。"盛名之下，是一颗活得很累的心，因为它只是在为别人而活。我们常羡慕那些名人的风光，可我们是否了解他们的苦衷？其实大家都一样，希望能活出自我，能活出自我的人生才更有意义。

世间有许多诱惑，如桂冠、金钱，但那都是身外之物，只有生命最美，快乐最贵。我们要想活得潇洒自在，要想过得幸福快乐，就必须做到：淡泊名利享受，割断权与利的联系，无官不去争，有官不去斗；位高不自傲，位低不自卑，欣然享受清新自在的美好时光，这样就会感受到生活的快乐和惬意。太看重权力地位，让一生的快乐都毁在争权夺利中，那就太不值得，也太愚蠢了。

当然，放弃荣誉并不是寻常人都能做到的，它是经历磨难、挫折后的一种心灵上的感悟，一种精神上的升华。"宠辱不惊，去留无意"说起来容易，做起来却十分困难。红尘的多姿、世界的多彩令大家怦然心动，名利皆你我所欲，又怎能不忧不惧、不喜不悲呢？否则也不会有那么多的人穷尽一生追名逐利，更不会有那么多的人失意落魄、心灰意冷了。只有做到了"宠辱不惊，去留无意"，方能心态平和，恬然自得，方能达观进取，笑看人生。

名前"不亢"，名后"不骄"

有大格局，就会有承受压力与享受荣誉的淡定。在功成名就之前，他们不会因为有压力与挫折的阻碍，就整天抱怨上天不公，而是默默地选择承受并对抗磨难。在功成名就之后，他们也不会因为成功的荣耀，而忘记了曾经的不容易，他们会选择无声享受成功。面对功名，不骄傲，这才是对成功的珍惜与尊重。

文学家王尔德说："人们把自己想得太伟大时，正足以显示本身的渺小。"一个人如果妄自尊大，一切皆以自我为中心，那么就很容易被烦恼重重包围；

如果太自负了，无视所有人的不满，就很容易陷入一种莫名其妙的自我陶醉之中。这样的人不仅会对一切功名利禄趋之若鹜，而且永远得不到人们对他的理解和尊重。

一只蝴蝶与一只苍蝇同时落在桌子上一本打开的书上，这是一本哲学书。蝴蝶指着打开的书说："看看吧，上面是这么写的：一只蝴蝶在大洋的另一边扇动翅膀，可能会在美国引起一场飓风。看到没有，可以引起一场飓风，以前我不知道自己有这个能力，没想到我是这么的厉害。现在我还怕什么人类，我只消轻轻地扇动一下我的翅膀，哈哈，他们就会被吹到九霄云外……"

"可是，可是，你以前吹走过人吗？"苍蝇打断它的话。

"那是因为我以前不知道，也没有试过，不自信。现在我很有自信，让我们去找个人试试，我要打败人类，我们蝴蝶要统治世界。哈哈……"蝴蝶狂笑着。

这时，一只蜘蛛出现了，苍蝇看到后飞了起来，叫蝴蝶："快逃跑啊，有蜘蛛！"蝴蝶很傲慢地看了蜘蛛一眼："哼！我要打败人类，一只小小的蜘蛛能拿我怎么样？正好拿你做试验，看我不把你扇到世界的尽头去！"蝴蝶不但不飞走，反而扇动着翅膀非常自信地向蜘蛛飞去，结果被粘在蜘蛛网上，看着蜘蛛一步步向它靠近……

苍蝇叹了口气，飞走了。风轻轻地吹进书房，哲学书翻到了下一页……

蝴蝶对哲学书断章取义，终于付出了惨重的代价，这不能不说是蝴蝶咎由自取。试想，若蝴蝶能够听进苍蝇的劝阻，至少，它不会如此轻易地提前结束生命的旅程。其实，有时我们的烦恼就来自于自己那颗狂妄自大的心。

明人陆绍珩说："人心都是好胜的，我也以好胜之心应对对方，事情非失败不可。人都是喜欢对方谦和的，我以谦和的态度对待别人，就能把事情处理好。"谦虚永远是成大事者所具备的一种品质，只有弱者才会为自己的成功自鸣得意。

托尔斯泰的女儿曾写过这样一件趣事：

在火车上，一位贵夫人把托尔斯泰当成搬运夫，差他去盥洗间取回她忘在那里的手提包。他遵命照办，为此得到5戈比的“茶钱”。当同行的旅伴告诉贵夫人，她差遣的是《战争与和平》的作者时，贵夫人险些晕过去：“看在上帝的分上，原谅我吧，请把那枚铜钱还给我吧……”托尔斯泰不以为然，说：“您不用感到不安，您没有做错什么……这5戈比是我劳动所得，我收下了。”

真正的大人物应该是像托尔斯泰这样能够成就不平凡的事业却仍然虚怀若谷的人。低调地做着自己该做的事情。功成名就前，不卑不亢；功成名就后，不骄不奢。过好平凡的每一天，走好脚下的每一步，就已经是成功。成功没有我们想的那么难，成功也没有我们想的那么简单。但是只要我们保持一颗清醒心、平常心与谦逊心，我们便已经掌握了可以与成功结缘的大格局。

忠诚工作，不争小利争前途

忠诚是我们的立身之本。一个禀赋忠诚的员工，能给他人以信赖感，让老板乐于接纳，在赢得老板信任的同时更能为自己的发展带来莫大的益处。相反，一个人如果失去了忠诚，就等于失去了一切——失去朋友，失去客户，失去工作。从某种意义上讲，一个人放弃了忠诚，就等于放弃了成功。

一个人任何时候都应该信守忠诚，这不仅是个人的品质问题，也有道德价值，而且还蕴含着巨大的经济价值和社会价值。尽管现在有一些人无视忠诚，利益成为压倒一切的需求，但是，如果你能仔细地反省一下，就会发现，为了利益放弃忠诚，将会成为你人生中永远都抹不去的污点，你将背负着这样的污点生活一辈子。

李克是一家公司的业务部副经理，刚刚上任不久。他年轻能干，毕业短短两年就能够有这样的业绩也算是表现不俗了。然而半年之后，他却悄悄离开了公司，没有人知道他为什么离开。李克在离开公司之后，找到了他原来关系不错的同事彼得。在酒吧里，李克喝得烂醉，他对彼得说："知道我为什么离开吗？我非常喜欢这份工作，但是我犯了一个错误，我为了获得一点儿小利，失去了作为公司职员最重要的东西。虽然总经理没有追究我的责任，也没有公开我的事情，算是对我的宽容，但我真的很后悔，你千万别犯我这样的低级错误，不值得啊！"彼得尽管听得不甚明白，但是他知道这一定和钱有关。

后来，彼得了解到李克在担任业务部副经理时，曾经收过一笔款子，业务部经理说可以不入账："没事儿，大家都这么干，你还年轻，以后多学着点儿。"李克虽然觉得这么做不妥，但是他也没拒绝，半推半就地拿了5000元。当然，业务部经理拿到的更多。后来，总经理发现了这件事，没多久，业务部经理就辞职了。李克也不能在公司待下去了。

彼得看着李克落寞的神情，知道李克一定很后悔，但是有些东西失去了是很难弥补的。李克失去的是对公司的忠诚，他还能奢望公司再相信他吗？

事实上，无论什么原因，你失去了忠诚，往往就失去了人们对你最根本的信任。不要为自己所获得的利益沾沾自喜，其实仔细想想，失去的远比获得的多，而且你所获得的东西可能最终并不属于你。相反，如果你在工作中一直坚持忠诚的原则，忠于公司，你必将获得老板的赏识和众人的尊敬。

无论一个人在组织中是以什么样的身份出现，对组织的忠诚都应该是一样的。我们强调个人对组织忠诚的意义，就是因为无论是组织还是个人，忠诚都会使其得到收益。

忠诚不仅仅是一种品德，更是一种能力。没有任何组织愿意用一个缺乏忠诚的人。忠诚没有条件，更不用计较回报。它是一种与生俱来的义务，是发自内心的情感，具备这种品质，将会使工作变得更有意义，并赋予你工作的激情。对工作忠诚的人感觉到的是享受，不忠诚的人感觉工作是苦役。忠诚不是简简单单的付出，忠诚会有回报。虽然你忠诚工作所创造的价值中的大部分不属于你个人，但你通过忠诚工作得到了许多比那部分价值更有意义的东西，比如经验、知识、才能。它使你在市场上更具竞争力，使你的名字更具有含金量。

履行职责是对工作最大的忠诚，也许你总为自己受到的不公平待遇感到烦闷，那么为何不仔细找找原因，多想想自己在哪个方面做得不好。从长远来看，公平是长期存在的，如果你因一时的不公平而自甘颓废，因一时待遇不公而放弃主动积极的机会，那可能将永远得不到补偿了。获取公平的唯一办法就是一如既往地努力工作，主动承担责任，忠诚工作，用事实说话，用成绩证明自己的能力。无论是做人还是工作都要从全局出发，忠诚工作就是为自己的前途工作，如果仅仅只看到眼前小利，只会毁了自己的职业前途。

守住自我，成功夜半来敲门

车水马龙的世界，人们总是浮躁缠身，无法静下心来细细观赏身边的美景。有些时候，我们的脚步太匆匆，以至于错过了成功的挥手;有些时候，我们心中的声音太嘈杂，才漏听了成功的敲门声。

人活着，最难寻求的就是一颗宁静的心。守不住心中的宁静，自然得不到期盼已久的成功。被欲望蒙蔽耳朵的人，怎会听见悄然而过的成功的脚步声。

有一位国王，他有四个可爱的公主。天上的仙女偶遇了这四个小姑娘，说可以满足她们每个人一个要求。第一位公主向仙女要了智慧，第二位公主要了无人能敌的财富，第三位公主要了举世无双的美貌，最小的那位公主想了好久，最后决定要一颗宁静的心。仙女满足了这四个可爱的小姑娘的愿望就飞走了。后来有一天，她再回来看这四个小姑娘的时候，被眼前的一切惊呆了。

索要了智慧的大公主，成了全世界最聪明的人。正因为她太聪明了，所以她忍受不了其他人的愚笨，变得终日郁郁寡欢。选择了财富的二公主，虽然拥有数不尽的财富，却终日担心别人会为了钱财接近自己，一生套上了金钱的枷锁。选择美貌的三公主，很快嫁给了一位王子，成了美丽的皇妃。可随着时间的流逝，青春不再，她的美貌也渐渐消逝，最后被王子抛弃，一个人终老。然而最小的公主，却安然幸福地活着。原来，她那颗宁静的心让她无论面对怎样的变化，都能够守住自我，从而快乐地度过每一天。

这个故事说的智慧、财富、美貌，总会给人带来各种各样的烦恼。只有守住心中的一片净土，才能获得真正的宁静；只有让那些世人的喧嚣随风而逝，才能获得真正的幸福。

人生就像一个杯子，如果装满东西，其他东西就放不进去了。同样，如果你满脑子都是功名利禄，那你无论如何也听不到花开雪落的声音，感受不到生命真正的美丽。

当一个人太迫切地追求某种东西时，往往得不到它。就像当我们爱一个人时，总是会不由自主地做许多自认为是对的事情，但最终却吓跑对方一样。当一个人心境不平和时，就无法沉住气静下心来，就永远也看不透自己想要的，永远也得不到自己所追求的。

有一天，一个知名的企业在人才网上发布了一则招聘信息，要以很高的薪酬招聘一名有能力处理敏感事务的高级职员。这样吸引人的条件，很快吸引了大批的应聘者。

面试当天，候考大厅里一片嘈杂。几乎所有的人都在高谈阔论，要么吹嘘自己多么能干，希望能引起公司重要人物的关注；要么在和旁边同样等候的人交谈，企图能够做到知己知彼，百战百胜。大厅里声音实在是太嘈杂了，以至于大多数人都没注意到微弱的广播声。

在众人高谈阔论时，广播里一个微弱的声音说道："我们想要招收一名天性安静有敏锐观察力的人，听到这个指示的人可以到秘书室拿聘书了。"在候考的人中，有一个坐在角落的男孩，他一直静静地看着身边的人。在听到这则广播时，他毫不迟疑地站了起来，走到秘书室。就这样他出人意料地获得了这份工作。

当我们极力想要获取成功时，是不是已经在不经意间同它擦肩而过？当我们满怀信心要把握机遇时，是不是机遇早已离我们远去？所以不要再抱怨世事无情，也不要埋怨老天没给你机会，而应该沉住气静下心来想一想，是不是自已错过了成功的召唤。

守住自我，像空谷幽兰一般不因无人问津而不吐露芬芳，不为无人欣赏而收起粉黛。只有这样，我们才不会漏听成功的敲门声。

第五章

宁静致远，寂寞中的智慧之光

心非静不能明，性非静不能养

古语云:“心非静不能明，性非静不能养，静字功夫大矣哉！”意思是：要认识自己，必须先静下心来，以静思反省来使自己尽善尽美。只有这样，才能明白自己的心性和本质，才能顺着自己的心性，谋求发展。

人生每天都是现场直播，不能重新彩排。一个人很难做出人生中的许多抉择，因而总是在今日和明朝之间犹豫徘徊。以静观动就是一个积累经验的好办法，只有这样，一个人才能以理性的态度追求更好的生存状态，把命运的主动权紧紧地握在自己手中。

40岁那年，欧文由人事经理被提升为总经理。3年后，他主动“开除”自己，舍弃堂堂“总经理”的头衔，改任没有实权的顾问一职。

正值人生的巅峰阶段，欧文却毅然决然地从急流中勇退，他的说法是：“我不是退休，而是转进。”

“总经理”3个字对多数人而言，代表着财富和地位，是身份的象征。然而，短短3年的总经理生涯，令欧文感触颇深的却是诸多的“无可奈何”与“不得而为”。这令欧文很郁闷，也迫使他静下心来，全面地打量自己。

欧文意识到他的工作确实让自己生活得很光鲜，周围想讨好他的人更是不在少数。然而，这些除了让他每天疲于奔命、穷于应付之外，没有给他带来丝毫快乐。这个想法，促使他决定辞职。“要做自己喜欢做的事情，只有这样，我才能更轻松。”他从容地说。

辞职以后，他把应酬减到最少。不当总经理的欧文感觉时间突然多了起来，他把大半的精力用来写作，抒发自己在工作领域多年的体会与心得。

“人只有静下来，从容起来，才会发现自己可以走更好的路。”他笃定地说。

事实上，欧文在写作上很有天分，而且多年的职场生涯使他积累了大量的素材。后来欧文成为某知名杂志的专栏作家，其间，还完成了两本管理学著作，迎来了他人生的第二次辉煌。

欧文并没有因眼前的成功而迷失自我，相反，他直面自己内心的渴望，准确地认清了自己，静下心来，发掘自己的潜力，找到了一条更适合自己发展的道路。

可见，内心的平静是人生的珍宝，它和智慧一样珍贵。能够静心，才能够有健康、有成就。拥有一颗宁静之心的人，比那些茫然无措的人更能够找到前进的方向，体验生命的真谛。

小林在大学毕业后，走上了艰辛的求职之路。他卖过旧书，打过零工，做过销售，曾经一度迷失了方向，不知道什么工作更适合自己。一转眼，小林毕业已经3年了，还是不知道自己该干些什么，无奈之下，他打算考研，却又不知道该考什么专业。

一次偶然的机会，他参加了区就业局举办的创业培训班。此后，他静下心来，打算利用自己的专长，办一家科技公司，专门从事软件开发。就这样，他终于找到了自己的方向，并坚定这个方向不动摇。经过努力，现在小林的公司已经有20多名员工，已接了几十个订单。公司规模逐步扩大，事业蒸蒸日上。

生命的玄机是找到自己的位置，绽放属于自己的光彩。要达成人生的愿望，就要像小林一样沉得住气，静下心来，根据自己的特点，发挥自己的专长和优势，客观地设计未来，这样才能有所成就。

在忙碌的工作与生活之余，我们应该给自己一些独处的时间，静静地反思一下自己的人生。对自身多一些观照和内省，这样有助于我们获得内心的宁静。常常静思可以让我们更深入地了解自己的意识和思想。当然，这并不意味着你要因此离群索居。静思并没有时间和地点的要求，不论是散步还是购物都可以，你要做的只是经常想一想自己在做什么，为了什么，价值何在。这种静思可以让你跳出成堆的文件和应酬，摆脱繁忙的工作和名利的困扰，达到身心如一的境界。

行事自如，静界决定境界

静是什么？是泰山崩于前而色不变，是大胸襟、大觉悟，非丝竹而自恬愉，非烟茗而自清芬。

现代人的生活大都处于紧张与焦灼的状态，大家已很难品味到静的清芬与恬愉，都渐渐浮躁起来，可是浮躁往往不利于事情的发展。因此，与其让浮躁影响我们正常的思维，不如放开胸怀，静下心来，默享生活的原味。

《史记·殷本纪》中有一个武丁三年不言的故事。

“帝武丁即位，思复兴殷，而未得其佐。三年不言，政事决定于冢宰，以观国风。”武丁是盘庚之弟小乙之子，即盘庚之侄。武丁即位之后，思考复兴殷国大计，但并没有得到什么好的方法，于是就决定三年不说话，让冢宰（又称太宰，官名）决定政事，自己走访民间，以观国情。武丁虽三年不语，但凭他的威望和在诸侯国的影响力，凭大家对武丁有勇有谋的了解，谁都不敢有越轨的行为。

武丁的三年不言，默以思道，观察人事，思考怎样平息王室之争；思考怎样任用贤能，把国家治理好；思考怎样使诸侯各国尽早归顺。三年后，武丁得以实施了他的治国方略。

静能生慧，武丁之所以能够完成自己的兴国大业，就是因为他能够守静。因此，才得以静观人事，运筹帷幄。“静”不仅是智慧之根，也是养身之本。只要我们能够在工作中和生活中经常保持心清静、意清静，智慧即会随时涌现，同时也能够获得身心的平衡。

“静”，是一个人取得成功的要诀。一个人只有宁静，才能够把握机遇，获得成功。许海峰是我国第一枚射击金牌的获得者,他的成功就得益于“静”能力的发挥。

1984 年 7 月 27 日，许海峰参加了第 23 届奥运会男子自选手枪慢射项目的预赛。他发挥得很好，以 563 环的好成绩名列榜首，成为自选手枪慢射项目金牌最有力的竞争者。但是他没有被暂时的领先冲昏头脑，而是认真总结了自己在比赛中的不足：刚开始打得太紧张，所以打到后面的时候，手上的力量不够了。和教练交流了对策以后，他才心满意足地回房睡觉。

7 月 29 日是奥运会的第一天，许海峰参加的手枪慢射比赛将决出本届奥运会的第一枚金牌。刚开始，许海峰打得很轻松，打完第五组以后，他已经领先了。当他镇定自若地打最后一组的时候，赛场的气氛发生了巨大的变化。本来围在前奥运会自选手枪慢射项目冠军旁边的记者们觉得许海峰能够获得金牌，纷纷走到他的身后为他拍照。说话声、脚步声和按快门的声音严重影响了许海峰的正常发挥，工作人员多次制止他们，可是收效甚微。在嘈杂声中,许海峰竟然连打了两个 8 环。这下许海峰着急了,心想:“不管能不能拿到金牌，我一定要好好发挥，决不让这最后的 3 枪变成终生的遗憾。”于是，他放下枪，找了一个离记者较远的座位坐下来。他一边闭目养神,一边回想李培林教练给他定下来的“八字方针”:冷静、自主、调整、协调。他觉得自己刚才没发挥好,就是因为嘈杂的环境扰乱了他平静的心情,才直接导致了动作的协调性下降。

怎样才能让赛场恢复安静呢？许海峰想到了一个好办法。只见他走到靶位上，举起了枪，可是人们还没有听到枪响，他就把拿枪的手放下来了。第二次他举起枪又很快放下来，第三次、第四次还是这样。果然如他所料，大家都紧张得说不出话来，整个赛场终于安静了。许海峰很快进入了最佳状态，连打 3 枪以后，现场记录显示：一个 9 环，两个 10 环。历经周折，许海峰终于以 566 环的成绩，成为手枪慢射项目的冠军。中国人有了自己的奥运冠军，这一“零”的突破被光荣地载入了史册。

从许海峰的故事中，我们可以看出，比赛中参赛选手不仅要具备高超的技术，敢于拼搏的精神，还需要内心的沉着冷静。冷静使人清醒，冷静使人聪慧，冷静使人理智。遇事冷静的人，时时刻刻都能控制自己的情绪，绝不会因为任务繁重而急于求成，更不会因为压力而浮躁不安。

冷静是一个人成熟的标志，当我们在面对生活中的种种挑战时，一定要保持冷静沉稳的心理状态，学会勇敢地面对，并且要在关键时刻显示出自己的胆略和勇气。浮躁之人无法发挥思考的力量，当然也无法有效地克服困难、解决问题。一个人只有排除杂念，专心致志，将智慧与灵感全部集中调动起来，才能有所创造、有所成就。

静能养生，静能通神，静能生慧，静能安心。要想大智大慧，大彻大悟，必须由静做起。宁静是一种气质，一种修养，一种境界。诸葛亮在《诫子书》中写道：“夫学须静也，才须学也。非学无以广才，非静无以成学。”《菜根谭》上也有“此身常放在闲处，此心常安在静中”的句子。面对滚滚红尘，竞争激烈，杂务缠身，人们常会觉得压力沉重，心境失衡。在繁忙紧张的生活中，如果我们能够让自己静下来，让自己的身心处于一个宁静的环境中，我们的工作和生活就会达到一个新的境界。

忍受痛苦和孤独是人生的必修课

在谈及幸福人生为何需要“忍耐”时，星云大师曾这样回答：“忍可以化为力量，因为忍是内心的智能，忍是道德的勇气，忍是宽容的慈悲，忍是见性的菩提。”忍的含义如此丰富，自然能够为幸福人生增添更多的养料。

真正的忍耐不仅在脸上、口上，更在心上，而是自然就如此，根本不需要刻意忍耐，是不需要力气、分毫不勉强的忍耐。人要活着，必须以忍处世，不但要忍穷、忍苦、忍难、忍饥、忍冷、忍热、忍气，也要忍富、忍乐、忍利、忍誉。以忍为慧力，以忍为气力，以忍为动力，还要发挥忍的生命力。

有一支刚刚被制作完成的铅笔即将被放进盒子里送往文具店，铅笔的制造商把它拿到了一旁。制造商说，在我将你送到世界各地之前，有五件事情需要告知：

第一件，你一定能书写出世间最精彩的语句，描画出世间最美丽的图画，但你必须允许别人始终将你握在手中。

第二件，有时候，你必须承受被削尖的痛苦，因为只有这样，你才能保持旺盛的生命力。

第三件，你身体最重要的部分永远都不是你漂亮的外表，而是黑色的内芯。

第四件，你必须随时修正自己可能犯下的任何错误。

第五件，你必须在经过的每一段旅程中留下痕迹，不论发生什么，都必须继续写下去，直到你生命的最后一毫米。

铅笔的一生是充满传奇的一生，它用自己的生命勾勒着世人心中最精致的图画，书写着最温暖的文字，即使在生命渐渐消失的时候，还在创造着生命的美丽。但是，它所迈出的每一步，却都踩在锋利的刀刃上，它一生都在忍受着无穷的痛苦。

充实的生命，幸福的人生，需要能够忍受寂寞，忍受他人的恶意羞辱，忍受生活的磨炼，在忍耐中坚强，在坚强中成长。

山里有座寺庙，庙里有尊铜铸的大佛和一口大钟。每天大钟都要承受几百次撞击，发出哀鸣，而大佛每天都会坐在那里，接受千千万万人的顶礼膜拜。

一天深夜里，大钟向大佛提出抗议说：“你我都是铜铸的，你却高高在上，每天都有人向你献花供果、烧香奉茶，甚至对你顶礼膜拜。但每当有人拜你之时，我就要挨打，这太不公平了吧！”

大佛听后思索了一会儿，微微一笑，然后安慰大钟说："大钟啊，你也不必艳羡我，你知道吗？当初我被工匠制造时，日夜忍受他们一锤一锤的捶打，一刀一刀的雕琢，历经刀山火海，千锤百炼的痛楚才铸成我的眼耳鼻身。我的苦难，你不曾忍受，我经历过难忍能忍的苦行，才坐在这里，接受鲜花供养和人类的礼拜！"

大钟听后，若有所思。

忍受艰苦的雕琢和捶打之后，大佛才成为大佛，相比之下，钟受到的那点撞击之苦又算什么呢？忍耐与痛苦总是相随相伴，而这样的经历，却总是能够将人导向幸福的彼岸。

在西方学者的眼里："忍耐和坚持是痛苦的，但它会逐渐给你带来好处。"而在中国古人的心中也有同样的含义，例如"不经一番寒彻骨，怎得梅花扑鼻香"。如此一说，忍耐似乎成了人们必修的功课和取得成就的必需品。

忍是修行必需的一种精神，同时也是一个人获得成就不可回避的过程。"忍"是佛家的智慧，也是儒家学说的结晶之一，孔子所讲的"克己复礼"就是"忍"的一种。其实，人生的种种都需要忍耐，事业失败、感情受挫、学习艰苦、人际维持、家庭管理，如果你不能忍受这些，你将很难成功。人们为什么一定要忍耐和坚持，因为这是一种不可或缺的精神。

也许你不比别人聪明，也许你有某种缺陷，但你不一定不如别人成功，只要你多一分坚持，多一分忍耐，就能够渡过难关，成就他人所不能。山洞的开凿、桥梁的建筑、铁道的铺设，没有一个不是靠人性的坚忍而完成的。

通往成功的路通常都是艰难的，成功绝不是唾手可得的。生活中的苦涩，使人失望流泪；漫漫岁月的辛苦挣扎，催人衰老。人一生经历的机遇、打击、磨炼，都将化为百折不挠的意志，为事业的永恒做足心理准备。修行悟禅也好，成就人生也好，始终都要从困境里苦苦挣扎，最后臻至化境，而此刻最需要的就是一颗能够忍受痛苦和孤独的心。忍，是人生的必修课。

别走得太快，等一等灵魂

有一次，一支考察队到人迹罕至的原始森林探险考察，为了避免意外，他们请了当地的土著印第安人做向导。在疾行三天后，那名土著向导要求队伍停下来休息一天，考察队员很不解，那名土著向导认真地说：“我们走得太快了，灵魂跟不上来，需要停下来，等一等灵魂。”

“停下来，等一等灵魂”，多么深刻的话语。不妨静下心，想一想，我们有多久，没有想过思想、灵魂这样的话题；有多久，没有观照过我们那颗被现实和理想敲打得支离破碎的心。

面对做不完的工作、没完没了的应酬，我们感觉非常疲惫，更令我们感到头疼的是还得抽出时间做家务，买菜、做饭、洗衣服、打扫房间……生活像一根上足了劲儿的发条，有条不紊地不停运转，构成了一幅繁忙、近乎于疯狂的现代人的生活画面，并且迫使人们总是处于紧绷的状态。仿佛人们如果不这样，就无法珍惜生命、珍惜时间，于是人们压缩了睡眠，挤掉了休闲，牺牲了美食，让自己成了上紧发条之后难以停下来的机器。每个人都是“只要选择了远方，便只顾风雨兼程”，生命中的那些美好回忆，却来不及好好享受。

小张在某外企上班，他每天早晨一起床就开始和时间赛跑。从家里开车到公司 20 多分钟的路程必须缩短到 15 分钟，为了不迟到，一路上他开得飞快。车上播放的 CD 听了两年也没有时间去买新的。他总能把自己的时间安排得满满的，中午也不休息，除了在上班时间快速地工作，下班之后还要继续处理本来可以明天再办的事情。他总是觉得周围的人都比自己努力，要超过别人就必须让自己永远处于工作状态。最近他总觉得自己太疲惫了，想要好好休息，却找不到可以使自己放松的消遣方法，只会不住地看表，不断地计算时间。

在实际生活中，像小张这样的人很多。人们期望能沉下心慢慢享受生活，但现实似乎并没有给他们一个这样的机会。一位网友曾这样说："时间"是个苛刻的暴君，而"现在"是一位魅力十足的女神。这个比喻真的是很贴切。是啊，当今社会，生活节奏不断加快，"时间"似乎对每个人都不留情面，它的鞭子越抽越紧。看着那些已经成为时间"奴隶"的人，每天匆忙的步履赶的是时间，废寝忘食地工作挤的是时间，苦拼苦干、不管不顾抢的是时间，时间对于每个人来说都好像不够用。

英国时间研究专家格斯勒曾说过，我们正处在一个把健康变卖给时间和压力的时代。很多人被束缚在"毫微秒文化"中，我们的时间被切分到最小，一周 7 天每天 24 小时不停工作，日常生活被忙碌和焦虑充斥。这种"毫微秒文化"发展到极致，人的身心超负荷运转，长期处于亚健康状态，健康受到严重损害。

生活应该拖住时间，而不应被时间拖着走。被时间压迫，是现代人给自己设置的最大障碍。"时间病"已经在都市蔓延开来，人们在紧张时间的逼迫下，变得烦恼、慌乱和急躁，甚至因为体力透支而产生诸多慢性疾病。

人应该多留给自己一点时间，让自己成为时间的主人。如果时间不属于自己，那么由时间所组成的生命和生活，还属于自己吗？没有时间的自由，哪来生活的自由？

的确，有时候我们没办法改变自己的运行速度与方向，没办法在社会的竞技场上中途退出，没办法成为生活的旁观者，但我们能卸下脸上的各种面具，能让内心左冲右突的太多欲望归于平息，能让自己的生活尽可能变得简单。这样，我们才能获得一种与心灵的律动相吻合的速度。宇宙其实如同钟摆一样精密有序，我们的生命又何尝不像个不疾不徐的钟摆呢？

在穿越阿尔卑斯山谷的途中，有这样一条公路，公路两旁山势绵延，野花盛开，风景优美。引人注意的是，公路边上插着这样一个标语牌，上面写着："慢慢走，欣赏啊！"

拼命赶路的人容易错过美景，更有甚者会误入歧途。不要走得太快，在繁忙的生活中，让我们停下脚步，等一等灵魂，做自己的主人。只有这样，我们才能看清全局，审清形势，然后从容地有所为有所不为，才能拥抱成功和幸福的人生。

福来了莫张狂，祸来了莫乱套

成大器者,他们的内心世界是很丰富的,他们“不以物喜,不以己悲”,“宰相肚里能撑船”，“大肚能容天下难容之事”，这些人，往往是很能沉得住气的，因而他们能在喜悦中沉静思考，在失败中从容面对。

古时候，有一位老翁上街去赶集，不小心丢失了一匹马，邻居们都替他惋惜。老翁平静地说:“这也许是件好事。”过了几天,丢失的马跑了回来,而且还带回了另外一匹马。邻居们都很羡慕他。老翁平静地说：“你们怎么知道这不是件坏事呢？”大伙听了不以为意。几天后，老翁的儿子骑马时，一不小心把腿摔断了。众人都劝老翁不要伤心难过,老翁依然平静地说:“你们怎么知道这不是件好事呢？”邻居们听了难以置信。事隔不久,朝廷征兵,凡是身体好的青年人都被拉去当了兵，战后很少有人回来，而老翁的儿子却因腿瘸留在了家里。

这就是著名的“塞翁失马，焉知非福”的成语故事。老子说：“祸兮，福之所倚；福兮，祸之所伏。”在灾祸里面，未必不隐藏着幸福，而在幸福之中，未必不隐含着祸患。天有不测风云，人有旦夕祸福。福与祸是一体两面,福也好,祸也好,都要淡然处之。人生在世如果不懂得这其中的道理,就会受到福祸的捉弄。

人生自有其沉浮，有得志的时候，也总会有失意的那一天。“一时之胜不足喜，一时之败不足悲”是我们应有的态度。只有抱持这样的生活态度，我们才能够从容地面对人生中的波澜起伏。

石苞，字仲容，东汉末至西晋时期官员，三国时曹魏和西晋重要将领，官至西晋司徒。石苞为人沉稳,战功赫赫,深得晋武帝司马炎的信任。当时，天下还未统一，长江以南还是由吴国统治，晋武帝便派石苞带兵镇守边防，对抗吴国。

木秀于林，风必摧之。石苞为人正直，深受赏识，因此朝中有一部分人暗中嫉恨他。有个官员叫王琛，当时在淮北一带做监军，他听到一首歌谣说："皇宫的大马变成驴，被大石压着不能出。"他认为这"马"意指司马炎，"石头"代表石苞。于是，他就密奏司马炎，说石苞意图谋反。巧合的是，与此同时，迷信风水的司马炎也听一个法师预测说："东南方将有大将造反。"石苞刚好就在东南方位，晋武帝便开始怀疑石苞了。

正在石苞遭受司马炎猜忌的时候，荆州官员送来了吴国准备派大军进攻晋朝的报告。同时石苞也得到了探子的密报，立即着手准备战斗。司马炎听说石苞加固城墙准备战斗的消息后，不由得更加怀疑石苞的用意。正在这个时候，又一件事情发生了。当时石苞的儿子石乔也在朝中任职。有一天司马炎召见他，可石乔因事耽搁，没有及时入宫觐见。这彻底引起了司马炎的怀疑，于是他秘密派兵，准备讨伐石苞。在出兵之前，司马炎发布了一个罢免石苞官职的文告，认为石苞没有得到准确消息就封锁交通，修筑工事，严重扰乱了百姓的正常生活。

消息传到石苞这里，石苞并不慌乱，他冷静地想："自己一向光明磊落，忠诚为国，并未做什么违法乱纪的事情，怎么会被朝廷派兵征讨呢？这里面肯定有误会。"于是，他命令官兵放下武器，打开城门，他自己只身来到都亭住下来，等候司马炎的处理。

晋武帝司马炎听说了这些情况以后，顿时清醒过来，意识到自己差点误解了石苞，对石苞的怀疑一下子打消了。后来，石苞被押送回朝廷以后，不但受到了司马炎的盛情款待，还愈加得到司马炎的重用和信任。

石苞之举真有大将风范。在危难面前，石苞冷静地对待、低调地处理，没有因此而心惊胆战、慌了手脚，也没有因此而气愤不平做出冲动的事情。最重要的是：在"福至"的时候，石苞并没有狂妄、目中无人，从而赢得了民心和皇帝的信任；在"祸来"的时候，石苞也没有慌乱，而是在冷静地分析过后，选择了最佳的方式打消了皇帝的疑虑。

俗话说："福无双至，祸不单行。"人生中所遇的"福""祸"其实都不是终点，而是一个个驿站，分布在我们必经的路旁。不管你怎样阻止，它们照样会不期而至，我们唯一能够改变的，就是对它们的态度。沉住气，福来了莫张狂，祸来了莫乱套。

观水自照，时常内省

心能静下来的人,才能够在纷繁扰攘中观照自身,反省自己的所作所为。

自省像一面明亮的镜子，它可以照见人们心灵上的污浊。所以，明智的人，自然懂得"吾日三省吾身"的重要。真正懂得反省的人，经过时光的荡涤，便能冲洗掉俗世中纷纷扰扰的尘埃，给自己一个美好单纯的人生。

古代，一位官员被革职遣返，他心中的苦闷无处排解，便来到一位禅师的法堂。禅师静静地听完了他的倾诉，将他带入自己的禅房之中。禅师看见禅房的桌上放着一瓶水，便微笑着对官员说："你看这瓶水，它已经放置在这里许久了，几乎每天都有尘埃、灰烬落在里面，但它依然澄清透明。你知道这是何故吗？"官员思索了良久，仿佛要将水瓶看穿，忽然他似有所悟地说道："我懂了，所有的灰尘都沉淀到瓶底了。"

禅师点了点头，说道："世间烦恼之事数之不尽，有些事越想忘掉越挥之不去，那就索性记住它好了。就像这瓶中水，如果你厌恶地振荡自己，就会使一瓶水都不得安宁，混浊一片；如果你愿意慢慢地、静静地让它们沉淀下来，用宽广的胸怀去容纳它们，这样，心灵非但不会因此受到污染，反而更加纯净。"官员恍然大悟。

"知人者智，自知者明。"观水自照，可知自身得失。人生在世，若能时刻自省，还有什么痛苦烦恼是不能排遣、摆脱的呢？佛说："大海不容死尸。"水性是至洁的，表面泥沙俱下，实质却水净沙明，至净至刚，不为外物所染。若能时常自省，使心如水，那么高尚的品德便会如川流般不息，惠及一切生物，遇百丈山涧而不惧。

观水学做人，时常自省，便能和光同尘，愈深邃愈安静；便能至柔而有骨，执着能穿石，以“天下之至柔，驰骋天下之至坚”。时常自省，便能激浊扬清，义无反顾；时常自省，便能灵活处世，不拘泥于形式，因时而变，因势而变，因器而变，因机而动，生机无限；时常自省，便能清澈透明，洁身自好，纤尘不染；时常自省，便能润泽万物，有容乃大，通达而广济天下，奉献而不图回报。

一个心静如水的人是善于反省的人，往往能及时发现自己的错误，也明白诚实认错是最明智的做法，而不是想方设法找理由为自己辩护。借口不过是人做错事的挡箭牌；是敷衍别人、原谅自己的护身符；是掩饰弱点，逃避责任的万灵丹。而这些，只会让人将所有的缺点自我屏蔽，以至于不知不觉间在泥潭中越陷越深。

一个心静如水的人是懂得自省的人，能虚心接受别人的指正，改正自己的过失，也能够如无瑕的白璧一般，获得高洁的人格。在我们自以为是、为自己寻遍理由时，自省就像一道清泉，将我们自身的浅薄、浮躁、自满洗涤一空，重现清新、昂扬、雄浑和高雅的旋律，让生命重放异彩、生气勃勃。

做一个成熟稳重的人

稳重是褪去稚气后的成熟，一个优秀的人一定是一个稳重的人，稳重的人办事的时候有着严谨认真的态度，踏踏实实、不骄不躁。只有做事沉稳的人，在工作和生活中才能得到重用，一展自己的才华，因为稳重的人更容易得到别人的信任。想想看，工作中你有一件非常重要的事情需要处理，刚好自己又在外地出差，你会选择一个什么样的人替你办这件事呢？你肯定不会选择做事浮躁、马马虎虎的人，而做事成熟稳重的人将是你的首选。

三国时期鼎鼎大名的谋士诸葛亮便是一个十分稳重的人。翻开《三国演义》，我们不难发现，诸葛亮从来都不打没有准备的仗，也从来不过早地妄下结论。他做任何事情、做任何决定，都是先经过深思熟虑，并对当时的形势有一定的了解和掌握后才开始行动的。他稳重的性格也让他几乎是事必躬亲，而且总是将事情做得善始善终。这也难怪刘备放心将军中大小事务一一交于诸葛亮处理，甚至在自己弥留之际将自己的儿子刘禅与蜀国一并托付于他。正是诸葛亮的稳重才让刘备对他做事十分放心，并完全信任他。

可见，像诸葛亮这样性格稳重的人往往能获得别人的信任，甚至担负起别人的重托。因此，我们要让逆反的个性隐藏，彰显自己沉稳的做人、做事风格，稳妥地将事情做好，以赢得他人对自己的信任。

稳重是理性的沉淀，生活需要稳重。稳重能让我们远离厄运，远离诱惑，稳重能让我们拥有智慧。考场上，稳重是一把锁；赛场上，稳重是一面旗；遇到困难时，稳重是希望的曙光。可以说，稳重是人生的一种生存智慧，得到它，我们的人生就能少遇挫折，多有收获。

但有的时候，稳重很难把握，掌握不好就会变成默默无闻。那么，应如何培养自己的稳重型性格呢？下面几点大家应该注意。

第一，为稳重性格画像，让自己更容易把握它的状态。“淡泊以明志，宁静以致远。”

第二，给心灵一个沉淀的机会。生活中的烦心琐事就如同水中的灰尘，慢慢地，静静地，它们就会沉淀下来。

第三，保持冷静，从容镇定。生活中，总会有许多让人着急的事情经常使人手忙脚乱，结果，越着急事情办得越糟糕。所以，我们要保持冷静的心态，戒除急躁。无论何时，保持冷静、从容镇定都能使我们更好地洞悉局面，从而做出正确选择。

第四，培养宠辱不惊的心态。洪自诚著的《菜根谭》中有这样一句话：“宠辱不惊，闲看庭前花开花落；去留无意，漫观天外云卷云舒。”著名人口学家马寅初也曾将这句话书于自己的书房，以润泽自己的心胸，这也成为他对任何事情都宠辱不惊的心态的写照。我们也应保持宠辱不惊的心态，从容镇静。

第五，俯视人生。俯视，可以让我们看透生活的琐碎、人生的匆忙、世事的变化。同样，俯视，也可以让我们的性情变得更加稳重。

第六，给烦躁的心情一些转变的时间。当我们遇到烦恼的事情时，不免焦虑不安，心急气躁，这时给心灵一个转变的时间，让自己渐渐地摆脱困扰，镇静下来，达到心如止水的境地。

第七，学会独处养生。独处，可以养生；独处，可以让疲惫的身心得到休息；独处，可以解脱自己。学会独处，有利于培养我们的稳重型性格。

当你内心想成为一个稳重的人，而又在行动上积极地往“稳重”靠拢时，你自然就变成了一个更成熟、更理性的人了。当你有了让他人信任的稳重气质，那么成功会离你越来越近。

第六章

低谷时不放弃，在寂寞中悄然突破

海上没有不带伤的船

19世纪，英国劳埃德保险公司从拍卖市场买下了一艘船，这艘船曾遭遇13次起火，138次冰山撞击，116次触礁，207次被风暴扭断桅杆，然而它从没有沉没。劳埃德保险公司基于它不可思议的经历及在保费方面所带来的可观收益，最后决定把它从荷兰买回来捐给国家。

海上没有不带伤的船，而在生活的大海中搏击的我们，受到伤害也是在所难免的。虽然屡遭挫折，却能够坚强地百折不挠地挺住，这就是成功的秘密。“真正的勇士敢于直面惨淡的人生”，加之以积极的心态，才能以最坚强的姿态搏击风雨。

截至2007年底，李女士一直过着幸福的生活，她经营着一家饰品店，丈夫在信用社工作，家里还有一个小工厂。

可是，受2008年金融危机的影响，小工厂的资金链断了，只得停业整顿。更糟糕的是，她的丈夫还遭遇了一场车祸，这对于重组家庭的他们无疑是个灾难：除了每月固定给丈夫前妻和儿子生活费，还要支付丈夫的医药费。丈夫非常愧疚地对李女士说：“让你跟着我受苦了。”李女士倒是非常乐观，豁达地对丈夫说：“只要人好好的，钱还可以再赚，咱们从头再来！”

李女士夫妇把饰品店盘了出去，小工厂作价抵了，还完债之后还开了个平价餐厅。小两口琢磨着："即使是金融危机，人总是要吃饭的，咱们不做贵的，只做最实惠的！"由于物美价廉，餐厅的生意慢慢红火起来，小两口终于又熬出了头。

李女士夫妇很不幸，但生活是公平的，给每个人的不会太多也不会太少，即使关上了你的一扇门，又关上了你的窗，你依然可以学会坚韧，然后为自己画一幅明媚的窗景。

我们一般认为一帆风顺才是人生的正轨，遇到一点挫折就感觉天塌地陷，世界末日到了，却不知道，正如海上没有不带伤的船，芸芸众生，谁的身上不曾带点伤呢？要说不幸，这个世界上的人都是不幸的，只是你看到了别人风光的一面，而忽略了其不为人知的一面。

1994 年，他成了澳大利亚残疾人网球赛的冠军；2000 年，他拿到了澳大利亚体育机构的奖学金，并在全国健康举重比赛中排名第二；截至 2005 年，他到过 190 多个国家做演讲报告，激励过 200 多万人。他就是坚持用双手"走路"的人——约翰·库缇斯。

库缇斯一出生，腿就严重畸形。医生认为他活不过 24 小时，建议他的父亲准备葬礼。可是，当父亲含泪准备好葬礼之后，却发现他的儿子还活着。10 岁的时候，约翰上学了，可他却被同学们当成"怪物"，受尽了嘲弄和虐待。他一次次被同学们推倒在地无法起来；他曾被人像玩偶一样吊在转动的风扇下无法解脱；他那两条没知觉的腿曾被同学用刀片割过，这些事促使约翰选择了将两条不能发挥作用的残腿截肢……这些屈辱的经历使约翰一度想自杀，但他舍不得爱他的双亲。最终，约翰变成了一个坚强的人。

约翰给自己的人生定下了目标，并且写在了纸上，他要做一个自食其力的人，约翰坚定地说："一个人一旦确定了自己的目标，就把它写下来，然后去努力实现它。不要怕失败。1000 次摔倒，可以 1001 次站起来。摔倒多少次没关系，重要的是，你能站起来多少次。别人对我说，'约翰，你什么都不做也没关系，你整天在家不做任何事都没有人会责怪你。'但我说，我不可以。懒惰不是我的强项，我必须发挥我的优势。"

在取得多项体育成就之后，一个偶然的机会，开创了约翰人生的全新局面。那次他以自己经历做的简短演讲，竟然使一个女孩放弃了自杀的想法，这让约翰决定走上讲台，给更多绝望的人带来希望。现在，约翰已经成为国际著名的激励演讲家。“如果我可以做到，你为什么不能做到？”这句著名的反问以及约翰式的睿智和激励，改变了很多人的生活。

约翰·库缇斯虽然没有了双腿，但却过着无异于正常人的生活，他甚至拥有比正常人更优秀的才华和能力；他时时刻刻面对死亡，却能拥有最完美的爱与生活；他凭着自己的坚韧和努力，成就了一个又一个生命的奇迹。如果你觉得不幸，永远有人比你更不幸。

没有永远的静如止水，没有永远的流水艳阳，人生总有波澜和风暴，没有人可以与不幸绝缘。我们每个人都是生活海洋中的一艘小船，真正的勇者，不是没有受过伤，而是受伤之后能够沉住气，坚强地修复伤口，继续前进。

所谓失败，只是意味着仍在征途

什么是失败?

不同的人有截然不同的定义。在悲观者眼中，所谓失败，就是在追求梦想的道路上出局，从此一蹶不振，甘于平庸。而在乐观而坚韧的人看来，所谓失败，只是意味着自己仍在路上，目标仍在前方，还需继续努力。

其实，失败就像在成功的道路上绕了一点远路，或者在攀向山顶的过程中不小心摔倒。这些并不意味着我们不能走到目的地，也不意味着我们永远无法到达山顶。失败只是一个小插曲，它会让人生旅程变得更加丰富和精彩，让胜利与成功来得更有价值。

钱德勒是哈佛大学的一名毕业生，他和许多人一样，期盼能够找到一份心仪的工作。不久之后，钱德勒收到了微软公司的面试通知。

钱德勒很珍惜这次面试机会，精心准备了许久。面试当天，钱德勒准时来到微软公司的人力资源部。在秘书小姐向经理进行了通报之后，钱德勒来到经理的办公室门前，轻轻敲了敲门。

这时，从办公室里传出询问声 :“请问是钱德勒先生吗？”

钱德勒稳重地回答 :“经理先生，你好，我是钱德勒。”说罢，钱德勒推开了门。

结果却出乎钱德勒的预料。经理端坐在沙发上，冷漠地注视着钱德勒。“钱德勒先生，请你回去再敲一次门。”

钱德勒并未多想，走出去，关上门，重新敲了敲门，然后推门而进。

可是，经理仍然要求他重新敲门，并说 :“不，钱德勒先生，这次没有第一次好。”

钱德勒返身走出经理室，重新敲门，再次踏进房间，说 :“先生，这样可以吗？”

这样的过程重复了 10 次，经理仍不满意，让他再来一次。此时，钱德勒几乎已经忘记了最初的喜悦和憧憬，甚至有些恼火。很明显，这个经理是在戏弄钱德勒。

钱德勒准备转身离开。然而，就在转身的瞬间，钱德勒改变了主意。他想起在大学中接受的关于“在失败面前继续坚持”的教育。于是，钱德勒鼓足勇气，第 11 次敲响了经理办公室的门。

这次，经理先生没有像前 10 次那样令钱德勒失望，而是以热烈的掌声表示对钱德勒的欢迎。

原来，钱德勒应聘的是微软公司的市场调查员，而对于一名出色的市场调查员来讲，超强的耐心和毅力往往比学识更重要。这 11 次重复尝试正是微软对钱德勒心理素质的考察，而钱德勒用自己的坚持赢得了这次加入微软公司的机会。

在失败面前，再坚持一次，钱德勒正是凭借百折不挠的坚韧毅力赢得了成就自己一生的机会。失败本身并不是一件让人恐惧的事情，失败仅是人生道路上必然经历的一道风景，是人们铸就成功事业的基石。

我们需懂得，失败是通向成功的必经之路，人生中的许多经验和知识是无法从课堂上学到的，而失败和挫折给了人们补充知识和增长经验的机会。更多地超越失败，你与成功的距离才会变得更近。

逆境是促使人奋发向上的动力

纵观古今，那些名垂千古的成功人士大多因身处逆境时有所感悟而美名远扬。且不说身受宫刑而撰《史记》的司马迁，也不说受了膑刑修《孙膑兵法》的孙膑，更不说被放逐之后作《离骚》的屈原，就连闻名于世的孔子也是因为身处逆境而发愤努力，成为圣贤的。这些人的经历足以说明逆境对人的影响是十分深刻的，逆境带给人的影响不仅仅是挫折和失败，还有促使人奋发向上的动力。

困难犹如纸老虎，欺软怕硬，那些身处逆境仍能坚守本我、继续努力的人最终骄傲自豪地站在成功的巅峰。现如今，都市之中竞争激烈，城市以其包容性囊括了五花八门、千奇百怪的人生。有人一掷千金只为红颜一笑，有人却衣不蔽体、食不果腹。无论贫富，生活在这城市之中的人都不能忽视那些在大都市中奔波的“漂”一族，而“漂”一族中最为艰苦的要数“蚁族”。这群人蜗居在几平方米的屋子里，月收入所剩无几却依然不放弃成功的希望，他们可谓是处于逆境中的勇士。

在诸多“北漂”中有这样一个人，高中毕业的他和他的妻子为了追求理想怀揣着500块钱来到了北京。他们来到这个繁华的大都市时正值寒冬，举目无亲的他们只能依靠自己的力量生活，雪上加霜的是他的妻子还怀有6个月的身孕，生存成了摆在他们眼前最大的难题。

他们先用身上的200元钱租了一间简陋的小平房。立志发愤的他很快找到了一份电话销售的工作。为了节省来回的路费，他每天在黑暗中出发步行走完将近20千米的路程。为了保住这份工作，他是全公司最努力的一个，他每天细心地整理并记录好要做的内容，尽量留出充足的时间同客户沟通。别人下班后，他依然待在公司整理白天的工作笔记，把事先分好类不紧急的传真件一份份发出去。

他的勤奋努力感染了全公司的员工，整个公司的精神面貌和风气大为改观。他接连几个月成为公司的业务标兵，为了表彰他，公司破例提拔他为业务主管。就这样，他在北京稳定了下来。

虽然他仅仅是万千“北漂”中一个成功的案例，然而在他身上展现出来的踏实肯干、面对逆境不屈不挠的精神却是这个时代背景下极其需要的。他之所以能够对现状不妥协，是因为他有一颗不屈不挠，力求摆脱现状的心，更因为逆境带给他的奋发向上的动力。

我们都知道“天将降大任于斯人也，必先苦其心志，劳其筋骨，饿其体肤，空乏其身，行拂乱其所为，所以动心忍性，增益其所不能”。然而，又有几人能做到不屈服于逆境，拥有战胜困难的勇气呢？时间是最好的检验，只有身处逆境时勇敢地面对，你才能获得成功的奖杯。

镭的发现者居里夫人是个对逆境毫不妥协的人。她的一生只能用命运多舛来形容。幼年时丧母，中年丧夫，到了晚年又被流言和病魔围绕。然而，面对命运给予她的种种逆境，她选择了勇敢地抗争。生活清贫的她奋发向上，最终用自己的努力赢得了世人的尊重。谁也不能将她的名字从历史上抹去，她宛如历史洪流中的一抹亮色，为那些在逆境中彷徨的人们指明了方向。

“我从来不曾有过幸运，将来也永远不指望幸运，我的最高原则是：对任何困难都决不屈服！”这句话是居里夫人对世人的馈赠。不依靠幸运，不逃避困难，正直诚实地对待生活，勇敢地直面困境，最终就能取得成功。

逆境让人成长，逆境是最好的老师。逆境之中的人们，请不要彷徨，你们拥有最好的机遇。不要再让悲伤哀怨蒙蔽住你的双眼，不要再让不利的现状困住自己的手脚，你应该拼搏，应该奋斗，应该期待走出逆境后的辉煌。

提升你的逆商指数

不知从什么时候起，数字成了衡量一个人的标准，我们常常听到智商（IQ）、情商（EQ），却没有几个人留意到逆商（AQ）。逆商这一概念是由保罗·斯托尔茨提出来的，这个指数是用来衡量一个人身处逆境时的应对智力和应对能力。

说白了，其实逆商是用来判断一个人能否在逆境中坚持的一个指标。逆商指数低的人，面对一点点挫折就会大惊小怪，认为是命中注定自己倒霉。逆商指数高的人，则能在困境中积极寻找应对的方法以克服困难。

面对逆境，不同的人会选择不同的应对方式。有的人迎难而上，克服困难，有的人转身逃跑，希望能够逃避。有的人浅尝辄止，尝试一两次就放弃。其实这就跟人用沸水煮胡萝卜、鸡蛋和咖啡一样，选择不同的方法，煮不同的东西会获得不一样的结果。

用沸水去煮胡萝卜，20分钟后无论多硬的胡萝卜也会变软；用沸水煮鸡蛋，20分钟后原本易碎的鸡蛋变得坚固；而用沸水煮咖啡，被磨成粉末的咖啡豆会把整壶水都变成美味的咖啡。其实人生就像是沸水一样，人就是要丢进去煮的东西，由于心境不同结果也不同。不论是跟人生妥协的胡萝卜，还是愈挫愈勇的鸡蛋，抑或是把人生都转变的咖啡，总要去面对，去选择。

最后，你取得的结果就取决于你的逆商指数。逆商决定了你面对困难时是会被吓哭逃跑，还是最终战胜它。

在汶川地震中，有一个人在被困九天九夜后被救了出来。经医生诊治，她能活下来简直是个奇迹，因为她在右侧肱骨骨折、腰椎骨折、左踝骨骨折、5—9根肋骨骨折的情况下坚持了九天九夜。这个人就是38岁的崔昌惠。

在崔昌惠刚刚被解救时，医生检查完她的身体之后，只有一个评价，那就是奇迹。

她坚持九天九夜的传奇经历让人们十分好奇。在接受记者的采访时，崔昌惠说道，她一直以来都凭借着一个信念：要活下去，要回家，解放军一定会救她的。在被困的九天九夜里，她吃过蚯蚓，啃过青草，甚至还喝过自己的尿。

在那样恶劣的环境下，崔昌惠凭借着自己不屈不挠的精神坚持了下来，最终等到了搜寻的救援队，重获新生。不得不说，这位38岁的女子有着超出常人的意志，她活下去的信念足以震撼天地。通过她的行为，我们仿佛看到了一个逆商指数极高的人克服生存的难题活了下来的画面。

人总是抱怨为什么人生之路不能一帆风顺，为什么想要获得成功总要付出非人的代价，却没有想到，不付出是永远不会有回报的。正是逆境打磨了一个人的意志，促使人进步和成长，正是逆境让人感悟到了成功和幸福。

如何能够提高自己的逆商指数，如何才能获得战胜困难的勇气？这个问题许多人思索过，答案也并不唯一，但这答案之中一定包括积极乐观的心态和沉稳、不屈不挠的精神。保持着乐观心态去面对挫折，坚持努力，这就是提升逆商的途径之一。

曾经有过一个千万富翁由于负债累累，最终无奈破产的事例。一无所有的富翁简直失去了活下去的勇气。他想就算自己要死,也要回家乡看一看，在父母的坟上再添一把土。

从城市到小山村路途十分遥远，下了车的他踏上了归乡的山路。在他累得气喘吁吁时，远远地瞧见一片西瓜地。他停了下来，守着瓜田的是一位热情的老人，见他行路十分疲乏，就亲自去田里挑了个又大又甜的瓜，给他解渴。

接过老人递过来的西瓜，他和老人自然而然开始了交谈。他眼瞧着满地滚圆的西瓜,心中不免感慨,自己辛苦操劳最后一无所有。他对老人说道："看样子，今年有个好收成啊！"

"嗯，可不是。托老天爷的福，今年还算不错。"老人答道。

“难道往年的收成不好？”听了老人的回答后，破了产的富商有些疑惑。

老人随口就开始将自己与瓜田相伴的这些年发生的事与他说了一遍，不过，不论是遇到干旱还是洪涝，无论收成好坏，老人都没有什么哀怨的表情，仿佛辛苦一年的劳作最后竹篮打水一场空是应该的。最后老人笑笑，说道：“人这一辈子，种田就是跟老天爷斗，少不了要吃点儿苦，受点儿累。今年年景不好收成不好，还有明年。只要你接着种，总有一天能丰收。”

老人的话像是一道阳光，照进了他满是阴霾的心里。是啊，今年年景不好还有明年，要是放弃了希望就什么都没有了。豁然开朗的他，在临走时悄悄留下了100元钱。他回家给父母上坟后，又回到了曾经打拼的地方，重新创业。很快，几年过去后，他不仅还清了债务，还成了行业的领航人物。

“只要你接着种，总有一天能丰收”，面对逆境，破产的富商本来已经放弃了，听到这句话，他重燃了信心，最终取得了成功。不怕失败，乐观向上的心态是逆商评判的标准之一。逆商并不是平白增加的，也不是虚无缥缈的东西，它是通过对心境的不断锤炼而增加的。

想提升自己的逆商指数，就要学会保持一颗积极乐观的心，要懂得坚持不懈，面对困境要沉住气，静下心来应对，只有这样才能战胜逆境，赢得卓越人生。

接受可能发生的最坏情况

如果你已经做好了最坏的打算，那接下来发生的任何事都是你所能接受的。

与其整天担心自己会倒霉，会遇到挫折，不如时刻准备好迎接命运的挑战。你已经准备迎接最坏的结果，命运往往也会高抬贵手放你一马，让你感到人生原来没有想象的残酷。

许多身患重病最后却痊愈的人，往往是因为他们内心已经坦然地接受了最坏的结果，做好了迎接死亡的准备，这反而激发起他们活下去的信念，最后击溃了病魔而重拾健康。

艾尔·汉里患有严重的胃溃疡，他被这个慢性病折磨得快要疯掉了。20年前，他由于胃出血被送到了医院，医生几乎宣判了他的死刑。为了能活下去，艾尔什么都不敢吃，每天只能靠蛋白粉和半流质的东西维持生命。每天早晚还有护士用橡皮管将他胃里的东西洗出来，避免再次发生胃出血的状况。

艾尔就这样在床上躺了几个月，他简直丧失了活下去的勇气。无所事事的他一整天都躺在床上瞎想，思考这样病恹恹的自己还能做些什么。

突然他萌生了一个念头：既然自己快死了，不如用最后的时间去实现自己一直以来环游世界的梦想。于是艾尔下定决心，出院后开始环游世界。他把他的想法跟医生说了，医生大吃一惊，连忙阻止他不要冒险，否则他会死在路上。

艾尔不理会医生的劝阻，买了一副棺材放到自己即将登上的游轮上，他跟游轮的船长商量好，如果自己不幸身亡，就请他把自己的尸体冷藏起来带回家乡。

就这样，艾尔踏上了环游世界的旅程，起初他每天都要自己洗两次胃。后来洗胃的次数减少了，他发现自己的身体并没有像医生说的那样越来越糟。再后来他不仅不用洗胃，还渐渐能吃些东西了，甚至还能抽上一支雪茄，端着一杯红酒看美丽的海景。

在途中，他乘坐的船遇到了罕见的海上风暴，可他一点儿也不觉得恐惧，反而非常坦然。这次冒险的经历，让他一下子意识到，最坏的结果不过是死亡，与其为了健康天天担心自己什么时候会死，不如坦然地面对活着的每一天。

后来他回了国，全然看不出生过病的样子，并积极投入工作之中。有人问他是怎样战胜病魔的，他笑着说道：“最坏的结果不过就是死而已，既然如此，那为什么不好好享受活着的光阴。我这么想，顿时觉得十分轻松，也不再去想自己的病，心里渐渐平静下来。可能正是这份平静让我病愈了吧！”

艾尔因为坦然的心态活了下来。他明白自己最坏的结果就是因病不治身亡，正是接受了这样的结果，才使得他有勇气去面对生活。

艾尔的经验并不是要告诉我们，生了病不用去治疗，而是告诉我们要尝试接受最坏的结果，一旦接受了这样的结果就没什么可怕的了。

现实生活中，失败或者痛苦会给人们带来恐慌。其实，与其在那儿恐惧自己会面对什么，不如想想什么是最坏的结果，遇到了最坏的结果自己会怎么样。想清楚，或许危机就不那么可怕了。

曾经有一位网友用调侃的笔触写了一份“失业计划”，上面写了自己失业后的打算。内容总共有三部分。第一部分他说自己一定要去卖报纸，既然已经失业了就尝试下自己一直想当的报童，他很好奇自己沦为报童时，能不能承受住路人鄙夷或好奇的目光，是不是还能保持镇静。

第二部分是说自己一定要回家住上一个月，好好陪一陪自己的父母。平日里工作忙只有年假才能回家，短短的假期根本无法过个好年，自己要是失业了一定要好好在家住上一个月。

第三部分就是要去上一个短期的精修班，再掌握一门本事。即便自己失业了，多一种技能也许也多一个希望，没准会“因祸得福”找到一个比原来更好的工作。

对于这位网友的调侃，很多人都觉得不过是口上说说。但是难得的就是他对失业表现出的坦然。即便是他真的失业了，相信他一定也能活得非常乐观，因为他已经为自己做好了最坏的打算。

当你已经知道了最坏的情况是什么时，你必须要接受它，只有这样，你才能够保持镇静，沉住气找出改善当前状况的办法。也只有当你接受了最坏的可能时，你才会身心轻松地面对生活，迎接新的挑战。

在面对不幸、遭遇挫折时，人第一时间会选择逃避，这是一种趋利避害的本能，无可厚非。然而，当你试着接受时，会发现所谓的不幸和挫折并没有什么可怕的，当你做好最坏的打算，那么迎来的不好的结果也变成了好的结果，也就不觉得有什么损失，反而认为自己多得了什么。与其等待自己被苦难淹没，不如未雨绸缪，为即将到来的坏事做好准备。

这样，在别人失魂落魄不知如何是好时，你已经想好了应对的策略，抢占了先机，距离成功更近一步。做好最坏的打算，接纳最坏的结果就是为即将到来的胜利做准备，就是为成功的道路奠定基石。只有接受了最坏的可能，才能够沉着应对，在困难中窥见成功的影子。

接受不可避免的现实

如果人生没有荒芜与悲怆，就定有长征般的考验。在这个无尽的轮回中，正上演着一场生存的抗争。路，从我们脚下经过，渐渐如火焰般跳动，坚定不移地踩下去，哪怕失败了，也可以潇洒地挥一挥衣袖，不带走一片云彩——勿以成败论英雄，你不是胜者，但你是强者。

泰戈尔说：“不要让我祈求免遭危难，而要让我能大胆地面对它们。”生活中，我们会遇到许多不公平的经历，而且许多都是我们无法避免的，也是无法选择的，我们只能接受已经存在的事实并进行自我调整，而抗拒不但可能毁了自己的生活，而且也会使自己精神崩溃。因此，人在无法改变不公和不幸的厄运时，要学会接受和适应。

荷兰阿姆斯特丹有一座 15 世纪的教堂遗迹，里面有这样一句让人过目不忘的题词：“事必如此，别无选择。”命运中总是充满了不可捉摸的变数，如果它给我们带来了快乐，当然是很好的，我们也很容易接受。但事情却往往并非如此，有时，它带给我们的是可怕的灾难，这时如果我们不能学会接受它，反而会让灾难主宰了我们的心灵，那生活就会永远地失去阳光。

琼妮小姐是新西兰一位建筑商的女儿，移居美国后，曾在休斯敦一家电视台工作，1990 年起任 CNN 摄影记者。1992 年 6 月，她被派往萨拉热窝进行战地采访。在那里，曾有多名记者丧生。

琼妮在萨拉热窝逗留 6 个星期后，已经习惯了周围的流弹。一天清早，一颗子弹击穿车玻璃，正好击中她的脸部，几乎掀掉了她的半边脸，她的颧骨被打得粉碎，牙齿没有了，舌头也被打断。送到诊所时，大夫们直摇头，认为她不行了。经过 20 多次手术后，她又奇迹般地回到了工作岗位。这时的她，下颌仍无感觉，脸部还留着弹片，体重减轻了 8 千克。令大家吃惊的是，她要求重返萨拉热窝。她幽默地说："说不定我还能在那里找回我的牙齿。"她甚至想认识一下当初袭击她的枪手。有人问她，见到那个枪手后怎么办。她说："我会请他喝一杯，问他几个问题，比方说当时距离有多远？"

琼妮面对厄运的乐观态度证明她是一个具有坚韧毅力的女孩，正是这种乐观的性格，使她能够不受挫折的影响，积极地投入新的工作中去。

完全接受已经发生的事，这是克服不幸的第一步。哲人说："太阳底下所有的痛苦，有的可以解救，有的则不能。若有，就去寻找；若无，就忘掉它。"正如惠特曼所说："只有受过寒冷的人才感觉得到阳光的温暖，也只有在人生战场上受过挫败、痛苦的人才知道生命的珍贵，才可以感受到生活之中的真正快乐。"

托尔斯泰在他的散文名篇《我的忏悔》中讲了这样一个故事：

一个男人被一只老虎追赶而掉下悬崖，庆幸的是，在跌落的过程中，他抓住了一棵生长在悬崖边的小灌木。此时，他发现，头顶上那只老虎正虎视眈眈，低头一看，悬崖底下还有一只老虎，更糟的是，有两只老鼠正忙着啃咬悬着他生命的小灌木的根须。绝望中，他突然发现附近生长着一簇野草莓，伸手可及。于是，他摘下草莓，塞进嘴里，自语道："多甜啊！"

生命进程中，当痛苦、绝望、不幸和危难向你逼近的时候，你是否还能享受一下野草莓的滋味呢？

英格兰的妇女运动名人格丽·富勒曾将一句话奉为真理，这句话是："我接受整个宇宙。"是的，即使我们不接受命运的安排，也不能改变事实分毫，我们唯一能改变的，只有自己。

面对现实，并不等于束手就擒，接受所有的不幸。只要有任何可以挽救的机会，我们就应该奋斗！但是，当我们发现情势已不能挽回时，我们最好就不要再思前想后，拒绝面对，而应该接受不可避免的事实，唯有如此，才能在人生的道路上掌握好平衡。

人生虽没有彩排，但失败也绝非注定，既然黑夜给了我们一双眼睛，那我们就用它来寻找光明。

信心在，希望就在

信心是什么？信心是指对行动必定成功的信念，相信自己的愿望一定能够实现的心理。

信心在，希望就在。拥有信心，才能经受挫折，才能沉得住气，坚持到底。从这个意义上说，信心是大海里的一盏灯塔，是披荆斩棘的一把利剑，是荒漠中的一股甘泉，是埋藏心底永不磨灭的希望。信心能帮助我们冲破一切艰难险阻，给予我们扫平一切前进障碍的力量。

境由心造，事在人为。正如萧伯纳所说："有信心的人，可以化渺小为伟大，化平庸为神奇。"积极的心态、坚定的信心，是战胜困难和成就事业的重要力量。面对眼前复杂严峻的经济形势和生活环境，我们一定要充满信心，相信自己能战胜一切，渡过难关。有信心就有勇气，有信心就有力量，信心比黄金更重要。同样一件事情，可能是"好事"，也可能是"坏事"，既可能是"困难"，也可以是"机会"。你对事情做出的反应，直接决定了你的成功和失败。工作中无论出现什么困难和挑战，如果你能够沉住气，坚持到底，就一定能够找到解决问题的办法。

2008 年，北京残奥会开幕式上，在万众瞩目之下，侯斌不断拉紧绳索，牵动着自己和所乘坐的轮椅缓缓攀升。火焰不时炙烤着他的脸庞，但他的眼神中流露出坚毅，所有的人都看得出他在艰难地努力，在不断地坚持……终于到了主火炬台下，他举起"祥云"火炬，整个开幕式进入了高潮，欢呼声再次沸腾。他用激动的双手点燃了引火装置，霎时，火焰形成了一条火龙，盘旋而上，北京残奥会就这样在“鸟巢”拉开了帷幕。

侯斌 9 岁时被一场突如其来的火车事故夺去了左腿，命运轨迹由此改变。可是，他始终对人生充满希望，他不但没有就此消沉，反而更加勤奋努力，更加满怀信心，为自己的体育事业赢来了一个又一个的辉煌。在第 10 届残奥会田径场上，侯斌跃过 1.92 米标杆的瞬间，整个世界为之震撼。随后在悉尼和雅典残奥会上，他又连续两届获得跳高金牌，让坚强不屈的精神传遍了世界。2008 年 1 月 24 日，侯斌成为国际残奥委会选出的首位国际残奥大使。

作为火炬手，侯斌用他的事迹告诉世人，每个人的命运都不是天注定的，只要你充满信心，敢于改写，那么，你的人生将会展开新的篇章。

美国学者马尔腾博士说：“困难是我们的恩人，有了困难，才能拦住与淘汰一切不如我们的竞争者，而使我们取得胜利。”所以，在逆境中，你也不必灰心丧气，因为它可能就是你的成功机遇。“燧石受到的敲打越厉害，发出的光就越灿烂。”正是这种敲打才使它发出光来。人也一样，面对逆境，如果你悲观失落，就看不到阳光照射的角落，如果你微笑地面对生活，就不用再等待别人给你施舍阳光，因为你自己就成了自己的太阳。

很多时候，一个人的苦乐成败，不在于外物的左右，而在于自己的心态和看待世界的角度，庄园烧毁了并不可怕，可怕的是心灵也成了废墟。

“哀莫大于心死”，世间最可怕的衰老是心态的衰老。在困境来临的时候，不被困境吓倒，而是保持积极的心态，困难就会被你击倒。没有什么可以挡住你前进的脚步，擦亮你的眼睛，就会看到生活的希望，一切皆有可能。

面对困难时，调整心态，不要让消极的思想影响了生命的进程。积极地走好每一步，我们的人生才会精彩。

在顺境中，人们需要信心，在逆境中，人们更需要信心，沉住气，在信心中坚持、进取，只要你能经历考验，坚持到底，终有一天，你能走出困境，为自己赢来柳暗花明的局面。

第七章

守住寂寞，下一站就是幸福

用时间沉淀幸福的感觉

做人如登山，每个人都是从山底出发，仰望着那看似高不可攀的峰顶。只要心怀一颗平常心，勇敢地在人生的旅途中开拓进取，在某一时刻蓦然回首时，你就会发现，自己已经到达人生的顶峰，可以“一览众山小”。

做人应常怀一颗平常心，如果没有平常心，行走在人生的旅途中就会患得患失、自私自利，心灵难有真平静。修平常心，是为了更好地进取，否则人生将在原点打转，永远看不到山顶的风景。

平常心让幸福成为一种沉淀心底的感觉，随时随地都可以漾起微波，在人的心底荡起层层涟漪。

苏轼因“乌台诗案”被贬到黄州做小吏，于城东开荒种地，在黄州的第三个春天，苏轼写下了一首通透的小词：“莫听穿林打叶声，何妨吟啸且徐行。竹杖芒鞋轻胜马，谁怕？一蓑烟雨任平生。料峭春风吹酒醒，微冷，山头斜照却相迎。回首向来萧瑟处，归去，也无风雨也无晴。”

词中描述野外途中偶遇风雨这一生活中的小事，于简朴中见深意，于寻常处生奇景，特别是其词注更是有几分兴味：“三月七日沙湖道中遇雨。雨具先去，同行皆狼狈，余独不觉。已而遂晴，故作此。”

“余独不觉”表现出诗人旷达超脱的胸襟。面对人生的沉浮、利害得失、情感的忧乐，他的理解是“也无风雨也无晴”，这就是一种对人生深度理解后心灵的回归，心与天地同呼吸，与万物共命运，和谐共存，从而达到的平常心境。

当然苏轼的平常心并不是对命运的妥协，并不是不思进取，即使仕途失意，他依然在文学路上不断前行，最终达到顶峰，成为中国历史上最璀璨的群星之一。

苏轼就是在平常心中不断进取的典范。为人具有平常心，他就能不以物喜，不以已悲。波澜不惊，生死不畏，利不能诱，邪不可干，就能潇洒地活在世界上，不为物累，不为人忙，只求心中的一份安宁与惬意。

拥有一颗淡定的平常心，也并不是让人安于现状，不思进取。安于现状的人其结果是身心的怠惰与生命的枯萎，而平常心绝不是让生命枯萎，它是让生命之花在更惬意、平和的环境中傲然绽放。

因此，在平常心这份土壤中，生长着一份淡然的心境，也只有在生活的过程中，才能体会平常心的可贵。如果你持一种悲观颓废、安于现状、甘于平庸的心态去对待生活，你就会如苍茫大海上的一叶孤舟，随时可能迷失方向，甚至还会颠覆、夭折。

如果你以轻松、明朗的心态去迎接生活，以勇敢盖过怯弱，以进取压倒苟安，你的人生将阳光普照、鸟语花香。是的，我们不能决定人生的长度，但我们可以用平常心拓展人生的宽度。

遵循生命自然的方式

在人的一生中，会有许多的追求、许多的憧憬。追求真理，追求理想的生活，追求刻骨铭心的爱情，追求金钱，追求名誉和地位。有追求就会有收获，我们会在不知不觉中拥有很多，有些是我们必需的，而有些却是完全用不着的。那些用不着的东西，除了满足我们的虚荣心外，最大的可能，就是成为我们的一种负担。

其实，幸福与快乐源自内心的简约。人之所以不幸福，就是因为活得不够单纯。不要去刻意追求什么，不要向生命去索取什么，不要为了什么去给自己塑造形象，其实，简单本身就是一种幸福。

周国平先生讲过这样一个故事。故事很简单，但如果深入思考，你会发现生活表象下的人生真谛。

一个农民从洪水中救起了他的妻子，他的孩子却被淹死了。事后，人们议论纷纷。有人说他做得对，因为孩子可以再生一个，妻子却不能死而复活。有人说他做错了，因为妻子可以另娶一个，孩子却没法死而复活。

哲学家听说了，也感到疑惑不解，他就去问农民。农民告诉他，他救人时什么也没想。洪水袭来，妻子在他身边，他抓起妻子就往山坡游。待返回时，孩子已被洪水冲走了。

自然是一种最睿智的生活方式，这个农民如果进行一番思想斗争的话，事情的结果会是怎样呢？洪水袭来，妻子和孩子被卷进旋涡，片刻之间就会失去性命，而这个农民还在山坡上进行抉择：妻子重要，还是孩子重要？等他做出抉择的时候，妻子和孩子都失去了。

其实，人的一生中，许多时候，我们并没有机会和时间进行抉择。人生的抉择是最困难的，也是最简单的，困难在于你总是把抉择当作抉择；简单在于你别去考虑抉择问题，遵循内心的声音，遵循生命自然的方式。

懂得凭自己的本性简单生活的人就善于放下欲望的包袱，减去一些生活中不必要的内容。简单生活不是贫乏或缺少内容，而是繁华过后的一种觉醒，是一种去繁就简的境界。一个懂得简单生活的人，他会心无旁骛，并善于将可能引起忧思苦恼及妨碍行进的事物丢弃掉，不让它干扰自己的身心和脚步。

有这么一位吟游诗人，拒绝房子等一切他认为是负担的东西。他不断地从一个地方旅行到另一个地方，一生都是在路上、在各种交通工具和旅馆中度过。当然，这并不是他没有能力为自己买一座房子，而是他选择了这种生活方式。后来，鉴于他为文化艺术所做的贡献，也鉴于他已年老体衰，政府决定免费为他提供住宅，但他还是拒绝了，理由是他不愿意为房子之类的麻烦事情耗费精力。

就这样，这位特立独行的吟游诗人，在旅馆和路途中度过了自己的一生。他死后，朋友为他整理遗物时发现，他一生的物质财富，就是一个简单的行囊，行囊里是供写作用的纸笔和简单的衣物；而在精神财富方面，他为世界留下了十卷优美的诗歌和随笔作品。

这位诗人的生活是简单而有意义的。他的人生是一种去繁就简的人生，没有太多不必要的干扰,没有太多欲望的压迫,是一种简单而又纯粹的人生。

在追逐生活的过程中，我们也应该尝试着放弃一些复杂的东西，让一切都恢复简单的面孔。其实生活本身并不复杂，复杂的只有我们的内心。所以，要想恢复简单的生活，就要从心开始，净化心灵上的杂质。简单绝对不是不简单的对立面，二者在很多时候都是相互统一的，越是不简单、不平凡的东西在我们看来却越是简单。

精细者，无苛察之心。光明者，无浅薄之病。

大凡简单而执着的人常有充实的人生。一个人若时常追求复杂而奢侈的生活，则苦难没有尽头，不仅贪欲无度，烦恼缠身，而且日夜不宁，心无快乐。因为复杂，往往浪费了宝贵的时间；因为奢侈，极有可能断送美好的人生。因为简洁，每每能找到生活的快乐；因为执着，时时能感觉没有虚度每一天。平凡是人生的主旋律，简洁则是生活的真谛。

真正快乐的力量来自心灵的富足

人生在世，拥有荣华富贵并不一定就能永久快乐，贩夫走卒也不是一辈子劳苦，一个人只要心安理得，恰如其分地做其“本分”事，即是幸福。

安贫乐道并不是让人不思进取，而是让人以贫困来磨炼自我，懂得勤劳耕耘才能收获；安守本分并不是让人处处退让，而是让人认清自己的能力，找到自己的位置，继而再接再厉地奋斗。恰如其分地做自己所能做到的事情，这才是富有的秘诀。

为人处世，穷而不乏，实属难能可贵的精神。毕竟荣华富贵常使人飘飘欲仙，而那些每天奔波劳碌的贩夫走卒，风餐露宿，看起来异常凄苦。但有了钱财和权力，未必总能给人带来快乐，烦恼也会随着名利袭上心头。反而是那些本本分分活着的人，每天做着恰如其分的事情，反而获得了幸福，因为他们或许物质上未能达到极大丰富，但精神却并不匮乏。

《庄子·山木》中记载了这样一则故事：

庄子身穿粗布衣并打上补丁，工整地用麻丝系好鞋子走过魏王身边。魏王见了说："先生为什么如此疲惫呢？"

庄子说："是贫穷，不是疲惫。士人身怀道德而不能够推行，这是疲惫；衣服坏了鞋子破了，这是贫穷，而不是疲惫。这种情况就是所谓生不逢时。大王没有看见过那跳跃的猿猴吗？它们生活在楠、梓、豫章等高大乔木的树林里，抓住藤蔓似的小树枝自由自在地跳跃而称王称霸，即使是神箭手羿和逄蒙也不敢小看它们。等到生活在柘、棘、枳、枸等刺蓬灌木丛中，便小心翼翼地行走而且不时地左顾右盼，内心震颤恐惧发抖；这并不是筋骨紧缩有了变化而不再灵活，而是所处的生活环境很不方便，不能充分施展才能。如今处于昏君乱臣的时代，要想不疲惫，怎么可能呢？对于这种情况，比干遭剖心刑戮就是最好的证明啊！"

庄子物质生活很贫穷，但是他的精神生活却并不贫穷。安贫乐道是庄子对自己的要求，也是对世人的忠告。但正如庄子所说，贫穷并非疲惫，安贫乐道的人也并非没有精神内涵，不思进取。一个人物质上贫穷并不可怕，但一定不要使自己的心理贫穷，心理贫穷才是真正的可悲。庄子生活困苦，但是庄子的精神力量却散发出耀眼的光辉，他深谙快乐生活的道理，心与物游，天真烂漫，这种贫穷在某种意义上说是最富有的。

春秋时期的名士原宪住在鲁国，拥有一丈见方的房子，屋顶盖着茅草；用桑枝做门框，用蓬草做成门；用破瓮做窗户，用破布隔成两间；屋顶漏雨，地面潮湿，他却端坐在那里弹琴。子贡骑着大马，穿着白衣，里面是紫色的里子，小巷子容不下高大的马车，他便走着去见原宪。原宪戴着顶破帽子，穿着破鞋，倚着藜杖在门口应答，子贡说：“呵！先生患了什么病？”原宪回答说：“我听说，没有钱叫作贫，有学识而无用武之地叫作病，现在我是贫，不是病。”子贡因而进退两难，脸上露出羞愧的表情。

子贡自以为了不起，听了名士对于贫穷的看法，他的脸上流露出了羞愧的表情。因为他自己实际上有了心病，不能从高层次看待贫困的问题，也忍受不了贫困的生活，更不理解那些善于忍受贫困而心怀大志的人。

每个人都希望过上更舒适的生活，但是急于求成或是靠歪门邪道去实现，不过是贪恋富贵罢了。那些贩夫走卒，奔波劳苦，虽然过着贫苦的生活，但他们享受着劳动的快乐和精神的充实，一步一步地向幸福生活在迈进；那些满腹经纶的人，虽然积累学识非常辛苦，但他们可以用知识来创造财富，一样能飞黄腾达。相反，许多人心灵空虚，贪欲满腹，即使家财万贯，也未必能快乐，因为他们不知道知足常乐，不懂得心安理得，也就注定了他们得不到快乐，只能在欲望和痛苦的泥淖中苦苦挣扎。只有当他们舍弃对外物的欲望，懂得贫富皆是福，才能心安理得地享受生命的自在与欢乐。

用慢慢来的心态，拉长你的幸福

世上许多人忙碌了一辈子，究竟为谁辛苦为谁忙？到头来自己都不知道。依照老子的观点，若想生活得充实而从容，只需记住两个字——徐生。徐，有缓慢的意思，只有明明白白、充满意义的“动之徐生”，才能心平气和、生生不息。

一对父子一起耕耘一片土地。一年一次，他们会把粮食、蔬菜装满那老旧的牛车，运到附近的镇上去卖。但父子两人相似的地方并不多。老人家认为凡事不必着急，年轻人则性子急躁、野心勃勃。

这天清晨，他们又一次装上货到镇上去卖。儿子用棍子不停催赶牛车，要牲口走快些。

“放轻松点，儿子，”老人说，“这样你会活得久一些。”

可儿子坚持要走快一些，以便这车货能卖个好价钱。

快到中午的时候，他们来到一间小屋前面，父亲说要去和屋里的叔叔打招呼。儿子催促父亲继续赶路，但父亲坚持要和好久不见的弟弟聊一会儿。

又一次上路了，儿子认为应该走左边近一些的路，但父亲却认为应该走右边有漂亮风景的路。

就这样，他们走上了右边的路，儿子却对路边的草地、野花、河流视而不见。最终，他们没能在傍晚前赶到集市，只好在一个漂亮的大花园里过夜。父亲睡得鼾声四起，儿子却毫无睡意，只想着尽快赶路。

在路上，父亲又不惜浪费时间帮助一位农民将陷入沟中的牛车拉出来。这一切，都使儿子异常气愤。他一直认为父亲对看日落、闻花香比对赚钱更有兴趣，但父亲总对他说：“放轻松些，你可以活得更久一些。”

到了下午，他们才走到俯视城镇的山上。站在那里，他们看了好长一段时间。两人都一言不发。

终于，年轻人把手搭在老人肩膀上说：“爸，我明白您的意思了。”他把牛车调头，离开了那从前叫作广岛的地方。

生命的节奏就像奔涌的河流，有急有缓，既有“星垂平野阔，月涌大江流”的舒缓从容，又有“乱石穿空，惊涛拍岸，卷起千堆雪”的激烈紧迫。一张一弛，生活之道也。哪能一味地急迫，一味地悠忽？一味地急迫，生命就显得狭窄了；一味地悠忽，生命就显得虚无。只有急缓相当，张弛有度，你才能获得出乎意料的惊喜。

人们常说，慢工出细活，笨鸟先自飞。万物都是平衡而有序的，当你急切地想要某件事情成功时，也许你恰恰背离了它成功的条件。许多事物都需要时间的雕琢，才能变得更完美，更引人思考。一个人拿着画笔，终日画来画去，可是却从不曾用心体悟和感受所画之物的精髓，所以他永远也无法拿出不朽的名作。而一个默默无名的画者，用一生的时间去感受一处风景里蕴含的灵动，并将其神韵融入自己的唯一的一幅画中。相信任何人看了这幅画，都会感动得落泪。因为后者将自己的感情和对生命的感受都融入了画里。

千万不要怕生活的节奏慢下来，做事过于焦急，生活节奏极快，就会令我们失去喘息的机会，到最后反而会窒息。当我们感到疲惫的时候，不如静下心来，放慢脚步，欣赏沿途风光的秀美。春花的蓬勃灿烂、夏雨的专注猛烈、秋月的寂寥淡远、冬雪的晶莹无瑕，小溪的吟唱、蟋蟀的弹奏、鸟儿的放歌……这样令人灵魂为之震撼的美如果就此与我们擦肩而过、失之交臂，将是一件多么可惜的事情。

也许我们放弃了舟马，但收获了滋润的心灵；疲惫了身体，却点燃了追寻的激情。在人生路上慢慢地行走着，装一颗探求的心灵，携一份悠闲淡泊的神思，看一看人间百态，品一品世间甜苦，闻一闻鸟鸣虫嘶，嗅一嗅芳草鲜花，不做高深的评论，只需用心去感触，去领悟，你就会发现生活是如此五彩缤纷。

幸福超越完美

人生中，左右为难的情形会时常出现，比如面对两份同具诱惑力的工作，两个同具诱惑力的追求者。为了得到其中一个，你必须放弃另外一个。若过多地权衡，患得患失，到头来将会两手空空，一无所有。

选择和取舍时必须要沉住气，要有理性、睿智和远见卓识，不可鼠目寸光，不可急功近利，更不可本末倒置，因小失大。选择不是一锤子的买卖，不能因为一粒芝麻丢了一个西瓜，不能因为留恋一棵小树而失去整片的森林。

很多时候，在选择面前，我们总是犹豫不决，选择这个，却害怕错过那个，于是拿起来又放下，到最后一刻还在犹豫，迟迟下不了决心；或者选择之后，反复地更改，在这样患得患失间耽搁了不少时间，浪费了不少精力。世界上没有一个十全十美的东西让你选择，每一样东西都会有它自身的弱点，所以，当你选择之后就大胆地往前走，而不是走一步三回头，否则会在很大程度上影响进程。

而那些事业有成之士，总会在抉择之后一直走下去。

鲁迅在拯救人的灵魂和人的身体之间选择成为一代文豪；迈克尔·乔丹放弃了棒球运动员的梦想，成为世界篮坛上最耀眼的“飞人”球星；帕瓦罗蒂放弃了教师职业，成为名扬世界的歌坛巨星。

有些选项看似诱人，但如果不适合自己，那就要果断舍弃。做出什么样的选择，要视自身条件和具体情况而定，要有主见，不能人云亦云。

人生的大多数时候，无论我们怎样审慎地选择，终归都不会尽善尽美，总会留有缺憾。但缺憾本身也是一种美。

社会大舞台上，每个人都是自己生活和生存方式的编导兼演员。只有学会正确地进行选择，果敢地做出舍弃，才能演绎出精彩的人生。

心存希望才能看见未来

我们生活在一个竞争十分激烈的社会，有时在某方面一时落后，有时困难重重，有时失败连连，甚至有时被人嘲笑……无论什么时候，我们都不能放弃努力；无论什么时候，我们都不要熄灭心中希望的圣火。这样你才能够在艰苦的岁月抱有一份希望，不至于被各种困难吓倒，最终走出困境，收获幸福。

内心充满希望，它可以为你增添一份勇气和力量，它可以支撑起你一身的傲骨。最伟大的成就，常属于那些在大家都认为不可能的情况下，却能沉住气坚持到底的人。坚持就是胜利，这是成功的一条秘诀。

有两个人结伴穿越沙漠。走到半途，水喝完了，其中一人也因中暑而不能行动。同伴把一支枪递给中暑者，再三吩咐：“枪里有五颗子弹，我走后，每隔两小时你就对空中鸣放一枪，枪声会指引我前来与你会合。”说完，同伴满怀信心找水去了。

躺在沙漠里的中暑者却满腹狐疑：同伴能找到水吗？能听到枪声吗？

他会不会丢下自己这个“包袱”独自离去?

暮色降临的时候，枪里只剩下一颗子弹，而同伴还没有回来。中暑者确信同伴早已离去，自己只能等待死亡。想象中，沙漠里的秃鹰飞来，狠狠地啄瞎了他的眼睛，啄食他的身体……终于，中暑者彻底崩溃了，把最后一颗子弹送进了自己的太阳穴。

枪声响过不久，同伴提着满壶清水，领着一队骆驼商旅赶来，找到了中暑者温热的尸体。

中暑者不是被沙漠的恶劣环境吞没的,而是被自己的恶劣心境毁灭了。身处困境，他用绝望驱散了希望的圣火，拒绝了未来。一个人无论面对怎样的困难，都不能放弃自己的信念。放弃希望就意味着放弃自己。

在不断前进的人生中，凡是看得见未来的人，也一定能掌握现在，因为明天的方向他已经规划好了,知道自己的人生将走向何方。留住心中的“希望之火”，相信自己会有一个无可限量的未来，心存希望，任何艰难都不会成为我们的阻碍。只要怀抱希望，生命自然会充满激情与活力。

一个人经过两山对峙间的木桥，突然，桥断了，奇怪的是，他没有跌下，而是停在半空中。脚下是深渊,是湍急的涧水。他抬起头,一架天梯荡在云端。望上去，天梯遥不可及。倘若落在悬崖边，他绝对会乱抓一气的，哪怕抓到一根救命小草。可是这种境地，他彻底绝望了，吓瘫了，抱头等死。渐渐地，天梯缩回云中，不见了踪影。云中的声音说，这叫障眼法，其实你踮起脚尖就可以够到天梯，是你自己放弃了求生的希望，那么就只好下地狱了。

踮起脚尖，就是另一种活法，另一番境界。希望是生命的维系。只要一息尚存，就要心存希望，就要奋斗。身处逆境，不要轻易放弃。只要心中拥有不熄灭的信念圣火，努力地去寻找，总会找到能渡过难关的方法。

可惜，很多时候，精神先于我们的身躯垮下去了，打败自己的不是外部环境，而是自己本身。生活给予我们挫折的同时，也赐予了我们坚强，我们也就有了另一种阅历。对于热爱生活的人，生活从来不吝啬。

下篇

看得透人，想得开事

第一章

看懂人心，建立良好人际关系

读懂人心才不会雾里看花

人的复杂性不仅仅是生理构造上表现出的复杂性，还在于心理上表现出的复杂性。因此，当你不了解某人时，最好不要轻易被他的表象所左右。因为，这种表象很可能是一种假象。

美国心理学者奥古斯特·伯伊亚曾经做过一个实验，让几个人用表情表现愤怒、恐怖、诱惑、漠不关心、幸福、悲哀，并用录像机录下来，然后，让人们猜哪种表情表现哪种感情。结果，每人平均只有两种判断是正确的。当表现者做出的是愤怒的表情时，看的人却认为是悲哀的表情。

人是一个矛盾的综合体。人们的喜怒哀乐，远非自身所表现出来的那么简单。欢笑并不一定代表高兴，流泪并不一定代表伤心，鞠躬并不一定代表感谢，拍手并不一定代表赞赏……

要想与他人建立亲善关系，必须善于揣摩他人的心理。你只有读懂他人的心理，才不会雾里看花，才能替他人遮掩难言之隐。

郑武公的夫人武姜生有两个儿子，长子是难产而生，因而叫寤生，相貌丑陋，武姜心中深为厌恶；次子名叫段，气宇轩昂，仪表堂堂，武姜十分疼爱。武公在世时武姜多次劝他废长立幼，立段为太子，武公怕引起内乱，就是不答应。

郑武公死后，寤生继位为国君，是为郑庄公。封弟段于京邑，国中称为共叔段。这个共叔段在母亲的怂恿下，竟然率兵叛乱，想夺位。但很快被老谋深算的庄公击败，逃奔共国。庄公把合谋叛乱的生身母亲武姜押送到一个名叫城颍的地方囚禁了起来，并发誓说："不到黄泉，母子永不相见！"意思就是要囚禁他母亲一辈子。

一年之后，郑庄公渐生悔意，感觉自己待母亲未免太残酷了点，但又碍于誓言，难以改口。这时有一个名叫颍考叔的官员摸透了庄公的心思，便带了一些野味以贡献为名觐见庄公。庄公赐其共进午餐，他有意把肉都留了下来，说是要带回去孝敬自己的母亲："小人之母，常吃小人做的饭菜，但从来没有尝过国君桌上的饭菜，小人要把这些肉食带回去，让她老人家高兴高兴。"

庄公听后长叹一声，道："你有母亲可以孝敬，寡人虽贵为一国之君，却偏偏难尽一份孝心！"颍考叔明知故问："主公何出此言？"庄公便原原本本地将发生的事情讲了一遍，并说自己常常思念母亲，但碍于有誓言在先，无法改变。颍考叔说："这有什么难处呢！只要掘地见水，在地道中相会，不就是誓言中所说的黄泉见母吗？"庄公大喜，便掘地见水，与母亲相会于地道之中。母子两人皆喜极而泣，即兴高歌，儿子唱道："大隧之中，其乐也融融！"母亲相和道："大隧之外，其乐也泄泄！"颍考叔因为善于领会庄公的意图，被郑庄公封为大夫。

这个事例告诉我们：与人相处，最重要的是那一份"心领神会"。有些事别人心里在想但不好说出来，更不用说去做了，这时，需要旁人的默契配合来解围。

但是读懂他人的心理，准确领会其意图，并非一日之功，需要平时细心留意，学会观察生活。

多一分理解，就能少一分摩擦

在美国的一次经济大萧条中，90% 的中小企业都倒闭了，一个名叫丹娜的女人办的齿轮厂的订单量也一落千丈。丹娜为人宽厚善良，慷慨体贴，交了许多朋友，并与客户保持着良好的关系。在这举步维艰的时刻，丹娜想要找朋友和老客户出出主意、帮帮忙，于是就写了很多信。可是，等信写好后才发现：自己连买邮票的钱都没有了！

这同时也提醒了丹娜：自己没钱买邮票，别人的日子也好不到哪里去，怎么会舍得花钱买邮票给自己回信呢？可如果没有回信，谁又能帮助自己呢？

于是，丹娜把家里能卖的东西都卖了，用一部分钱买了一大堆邮票，开始向外寄信，还在每封信里附上 2 美元，作为回信的邮票钱，希望大家给予指导。她的朋友和客户收到信后，都大吃一惊，因为 2 美元远远超过了一张邮票的价钱。每个人都被感动了，他们想起丹娜平日的种种好处和善举。

不久，丹娜就收到了订单，还有朋友来信说想要给她投资，一起做点什么。丹娜的生意很快有了起色。在这次经济萧条中，她是为数不多能站住脚而且有所成的企业家。

我们如果想要与他人建立亲善关系，就要学学例子里的丹娜，多理解他人一分，我们交往的摩擦也就少了一分了。

时常有些人抱怨自己不被他人理解，其实，换个角度可能别人也有同样的感受。当我们希望获得他人的理解，想到“他怎么就不能站在我的角度想一想呢”时，我们也可以尝试自己先主动站在对方的角度思考，也许会得到一种意想不到的答案。许多矛盾误会也会迎刃而解。

一位女孩刚开始上网的时候，个性十足，上论坛最喜欢批评人，当然也挨批评。挨批评了，心里不好过，吃饭都吃不下去。好友知道后对女孩说了一句话:“上网是为了快乐。”这句话如同醍醐灌顶,让女孩一下子释怀。

想想看，大家来自不同的城市甚至不同的国家，有不同的看法，操着不同的口音，如果没有网络，大家如何能彼此交谈？如何能够彼此分享快乐，分担忧伤？相识，本来就是缘分。珍惜缘分，珍惜彼此。伤人不快乐，被伤更不快乐。

后来再上网，女孩再也没有和人吵过架，没有恶意抨击过别人——不为别的，只为大家都要寻求快乐。

沟通大师吉拉德说：“当你认为别人的感受和你自己的一样重要时，才会出现融洽的气氛。”我们需要多从他人的角度考虑问题，如果对方觉得自己受到重视和赞赏，就会报以合作的态度。如果我们只强调自己的感受，别人就会和你对抗，正如例子里的女孩最终所体会到的一样。

换个角度替对方多思考一些，多理解对方一些，关系立刻就会变得缓和。所以，如果我们想与他人建立亲善的关系，就应该给他人多一分理解，多一分宽容，只有这样人际交往才会更顺利。

解读表情的能力是人际和睦的关键

俗话说：“出门看天色，进门看脸色。”无论做什么事，对什么人，只有读懂对方的表情，摸清对方的心思后，再付诸行动，才能做到得心应手，万无一失。

中国民间就有这样的说法，老人总是告诫小孩子要学会“看脸色”，也就是从对方的神态表情和其他身体语言中探知对方的心，从而做出一些顺应对方的事情，或者避免做出一些让对方不满意的事情。

同样的问题，同样的环境，由于不同的人物的不同理解，会引出不同的结果来，正所谓“说者无心，听者有意”。

生活中，与人交往如果不用心，就会遇到许多想象不到的问题，因为你并不知道自己什么时候就把别人给得罪了。所以要想与人建立亲善关系，一定要学会解读对方的表情，学会用心，否则你就会面临一道道难以预测的障碍。

听懂话里的“弦外之音”，交往才能顺利进行

在日常交往中，通常存在着两种类型话语：一种是表面话语，而另一种是“弦外之音”。“弦外之音”才是一个人真正表达其感情或祈求的内心话，因此，如果想要正确地理解他人，让交往顺利进行，我们就必须懂得如何去听取对方话语中的“弦外之音”。

在日常的对话之中，我们很难从对方话语的表面去了解他的真意。这时，就必须从隐藏在对话背后的“弦外之音”上着手探索，才能够使彼此的意思或感情得到有效的沟通，才有助于建立亲善关系。

举一个例子来说：

在一个天气暖和的上午，晓惠坐在公园里的一张长椅上欣赏风景。

这时候，坐在离晓惠不远的长椅上的一名男士，突然向她说：“今天天气很好啊！天上一片云彩也没有。”

如果从他这句话的表面来想，他只是向她叙述天气的状况，可是实际上，它还隐藏着许多的意义。

首先，表示他很想和晓惠谈话。其次，由于他怕晓惠不愿意和他这样一名素不相识的人对话，所以，就借这句话来试探她的反应。

如果他一开口就问：“你从事哪一方面的工作？”“你有几个小孩？”“请问贵姓？”很可能晓惠会不理他，那么他不是会很尴尬吗？所以，他就借谈论天气来和晓惠攀谈。

为了能够敏锐地听懂别人的“弦外之音”，我们必须养成这样的习惯：当自己在听别人说话，或者是自己在和别人对话时，要自问一下：“他为什么要这么说？他那句话中的‘弦外之音’是什么？”

如果对方是在炫耀他那光荣的过去，这时候我们就要留心了，因为此

时他心里正在期待着我们的夸奖，所以，只要顺其意夸奖他，你就一定能够获得他的好感。

同时，我们也要懂得如何听出讥讽、嘲笑、挖苦等言外之语。对方之所以会向我们说这种话，一定是因为对我们感到不满。遇到这种情况时，我们不要立刻反驳或一味生气，就当作没有听到好了，免得和对方发生不必要的冲突。不过，事后最好能自己检讨一下：为什么别人会讥讽我？我本身是否有什么缺点？或者是无意中得罪了人家，才会引起别人的怨恨，而以讥讽来消除他心中的怨恨呢？若我们得知了其中的原因，并且能及时改正自己的行为,那么虽然受到别人的讥讽,但也可以说是“因祸得福”了。

如果我们能够做到以上所说，与他人顺利交往、建立亲善关系会变得更容易。

亲善，是一切交流的基础

亲善的意思是“建立或重建和谐友好的关系”，也就是说，我们可以通过建立亲善关系，创造一种相互信任、相互满意和相互合作的人际关系。

亲善是人们建立亲密私人关系的首要条件,同时也是一切交流的基础。如果你没有和对方建立亲善关系，那么，哪怕是让孩子把鞋放入鞋柜里这样简单的事也会举步维艰，因为对方根本不会听你的。

一位总统有了这种与他人建立亲善关系的能力，可以和世界其他国家搞好关系，可以使国家的政府要员团结在他的周围，将自己推行的政策执行好。

一位公司总裁有很好的人际交往能力，他可以有效地和其他公司的总裁打交道,来完成自己的目标;他可以有效地在公司内部建立起自己的威信，来完成公司的业绩。

一位销售人员如有很好的人际交往能力，就可以将他的产品有效地推销出去；一位办公室职员有了很好地与他人建立亲善关系的能力，就可以处理好与同事及上司的关系，这对他的升迁以及职场发展是极有利的。

一个老师有很好的人际交往能力，就可以和学生、同事、领导搞好关系，使他的教学更有效果，使他的同事喜欢他，使他的领导更重用他。

正如唐太宗所说：“水能载舟，亦能覆舟。”人在社会中生存，人际关系既能推动你走向成功，同时也能让你顷刻间一无所有。所以，我们一定要注重与他人建立亲善的关系，因为它是一切交流的基础，同时也是我们的人生发展顺利的重要因素之一。

良好的人际关系加速成功的进程

有人才华横溢，却终生不得志，也有人能力平平，却能够节节高升。其中，个人的机遇是一方面，另外很重要的则是个人的人际关系状况。一个人如果孤立无援，那他的一生就很难幸福；一个人如果不能处理好人际关系，就犹如在雷区里穿行，举步维艰。

古往今来，许多杰出的人士，之所以被能力不如自己的人击垮，就是因为不善于与人沟通，不注意与人交流，被一些非能力因素打败。而善于处理人际关系的人则可以在每条大路上任意驰骋。

刘邦出身低微，学无所长，文不能著书立说，武不能挥刀舞枪，但刘邦生性豪爽，善用他人，胆识过人。早年穷困时，他身无分文，却敢当座上宾。押送囚徒时，居然敢违王法，纵囚逃散。以后斩白蛇起义，云集四方豪杰，各种背景的人都为他所用，如韩信、彭越这些威震天下的英雄。至于刘邦身边的文臣武将，如萧何、曹参、樊哙、张良等，都是他早期小圈子里的人，萧何、曹参、樊哙更是刘邦的亲戚。他们在楚汉战争中劳苦功高，最终帮助刘邦建立了西汉王朝。

可以说，刘邦能够成就自己的帝王之业，离不开他手下的那些朋友。帝王将相需要借他人之力，就连平民百姓也离不开朋友，离不开良好的人际关系。

人际关系背后的意义，其实比我们所能想到的还要深远。正如魏斯能在采访了 280 位企业总裁后写的《不上，则下》一书中所说：“那些企业的总裁，非常致力于发展‘双赢’互利关系的基础。虽然他们每个人都有如何步步高升到金字塔顶端的精彩故事，但大多数人把他们的成功归功于身旁人的提拔。”

美国作家柯达同样认为：“人际网络非一日所成，它是数十年来累积的成果。你如果到了 40 岁还没有建立起应有的人际关系，麻烦可就大了。”

连美国石油大亨洛克菲勒在总结自己的成功经验时也曾表示：“与太阳下所有能力相比，我更关注与人交往的能力。”正是洛克菲勒的这种卓越的人际关系能力成就了他辉煌的事业。

每个人都将成功作为自己追求的人生目标，因为在竞争的社会里只有拥有事业的成功才是完美的人生。一个人的成长、发展、成功，都是在人际交往中完成的，甚至一个人的喜怒哀乐也都与他的人际关系息息相关。没有良好的人际关系，人们无法预测自己的前途，无法面对困难，无法面对天灾人祸；没有良好的人际关系，人们就组不成家庭、社会和国家，更谈不上个人的前途和发展。

所以，别忽视了与他人建立良好的人际关系，它会在通向成功的道路上助你一臂之力，给你的成功加速。

每个人都喜欢与自己相似的人

中国有句古话是“物以类聚，人以群分”，说的是人们对和自己相似的人看着比较顺眼，相似的两个人容易成为朋友。

走在街上你会发现，浓妆艳抹的美女总是和同样打扮前卫的女人并肩而行；素面朝天的女生身边也总是一个同样打扮简单的女生。从外表上看就验证了那句“物以类聚，人以群分”的老话。从深层次来看，浓妆艳抹的女人可能都对美容、服饰、流行这些东西感兴趣，而素面朝天的女生则可能喜欢看书、看电影。

由此可见，通常情况下，人们喜欢那些在各方面与自己存在某种程度相似的人。

钟子期和俞伯牙的友谊流传千古。俞伯牙有出神入化的琴技，而只有钟子期才能听出他琴技的高妙，于是钟子期和俞伯牙成了最知心的朋友。后来钟子期病死，俞伯牙非常伤心，在钟子期的坟前将琴砸得粉碎，终生不再弹琴。因为已经没有人能够听懂他的琴声了，何况这还会勾起他对钟子期的怀念和伤感。

钟子期、俞伯牙之所以有超乎寻常的友情，就是因为他们有个相似的特点——对音乐有高超的鉴赏力。因为无人能取代钟子期，所以他在俞伯牙心中的地位是独一无二的。

科学家曾人为地将某大学的学生宿舍进行了安排，他们先以测验和问卷的形式了解了部分学生的性情、态度、信念、兴趣、爱好和价值观等，然后把这些学生分为志趣相似和相异的，然后把志趣相似的学生安排在同一房间，再把志趣相异的也安排在同一房间，然后就不再干扰他们的生活和学习。过了一段时间，再对这些学生进行调查，发现志趣相似的同屋人一般都成了朋友，而那些志趣相异的则未能成为朋友。

那么，为什么人会喜欢与自己有相似性情、类似经历的人交往呢？

当人们与和自己持有相似观点的人交往时，能够得到对方的肯定，增加“自我正确”的安心感。他们之间发生冲突的机会较少，容易获得对方的支持，很少会受到伤害，比较容易获得安全感。

此外，有相似性情的人容易组成一个群体。人们试图通过建立相似性的群体，以增强对外界反应的能力，保证反应的正确性。人在一个与自己相似的团体中活动，阻力会比较小，活动更容易进行。

所以，每个人都喜欢与自己相似的人。如果你想与他人建立亲善关系，不妨把自己“变成”他人，让你们拥有相似的地方，这样能迅速拉近距离，增进感情。

第二章

洞悉人性，满足他人心理需求

让出谈话的主动权，满足他人的倾诉欲

有人说："不肯留神去听人家说话，这是不受人欢迎的原因之一。一般的人，他们只注重于自己应该怎样说下去，绝不管人家要怎样说。须知世界上多半是欢迎专心听别人说话的人，很少欢迎只顾自己说话的人。"

很多人在生活中易犯一个毛病：一旦打开话匣子，就难以止住。其实，这种人得不偿失，因为话说得多了，既费精力，给他人传递的信息又太多，还有可能伤害他人；另外，无法从他人身上学习更多的东西，因为他们总是不给别人机会。其实，每个人天生都有一种渴望倾诉的心理，希望能够畅快地表达自己，希望有人能够安静地听自己说话。在与人交谈的过程中，我们应该随时关注人们的这种心理，学会做一个认真的倾听者，让出谈话的主动权，满足他人的倾诉欲。

与人交谈时要暂时忘记自己，不要老是没完没了地谈个人生活、自己的孩子、自己的事业。你要在交谈中给对方发表意见的机会，可以尽量去引别人说他自己的事情，同时，你以充满同情和热诚的心去听他的叙述，一定会让对方高兴，给对方留下最佳的印象。

如果有几个朋友聚在一起谈话，当中只有一个人口若悬河，其他人只是呆呆地听着，这不就成了他的演讲会，让在场的其他人感到无可奈何和无趣吗？每个人都有自己的表现欲。小学生对老师提出的问题，争先恐后

地举起手来，希望教师让自己回答，即使他对这个问题还不是彻底地了解，只是一知半解地懂了一些皮毛，也还是要举起手来的，不在乎回答错误要被同学们耻笑，这就说明人的表现欲是天生的，毕竟小学生远不如成年人有那么多顾虑。成人在听别人讲述某一事件时，虽然并不像小学生那样争先恐后地举起手来，然而他的喉头老是痒痒的，他恨不得对方赶紧讲完了好让他讲。

阻遏别人的发表欲，人家一定不高兴，你在此情况下很难得到别人的认同，为什么要做这样的傻事呢？你不但要让别人有发表意见的机会，还得设法引起别人说话的欲望，使人家感觉到你是一位使人欢喜的朋友，这对一个人的好处是非常之大的。

在与人交谈的过程中，与其自己唠唠叨叨地说废话，还不如爽爽快快让别人去说，反而会得到意想不到的结果。如果能够给别人说话的机会，你就给别人留下了一个好印象，以后，别人就会更愿意与你交谈了。

能说会道的人很受欢迎，而善于倾听的人才真正深得人心。话多难免有言过其实之嫌，或者被人形容夸夸其谈。静心倾听就没有这些弊病，倒有兼听则明的好处。用心听，给人的印象是谦虚好学，是专心稳重，诚实可靠。所以，有时候用双耳听比说更能赢得他人的认可和赞誉。

任何时候都要维护他人的自尊

每个人都有自尊，都渴望得到别人的尊重。人与人之间虽然在财富、地位、学识、能力、肤色、性别等许多方面各有不同，但在人格上是平等的。维护自己的自尊是每个人最强烈的愿望，在人际交往中，我们如果伤害了别人的自尊，对方就很有可能千方百计地伤害我们的自尊；而如果我们维护了别人的自尊，别人也会反过来回报我们以尊重。

余伟是一家食品店的老板，他的一名店员经常粗心大意地把商品的价格标签贴错，并由此引起了商品的混乱和顾客的抱怨，余伟多次批评他，但他还是屡屡犯错。最后，余伟把这名店员叫进了办公室，任命他为价格标签的主管，负责将整个食品店货物架子上的标签都贴在合适的位置上。新头衔和职责让他的工作态度发生了彻底的改变，从此以后，他做的工作都很令人满意。

许多人自尊心非常强，不到万不得已不轻易求人。因为一旦乞求别人的帮助就意味着自己是弱者而对方是强者，自己受别人的恩惠，就要看人家的脸色，在别人面前气短三分。正因为如此，我们在为别人提供帮助时，也要考虑自已的说话办事的方法，不要伤及对方的尊严，才能使他真正得到帮助。否则人情没有做成，反而招人埋怨。

一位女士讲述了她祖父的故事：

当年祖父很穷，冬天来了，他没有钱买木柴，就去向一个富人借钱。富人爽快地答应借给他两块大洋，很大方地说："拿去花吧，不用还了！"

祖父犹豫了一下，还是接过钱，小心翼翼地包好，就匆匆往家里赶。富人冲他的背影又喊了一遍："不用还了！"

第二天大清早，富人打开院门，发现门口的积雪已被人扫过了。他在村里打听后，得知这事是借钱的人干的。

富人想了想，终于明白了：自己昨天的举动是给别人一份施舍。于是他让借钱人写了一份借条，约定以扫雪来偿还借款。

祖父用扫雪的行动提醒富人，任何人都有尊严。可见，即使是在帮助别人的过程中，也要考虑对方的感受，不要一副施舍的姿态，否则一片好心反而遭来怨恨，得不偿失。

由此可见，无论我们与什么身份、什么地位的人打交道，都要随时注意维护他人的自尊，这样才能赢得别人的尊重，避免不必要的麻烦和损失。

让别人感觉他比你聪明

装傻是一种人生大智慧。每个人都希望比别人显得更聪明，装傻可以满足他人这种心理，令他感觉自己很聪明，至少比你聪明一些。一旦他相信了这一点，他将再也不会怀疑你可能有其他的目的。

在一个小镇上，有一个孩子，人们常常捉弄他。其中最为乐此不疲的一个游戏是挑硬币，他们把一枚5分硬币和一枚1角硬币丢在孩子面前，他每次都会拿走那个5分的。于是大家哈哈大笑，感叹一番“真傻”“傻得不可救药”等等。

一个女教师偶然看到了这一幕，心中非常难过，她为那些没有同情心的人感到可悲。她把那孩子拉到一边，对他说：“孩子，你难道不知道1角钱要比5分钱多吗？为什么要让人家嘲笑你呢？”

出乎意料的事发生了，孩子双眼闪出灵动的光芒，他笑着说：“当然知道！可是如果我拿了那1角钱，以后就再也拿不到那许多的5分钱了。”

这个孩子正是那种貌似愚钝、内心聪明的人，他的傻只是一种伪装，那些肤浅的人们在嘲笑他的同时，却扮演了被愚弄的角色。谁聪明谁傻，从表面上是看不出的，真正的聪明人往往不是光彩外露的。在纷繁复杂、变幻莫测的世界上，那些智者不得不故意装憨卖傻，以一副糊涂表象示于众人。然而也唯有如此，方称得上有“大智慧”，是“大聪明”。装傻是大智若愚、大巧若拙，是为人处世的大艺术，是保全自我的好方式。

有的人外表似乎固执守拙，而内心却世事通达、才高八斗；有的人外表机敏精灵，而内心却空虚惶恐、底气不足。

人生是个万花筒，一个人在复杂莫测的变幻之中要用足够的聪明智慧来权衡利弊，以防失手于人。但是，有时候不如以静观动，守拙若愚。这种处事的艺术其实比聪明还要胜出一筹。聪明是天赋的智慧，装傻是后天的聪明，人贵在能集聪明与愚钝于一身，需聪明时便聪明，该装傻时装傻，随机应变。

老子自称“俗人昭昭，我独昏昏；俗人察察，我独闷闷”，而作为老子哲学核心范畴的“道”，更是那种“视之不见，听之不闻，搏之不得”的似糊涂又非糊涂、似聪明又非聪明的境界。人依于道而行，将会“大直若屈，大巧若拙，大辩若讷”。庄子说：“知其愚者非大愚也，知其惑者非大惑也。”人只要知道自己的愚和惑，就不算是真愚真惑。是愚是惑，各人心里明白就足够了。圣贤将“装傻”上升到哲学的高度，其中的深意耐人寻味。

成全别人好胜心，成就自己获胜心

人人都有自尊心，人人都有好胜心，若要联络感情，应处处重视对方的自尊心，因为重视对方的自尊心，必须抑制你自己的好胜心，成全对方的好胜心。若能做到这一点，在危险中你将可以保全自己，在竞争中你将更容易获胜，在日常与人相处中你将获得好人缘。

汉初，良相萧何，今江苏沛县人，曾任沛县主吏掾、泗水郡卒吏等职，执法不枉害人。秦末随刘邦起兵反秦，刘邦进入咸阳，萧何把相府及御史府的法律、户籍、地理图册等收集起来，使刘邦知晓天下山川险要、人口、财力、物力的分布情况。项羽称王后，萧何劝说刘邦接受分封，立足汉中，养百姓，纳贤才，收用巴蜀二郡的赋税，积蓄力量，然后与项羽争天下。为此深得刘邦信任，被任为丞相。他极力向刘邦举荐韩信，认为刘邦要取得天下非用韩信不可。后来韩信在楚汉战争中表现出的才干证明了萧何慧眼识人。楚汉战争中，萧何留守关中，安定百姓，征收赋税，供给军粮，支援了前方的战斗，为刘邦最后战胜项羽提供了物质保证。西汉建立后，刘邦认为萧何功劳第一，封他为侯，后拜为相国。萧何计诛韩信后，刘邦对他就更加恩宠，除对萧何加封外，刘邦还派了一名都尉率五百名士兵做相国的护卫。

某天，萧何在府中摆酒庆贺。有一个名叫召平的人，穿着白衣白鞋，进来对萧何说：“相国，您的大祸就要临头了。皇上在外风餐露宿，而您长年留守在京城，您既没有什么汗马功劳，又没有什么特殊的勋绩，皇上却给您加封，又给您设置卫队，这是由于最近淮阴侯谋反，因而也怀疑您了。安排卫队保卫您，这可不是对您的宠爱，而是为了防范您。希望您辞掉封赏，再把全部私家财产都捐给军用，这样才能消除皇上对您的疑心。”

萧何听从了他的劝告，刘邦果然很高兴。英布谋反时，刘邦亲自率军征讨。他身在前方，每次萧何派人输送军粮到前方时，刘邦都要问：“萧相国在长安做什么？”使者回答，萧相国爱民如子，除办军需以外，无非是做些安抚、体恤百姓的事。刘邦听后总默不作声。使者回来后告诉萧何，萧何也没有识破刘邦的用心。

有一次，偶然和一个门客谈到这件事，这个门客忙说：“这样看来您不久就要被满门抄斩了。您身为相国，功列第一，还能有比这更高的封赏吗?况且您一入关就深得百姓的爱戴，到现在已经十多年了，百姓都拥护您，您还在想尽办法为民办事，以此安抚百姓。现在皇上所以几次问您的起居动向，就是害怕您借关中的民望而有什么不轨行动啊！如今您何不贱价强买民间田宅，故意让百姓骂您、怨恨您，制造些坏名声，这样皇上一看您也不得民心了，才会对您放心。”

萧何说：“我怎么能去剥削百姓，做贪官污吏呢？”门客说：“您真是对别人明白，对自己糊涂啊！”萧何又何尝不知道这个道理，为了消除刘邦对他的疑忌，只得故意做些侵夺民间财物的坏事来自污名节。不多久，就有人将萧何的所作所为密报给刘邦。刘邦听了，像没有这回事一样，并不查问。当刘邦从前线撤军回来，百姓拦路上书，说相国强夺、贱买民间田宅，价值数千万。刘邦回长安以后，萧何去见他时，刘邦笑着把百姓的上书交给萧何，意味深长地说：“你身为相国，竟然也和百姓争利！你就是这样‘利民’啊？你自己向百姓谢罪去吧！”刘邦表面让萧何自己向百姓认错，补偿田价，可内心里却窃喜。对萧何的怀疑也逐渐消失。

刘邦身为开国皇帝，自是不希望臣子的威信高过自己。萧何采纳了门客的建议成功地保全了自己。

人们在人际交往中也是如此，每个人都有好胜心，懂得成人之美，是一种双赢、皆大欢喜的智慧。

灵活变通，避开敏感处不得罪人

灵活变通，避开不想面对的敏感处，模糊应对，有时也不失为一种好方法。

推销员一进门，就迎出来一个白发老头儿。

青年推销员恭恭敬敬地鞠了一躬。"喔，喔，可回来了！你毕竟是回来了。"

老头儿脱口而出："老婆子快出来。儿子回来了，是洋一回来了。很健康，长大了，一表人才！"

老太太赶紧出来了，只喊了一声："洋一！"就捂着嘴，眨巴着眼睛，再也说不出话来。

推销员慌了手脚，刚要说"我……"时，老头儿摇头说："有话以后再说。快上来，难为你还记得这个家。你下落不明的时候才小学六年级，我想你一定会回来，所以连这个旧门都一直没有修理，不改原样，一直都在等着你呀。"

推销员实在待不下去了，便从这一家跑了出来，喊他留下来的声音始终萦绕在他的耳边。

"大概是走失了独生子，悲痛之余，老两口都精神失常了吧？倒怪可怜的。"他想着想着回到了公司，跟前辈谈这件事。

老前辈说："早告诉你就好了。那是小康之家，只有老两口。因为无聊，所以经常这样捉弄推销员。"

"上当了！好，我明天再去，假装是儿子，来个顺水推舟，伤伤他们的脑筋。"

"算了吧，这回又该说是女儿回来了，拿出女人的衣服来给你穿。结果，你还是要逃跑的。"

在生活中，有时会遇到麻烦的事。比如事例中用装傻的手段对付难缠的推销员，不失为一种高明的手段，人际场上，很多人都特别擅长这种模糊迂回的圆融之道。在日本有这样一个故事，很能给人启发：

一位名叫宫一郎的青年去拜访广源先生，想将一块地产卖给他。

广源听完宫一郎的陈述后，并没有做出“买”或者“不买”的直接回答，而是在桌子上拿起一些类似纤维的东西给宫一郎看，并说：“你知道这是什么东西吗？”他似乎瞬间忘记了宫一郎上门的目的。

“不知道。”宫一郎回答。

“这是一种新发现的材料，我想用它来做一种汽车的外壳。”广源详细地向宫一郎讲述了一遍。广源先生共讲了15分钟之久，谈论了这种新型汽车制造材料的来历和好处，又诚恳地讲了他明年的汽车生产计划。广源谈的这些内容宫一郎一点也听不懂，但广源的情绪感染了宫一郎，他感到十分愉快。广源在送宫一郎时顺便说了一句：“不想买那块地。”

广源的高明之处在于他没有一开始就回拒宫一郎。如果那样，宫一郎就一定会滔滔不绝地劝说他买那块地。而广源采取了回避的态度，装作好像根本没听懂宫一郎的话，没有给他劝说的时间，在结束谈话时轻轻一拒，不失为高明之法。

社交应酬是一个非常广泛的领域，我们所接触的人物当然也是形形色色。于是，很多事情的发生可能不在我们的预料之中。其中，敏感性话题的突然出现，就是一个令很多人都感到棘手的难题。这种情况下，就可以灵活处理，既不伤害他人，也避免了不必要的麻烦。

发现他人优点，巧妙赞美

孔子言：“乐道人之善。”孟子诫：“勿言人之不善。”也就是说，人们要乐于说出别人的好处、益处，不要说别人的坏处。虽然时逾千年，这仍然是人们待人处世的良好经验和准则。

日常生活中，有些人一说起别人的缺点、毛病，总是滔滔不绝、绘声绘色，甚至当着当事人的面也会毫无顾忌地数落、指责。但对别人的优点长处，却常常视而不见，更不愿给人鼓励和赞美。

而事实上，生活中的每个人都渴望得到周围人的认可，渴望别人的赞美和鼓励。真正的处世高手，都深谙“乐道人之善”的道理，即使对方是“一块疤”，他们也能巧妙地把对方夸成“一朵花”，从而使对方心情愉悦，愿意与自己互相往来，乐于为自己效劳。这也正是为人处世的法宝。

甲、乙两个猎人，各猎了两只兔子回来。甲的妻子看见后冷漠地说：“你一天只打到两只小野兔吗？真没用！”甲猎人听到后很不高兴，心里埋怨起来，你以为很容易打到吗？第二天他故意空手而回，让妻子知道打猎是件不容易的事情。

相反，乙猎人回到家后，他的妻子看到他带回了两只兔子，欢天喜地地说：“你一天打了两只野兔，真了不起！”听到赞美，乙猎人满心喜悦，心想两只算什么，结果第二天他打了四只野兔回来。

社会是由各种各样的人组成的，这些人都有不同的思想性格、兴趣爱好与生活习惯。有的人热情开朗，有的人沉静稳重，有的人性子急躁，有的人心胸狭窄。但是不管他们是哪种人，都喜欢被别人认可和赞美。上至古稀老人，下至三岁孩童，内心最强烈的渴求就是自尊，就是得到人们的重视。

学会“乐道人之善”，与人相处时，要能看到对方的优点和长处，即使对不喜欢的人，也不要抱有个人的成见和看法，只见“乌云”不见“太阳”。无论是对待同事、朋友、亲人，还是萍水相逢的陌生人，要多发现他们的长处，多学他们的优点，不能看自己是“一朵花”，看别人就是“满身疤”。我们经常会见到这样一种人：他对自己所做的工作一点一滴都记在心头、挂在嘴上，挑别人的毛病也绝无遗漏，说起来如数家珍。而对自己的毛病、别人的长处，则一概缄口不语。这种人往往为人们所不齿，被称为“不团结因子”。

“乐道人之善”，一方面要注意不能因为自己比别人做的工作多一点或能力强一点，就沾沾自喜，瞧不起别人；另一方面还要善于发现别人的优点、长处，对他人的工作成绩多加褒扬。这样，不仅显示出了自己虚怀若谷的风度，有益于团结，而且对自己的成长与进步也会大有好处。当然，对别人应该实事求是、恰如其分地赞美，如果不顾事实或夸大事实，效果可能会适得其反。

那么，从现在开始，与人交往的时候，请不要再吝啬你的美言了！

别人待你的方式，就是他希望你待他的方式

生活中，我们常常会听到这样的抱怨：“我待他那么好，他却这样待我！”“他没有理由对我这样啊，因为我对他很好啊！”“他向我借东西的时候，我什么都没问就很爽快借给他了！现在我向他借东西，他却支支吾吾的！真小气！”

这样的声音在我们的生活中每天都可以听到很多，那么为什么人们会有这样的抱怨呢？这是因为人们都有一种这样的心理：我们怎么对待别人，我们就应该从对方那里得到“等价对待”，即我怎么对待别人，别人也应该如此对待我；如果我没有受到同等的对待，那么我就会认为这是不应该的事。这种心理被称为“应该效应”。

“应该效应”给我们的启示是，别人对待你的方式就是他们期望你待他们的方式。比如，如果你知道某个人很喜欢送花，那么十有八九这个人也喜欢收到花；如果某个人在谈话的最后喜欢加上“我爱你”，那么这个人会希望听到你也这样说；如果某个人在你急需用钱的时候，虽然自己手上也不宽裕，但还是毫不犹豫地把钱借给了你，那么，当他向你借钱的时候，他也希望你不假思索地就把钱借给他。一旦你的行为和他对待你的方式有偏差，随之而来的即是人际关系的受损，甚至是大矛盾或者双方言语

相伤。

所以，在人际交往中，我们一定要清楚对方的这种“应该心理”，并采取相应措施及时满足对方的这种心理，即使一时满足不了，也应该尽可能采取补救措施，避免让对方从心上产生“不平衡感”。如果我们能做到这一点，就可以轻松应对人际交往中很多无中生有的误会，处理起人际矛盾也会得心应手得多。

第三章

揣摩心理，与他人有效沟通

看清谈话对象的身份，然后再开口

中国有句谚语："到什么山唱什么歌，见什么人说什么话。"说场面话不看对象，常常让别人无法理解自己的本意，从而在无形之中与别人拉开了距离。反之，了解了对方的情况，并依据其情况，寻找与之相适应的话题和谈话内容，双方就会觉得谈话比较投机，彼此在心理上也显得比较亲切。对方会觉得你是一个极具亲和力的人，从而愿意与你相处。

1. 看对方的身份地位说话

几乎没有一个人在说话的时候不考虑到彼此的身份。不分对象，不看对方身份，都用一样的口气说话，是幼稚无知的表现。下级对上级、晚辈对长辈、学生对老师、普通人对有名气地位的人等，不必表现得屈从、奉迎，但在言谈举止上则不要过于随便，有必要表现得更加尊重一些。在不是十分严肃隆重的场合，身份较高的人对身份较低的人说话越随和风趣越好，而身份较低的人对身份较高的人说话则不宜太过随便，尤其在公众场合，说话要恰如其分地把握好自己与听者的身份差别。地位是个人在团体组织中担负的职位和在社会关系中所处的位置。个人的社会地位不同，就会有不同的人生经历、社会职责和交际目的，对口才表达也会产生不同的需求。

例如，与上司说话，或是探讨工作，我们应该尽量向上司多请教工作方法，多讨教办事经验，他会觉得你尊重他，看得起他。所以，在工作中，即使你全都懂，也要装出有不明白的地方，然后主动去问上司："关于这事，我不太了解，应该如何办？""这件事依我看来这样做比较好，不知领导有何高见？"上司一定会很高兴地说："嗯，就照这样做！""这个地方你要稍微注意一下！""大体这样就好了！"如此一来，我们不但能减少错误，上司也会感到自身的价值，而有了他的帮助和支持，后面的事情就好办得多了。

2. 针对对方的特点说话

和人交谈要看对方的身份、地位，还要看对方的性格特点，针对他的不同特点，采取不同的说话方式，这样才有利于解决问题。

春秋时期的纵横家鬼谷子指出："与智者言依于博，与拙者言依于辨，与辨者言依于要，与贵者言依于势，与富者言依于高，与贫者言依于利，与贱者言依于谦，与勇者言依于敢，与过者言依于锐。"意思是说：和聪明的人说话，须凭见闻广博；与笨拙的人说话，须清楚易懂；与能言善辩的人说话，要简单扼要；与地位高的人说话，气度要轩昂；与有钱的人说话，言辞要高雅；与穷人说话，要动之以利；与地位低的人说话，要谦逊有礼；与勇敢的人说话，不要怯懦；与有过失的人说话，可以锋芒毕露。

一次，孔子的学生仲由问："听到了道理，就按它的要求去干吗？"孔子说："不能。"又一次，另一个学生冉求也问："听到了道理，就按它的要求去干吗？"孔子说："干吧！"公西华在旁听了犯疑，就问孔子："两个人的问题相同，而你的回答却相反。我有点儿糊涂，故来请教。"孔子说："求也退，故进之；由也兼人，故退之。"

孔子的意思是说，冉求平时做事好退缩，所以要给他壮胆；仲由好胜，胆大勇为，所以要劝阻他。孔子教育学生因人而异，我们谈话也要因人而异。

3. 与异性谈话要注意距离

与同性和异性交流，在说话方式、措辞和态度上都应有所区分，尤其在与异性说话时，要注意关系的亲疏远近，选择适当的称呼用语，谈话中也要尽量避免一些模糊、暧昧的词语，否则容易引起对方误会甚至反感。

一个男子在火车站候车，看见坐在身边的一位女士风韵照人，便凑上前去搭讪。

男子 :“你这双袜子是从哪儿买的？我想给我的妻子也买一双。”

女士 :“我劝你最好别买了，穿这种袜子，会招来不三不四的男人找借口跟你妻子搭讪的。”

所以，男士同女士交谈，一定要对她们的心理有一定的了解，注意男女有别，一定要保持应有的距离，而不能把男人圈里的东西随便搬过来。此外，男性与女性说话，一般不宜贸然提起对方的年龄，尤其和西方女性交流时更要注意这一点。

不同的人在不同的情况下有不同的心态，有时候甚至不会在外部表现上明显地表露出来，这时作为表达者就应当洞察对方的心理，以便进行有效的交流。大家日常说话有差别，同样的话，可能对这个人说，他很愿意接受，而对另外一个人说，不但不接受，而且还产生了反感，不利于交流。所以遇到不同的人要说不同的话，“见什么人说什么话”，才能真正赢得对方的好感。

实话要巧说，坏话要好说

在生活中，人与人之间交流是避免不了的，同时说话的双方彼此都希望对方能对自己实话实说。但在某些特定的场合下，如顾及面子、自尊或出于保密等，实话实说往往会令人尴尬、伤人自尊，因此，实话是要说的，却应该巧说。那么该如何才能巧妙地去表达呢？如何才能说得既让人听了顺耳又欣然接受呢？在这里介绍几点 :

1. 由此及彼肚里明

两个人的意见发生了分歧，如果实话实说，直接反驳就有可能伤了和气，影响团结。这个时候就需要我们采取“由此及彼”这种方法，或许可以避免一些麻烦。有这样一个例子：

一次事故中，主管生产的副厂长老马左手指受了伤被送往医院治疗，厂长老丁来病房看望时，谈到车间小吴和小齐两个年轻人技术水平较高，但组织纪律观念较差，想让他们下岗。老马当时没有表态，只是突然捧着手“哎哟哎哟”大叫。丁厂长忙问：“疼了吧？”老马说：“可不是，实在太疼了，干脆把手锯掉算了。”老丁一听忙说：“老马，你是不是疼糊涂了，怎么手指受了伤就想把手给锯掉呢。”老马说：“老丁，你说得很有道理，我这手受了伤需要治疗，那小吴和小齐……”老丁一下子听出老马的弦外之音，忙说：“老马，谢谢你开导我，小吴和小齐的事我知道该怎么处理了。”

老马用手有病需要治疗类比人有缺点需要改正，进而巧妙地把用人和治病结合起来，既没因为直接反对老丁伤了和气，而且又维护了团结，成功地解决了问题。

2. 抓心理达目的

“抓心理达目的”，就是要抓住人的心理，运用激将的方法，进而达到自己真正的目的。

一位穿着华贵的妇女走进时装店，对一套服装很感兴趣，但又觉得价格昂贵，犹豫不决。这时一位营业员走过来对她说，某某女部长刚才也看好了这套服装，和你一样也觉得这件服装有点贵，刚刚离开，于是这位夫人当即买下了这套服装。

这位营业员能让这位夫人买下服装，是因为她很巧妙地抓住了这位夫人“自己所见与部长略同”和“部长嫌贵没买，她要与部长攀比”的心理，用激将的方法进而巧妙地达到了让夫人买下服装的目的。

3. 藏而不露巧表达

“藏而不露巧表达”，即运用多义词委婉曲折地表明自己要说的大实话。

林肯当总统期间，有人向他引荐某人为阁员，因为林肯早就了解到该人品行不好，所以一直没有同意。一次，朋友生气地问他，怎么到现在还没结果。林肯说，他不喜欢他那副“长相”。朋友一惊道：“什么！那你也未免太严厉了，长相是父母给的，也怨不得他呀！”林肯说：“不，一个人超过40岁就应该对他脸上那副‘长相’负责了。”朋友当即听出了林肯的话中话，再也没有说什么。

很显然，这里林肯所说的“长相”和他朋友所说的“长相”，根本不是一回事。林肯巧妙地利用词语的歧义性，道出了“这个人品行道德差，我不同意他做阁员”这句话中话，既维护了朋友的面子，又达到了自己的目的。

别人郁闷时，多说理解的话

有一位妈妈在火车上哄着她的小宝宝。

有一位乘客很好奇地把头凑过来看了以后就说：“哇！好丑的宝宝！”

妈妈听了好难过，就一直哭，一直哭。

后来车子停到某一站，上来了一些新的乘客。

有一位好心的乘客看她哭得这么伤心，就安慰她说：“这位女同志你为什么哭得这么伤心呢？凡事都要看开点，没有解决不了的事情嘛！好了，好了，不要再哭了。我去帮你倒杯水，心情放轻松点嘛！”过了一会儿，那个乘客真的倒了一杯水给她说：“好了，别再哭了，把这杯水喝了就会舒服点，还有这根香蕉是给你的猴子吃的。”

这位妈妈听了，差点哭晕过去。

这则笑话里面的那位好心的乘客还没有弄清女同志为什么在那儿哭，就随便安慰一通，当然会驴唇不对马嘴了。所以，首先应该知道别人郁闷的原因，然后对症下药，才能说出真正理解人的话，达到安慰的目的。

人与人之间情感的沟通，是交往得以维持并向更为密切方向发展的重要条件，是人对客观事物所持态度的内心体验。情感沟通由两部分组成：一是“共鸣”，即对同一事物或同类事物具有相仿的态度及相仿的内心体验；二是“振荡”，即由于“共鸣”而双方情绪相互影响，从而达到一种比较强烈的程度。前者是找到共同语言，后者是掏出心来。

吴倩十分认真地告诉她的好朋友李蓉，她想自杀。李蓉不去问她为什么，也不板起脸孔说教一番，而是说：“是啊，我曾经也有过同样的想法，但是那天发生的一件事，使我看到了人为什么要勇敢地活下去……”

说完后，吴倩谈起了她的烦恼与苦闷。李蓉边听边点头，表示理解和关注。后来吴倩放弃了自杀的想法，她和李蓉的友谊也越来越深了。

要想与人进行情感沟通，就要注意对方。当对方对某一事物表露出一种情感倾向时，你就要对他所说的这件事表达同样的感受。情感沟通的程度，以每当回忆起这段交往时，所导致的兴奋程度为标准。比如，当你读到友人的来信，你俩的感情就绝不会变得淡漠。“不知怎的，你在上次谈论中的一举一动、一言一语都给我留下深刻的印象。我很高兴与你一起度过了那个下午……”当对方常常联想到这段交往时，就伴着愉悦的心境，则这种沟通也就达到了。

有许多女性被朋友冠以“知心姐姐”的美名，但凡朋友有心烦之事、郁闷沮丧时都会找她们聊天，常常一聊就是一两个小时，聊过之后心情便好了很多。这些“知心姐姐”没有学过心理学，也没有受过什么专门的训练，她们之所以能够抚慰失意者的心，秘密就在于她们总是试着理解对方的想法和处境，并做出“同感”的回应，她们从来不会说，“你怎么会这么做”“你真是太傻了”，而是表示自己有时也会有这种想法。因此，对方就能毫无顾忌地说出自己的心事，进而得到解脱和安慰。

有一句话叫“理解万岁”。我们在自己碰到不如意的事情的时候希望得到别人的理解，而在别人郁闷的时候经常不能理解对方的心情，不能发自肺腑地说出理解的话。其实，如果设身处地地想想，别人和自己是一样的，自己希望别人理解，别人又何尝不是？多说理解的话，别人就会把你当成真心朋友，赞赏你、信任你，把你当成知己。当别人遭遇不顺、心情烦闷时，最好多说一些理解的话，尽管可能无法帮对方解决问题，你的理解也能让对方感到安慰。因为发自内心的“同感”不是违心的附和，而是朋友间的理解，是心灵的沟通。

绕个圈子再说“不”

身边常有这样的人，一味地照顾别人的感受，凡事都习惯于说“是”，经常给别人面子，认为那是一种对别人的尊重。然而，他们没有意识到，自己拒绝的权利却没有得到别人的尊重。聪明的人应该学会如何果断而尊重地拒绝。

在日常生活中，热情帮助别人，对别人的困难有求必应，当然有助于建立融洽的人际关系。但生活中也常有这样的事，即别人有求于你的，恰恰是你感到为难的事。帮忙吧，自己确实有难处，不帮忙吧，又怕人家说你的闲话。还有的时候，你必须对别人的提问给予回答，一般说来，肯定的、合乎对方期望的回答往往能使听者感到愉快，而否定的回答，尤其是直截了当地说“不”，则会使提问者感到失望和尴尬。拒绝就意味着将对方阻挡在门外，拂却了对方的一片“好意”，说“不”需要很大的勇气。

所以，拒绝别人也有一定的方法，说出来的话要能让对方接受，这样彼此之间的关系才不会受到影响。拒绝是一门艺术、一门学问，能体现一个人的综合素养。当别人对你有所希求而你办不到，不得已要拒绝的时候，你最好用婉言拒绝的方式。所谓婉言拒绝就是用温和曲折的语言，把拒绝的本意表达出来。与直接拒绝相比，它更容易被接受。它在很大程度上，顾全了被拒绝者的颜面。

拒绝他人的一个好办法就是在对方提出请求后，不要马上回答，而是先讲一些理由诱使对方自我否定，自动放弃原来提出的请求，以减少对方遭到拒绝后的不快。

两个打工的老乡找到在城里工作的李某，诉说打工的艰难，一再说住店住不起，租房又没有合适的，言外之意是要借宿。李某听后马上暗示说："是啊，城里比不了咱们乡下，住房可紧了，就拿我来说吧，这么两间耳朵大的房子，住着三代人，我那上高中的儿子，晚上只得睡沙发。你们大老远地来看我，应该留你们在我家好好地住上几天，可是做不到啊！"两位老乡听后，就非常知趣地走开了。

拒绝别人是一件很难的事，如果处理得不好，很容易就会影响彼此的关系，所以在拒绝别人的时候有必要绕个圈子说出你的"不"。喜剧大师卓别林就曾说过一句话："学会说'不'吧！"学会有艺术地说"不"，才是真正掌握了说话的艺术。当你不得不拒绝别人时，也要讲究礼貌，这对你的形象是大有益处的。人都是有自尊心的，一个人有求于别人时，往往都带着惴惴不安的心理，如果一开口就说"不行"，势必会伤害对方的自尊心，引起对方强烈的反感；而如果话语中能让他接收到"不"的意思，从而以此委婉地拒绝对方，就能够收到良好的效果。所以掌握好说"不"的分寸和技巧就显得很有必要。

1. 通过幽默的话拒绝别人

在拒绝别人的时候适当地加入一些调笑剂，不仅不会让对方难堪，而且你自己心里也不会有太多的压力和内疚。

2. 推托其辞

例如你的一位同事请你到他家里吃饭，以便要你帮他做某事，你不便直接说"不"，就可找个理由推辞过去。你可以说家里或单位有事，因此不能去。这时，别人一般就会明白你什么意思了。

3. 用答非所问的方式，婉拒对方的建议

如果你的一位朋友邀请你星期天去看电影，你不想去时可以说："划船不错，咱们去公园划船吧。"

4. 拖延回答

例如你一位老乡对你说："你今晚到我这来玩吧！"你不想去时可以说："今天恐怕不行了，改天我一定会去的。"这样的话听起来比"没空，来不了"的回答，显然易于为对方所接受，至于下次什么时候来，其实也并没说清楚。

5. 先扬后抑

对于别人的一些想法和要求，可以先用肯定的口气表示赞赏，再去表达你的拒绝。这样不会伤害对方的感情，也为自己留下一条后路。

适当地随声附和，让交流更顺畅

每个人都希望自己所说的话能得到他人的重视，希望别人对自己的话感兴趣，这是人们的一种普遍心理，如果在谈话中总是得不到对方的回应，定会感到失落和无趣。因此，我们在与人交流时，不但要懂得耐心地倾听，更要学会适当地随声附和，恰当的附和说明你没有走神，一直在用心听对方说话，表达了你对说话者观点的赞赏，还对他暗含鼓励之意，这样，双方的谈话便会进行得更加顺畅。

例如，当你对他的话表示赞同时，你可以说："你说得太好了！""非常正确！""这确实让人生气！"这些简洁的附和表明了你对他的理解和支持，让说话者为想释放的情感找到了载体。同时，听者还可以用一些简短的语句将说者想传达的中心话题归纳一下，能够使说者的思想得以凸显和升华，同时也能提高听者的位置。

当然，我们还可以向说话者提一些问题。这些提问既能表明你对说话者话题的关注，又能使说者更愿意说出欲说无由的得意之言，也更愿意与你进一步交流。

一位老教授与五名学生闲聊着自己当年读研时候的杂事，说："你们现在的生活可真丰富，校园里有体育馆，校园外有游乐园。我当年在你们这个阶段，生活的世界里只有课堂、图书馆和宿舍。”

学生们微微一笑，教授继续说道：“不过，那个时候精力都用在读书上也好，搞科研如果基础知识不扎实根本无法谈及创新。还记得我的一个课题是关于青藏高原地质变迁的问题，当时我不仅要查阅自然地理方面的资料，还要查很多地质演变与生物演化方面的资料。当时的科学根本没有现在这么发达，哪里有什么计算机、文献电子稿啊，完全依靠图书馆里纸质的资料，可比你们现在做项目难多了！”

说着，教授停了下来，拿起茶杯饮了两口。

这时，其中一个专心倾听的学生礼貌地问道：“老师，您当年的研究方向是青藏高原的地质变迁问题，可参考资料却涉及区域内的生物演化，当时是不是很少有人将这两个角度结合考虑？”

教授会心地看了看这位“好问”的学生，然后得意地说道：“很多时候，没人想到的地方你想到了，才会有意外的收获，才能够创新。不信，我们来举个现在的例子，就说说你现在的课题吧！”接着，教授在得意于自己创意思考的同时，更为那名巧妙提问的学生进行了很有创意的课题指导，而那四名只知道听的学生，却没得到教授丝毫的专门指导。

不仅如此，附和地倾听本身还是一种赞美。它能使我们更好地理解别人，有助于克服彼此间判断上的倾向性，有利于改善交往关系。在倾听别人谈话时，你已经把你的心呈现给对方，让对方感受到了你的真诚。我们在倾听别人的时候，也就是我们设身处地地理解他们的幸福、痛苦与欢乐的时候，我们能够把对方的优点和缺点看得更清楚。而这些结论再通过我们有效的附和来传达给对方，这才能算是一次完美的交流。

认真倾听并在适当时间附和也有利于对方更好地表达自己的思想和情感。在对方明白我们的倾听是对他的尊重以后，他同样会认真地听我们说话，这样大家彼此的交流才能产生良好的效果。所以，在与人交流时，你若想讨对方欢心，想把交流愉快地继续下去，那么，请不要只是傻傻地倾听，要学着适时地附和。

多说“我们”，变成自己人

新婚宴尔，新娘对新郎说：“从此以后，就不能说‘你的’，‘我的’，要说‘我们的’。”

新郎点头称是，一会儿，新娘问新郎：“亲爱的，我们今天去哪儿啊？”

新郎说：“去我表姐家。”

新娘就不乐意了，纠正说：“是去我们的表姐家。”

新郎去洗手间，很久了还不出来。新娘问：“亲爱的，你在里面干吗呢？”

新郎答道：“我在刮我们的胡子。”

这虽然是一则笑话，可是它体现了一个问题，即“我们”这个词可以达成彼此间的共同意识，拉近双方的距离，对促进人际关系将会有很大的帮助。

曾经有一位心理学家做了一项有名的实验。他选编了三个小团体，并且分派三人饰演专制型、放任型、民主型的三位领导人，然后对这三个团体进行意识调查。

结果，民主型领导人所带领的这个团体表现了强烈的同伴意识。而其中最有趣的就是这个团体中的成员大都使用“我们”一词来说话。

经常听演讲的人，大概都有这样的体验，就是演讲者说“我这么想”不如说“我们是否应该这样”更能使你觉得和对方的距离很近。因为“我们”这个词，表达的是“你也参与其中”的意思，所以会使对方心中产生一种参与意识，按照心理学的说法，这种情形是“卷入效果”。

小孩子在玩耍时，经常会说“这是我的东西”或“我要这样做”，这种说法是小孩子的自我显示欲直接表现所造成的。有时在成人世界里，也会出现如此说法，而这种人不仅无法令对方有好印象，可能在人际关系方面也会受阻，甚至在自己所属的团体中形成被孤立的局面。

人心是很微妙的，同样是与人交谈，有的人说话方式会令对方反感，而有的人说话方式却会令对方不由自主地产生妥协。

事实上，我们在听别人说话时，对方说“我”，“我认为”带给我们的感受，将远不如他采用“我们”的说法，因为采用“我们”这种说法，可以让人产生团结意识。

在一次公司年会上，有位先生在讲话的前三分钟内，一共用了 6 个“我”，他不是说“我”，就是说“我的”，如“我的公司”“我的花园”等。随后一位熟人走上前去对他说：“真遗憾，你失去了你的所有员工。”

那个人怔了怔说：“我失去了所有员工？没有呀，他们都好好地在公司上班呢！”

“哦，难道你的这些员工与公司没有任何关系吗？”

亨利·福特二世描述令人厌烦的行为时说：“一个满嘴说‘我’的人，一个独占‘我’字、随时随地说‘我’的人，是一个不受欢迎的人。”

在人际交往中，“我”字讲得太多并过分强调，会给人突出自我、标榜自我的印象，这会使对方与你之间筑起一道防线，影响别人对你的认同。

因此，会说话的人，在语言传播中总会避开“我”字，而用“我们”开头。下面的几点建议可供你参考：

1. 尽量用“我们”代替“我”

很多情况下，你可以用“我们”一词代替“我”，这可以缩短你和大家的心理距离，促进彼此之间的感情交流。

例如，“我建议，今天下午……”可以改成“今天下午，我们……好吗？”。

2. 这样说话时应用“我们”开头

在员工大会上，你想说：“我最近做过一项调查，我发现 40% 的员工对公司有不满的情绪，我认为这些不满情绪……”

如果你将上面这段话的三个“我”字转化成“我们”，效果就会大不一样。说“我”有时只能代表你一个人，而说“我们”代表的是公司，代表的是大家，员工们自然容易接受。

3. 非得用“我”字时，以平缓的语调讲

不可避免地要讲到“我”时,你要做到语气平和,既不把“我”读成重音，也不把语音拖长。同时，目光不要逼人，表情不要眉飞色舞，神态不要得意扬扬,你要把表述的重点放在对事件的客观叙述上,不要突出做事的“我”,以免使听者觉得你自认为高人一等，觉得你在吹嘘自己。

“不知道”是讨人喜欢的三字经

心理学家邦雅曼·埃维特曾指出，平时动不动就说“我知道”的人，头脑迟钝，易受约束，不善于同他人交往。迅速和现成的回答，表现的是一种一成不变的老一套思想；而敢于说“不知道”所显示的则是一种富有想象力和创造性的精神。埃维特还说：“如果我们承认对这个或那个问题也需要思索或老实地承认自己的无知，那么我们自己的生活方式就会大大改善。”这就是他竭力倡导的态度和人们可以从中得到的益处。

古希腊著名哲学家苏格拉底讲过：“就我来说，我所知道的一切，就是我什么也不知道。”以最简洁的形式表达了进一步开阔视野的理想姿态。可以说，至今仍有很多人信奉苏氏这句名言。无论你多么伟大，无论你多么有才能，你也有你不知道的地方，说“不知道”并不是意味着你无能，反而在勇敢承认的同时你获得了更多的称赞。

有一位学问高深、年近八旬的老妇人。她以前是大学教授，会讲五种语言，读书很多，语汇丰富，记忆过人，而且还经常旅行，可以称得上是见多识广。然而，人们从未听到过她卖弄自己的学识或对自己不了解的事情假称通晓。遇到疑难时，她从不回避说：“我不知道。”也不用自己的知识去搪塞,而是建议去查阅有关专著、资料,以做参考。看到老人的这一切,每个跟她接触的人才真正懂得了怎样才能被别人敬重，怎样才能获得做人的尊严。

其实，在任何国际学术会议的场合中，如果你注意的话就会了解，虽

然开会的屋子里坐满了国际知名的科学家，但大家使用最频繁的一句话便是“我不知道”，或者是比较文绉绉的“在本项研究主题中，我们没有足够证据可得出任何可靠的结论”。

从事任何一种职业的聪明人，都有勇气承认“没有人知道一切事情”的这个事实。他们常常说自己不知道，随后就去寻找他们所欠缺的知识。承认自己不知道无损他们的自尊；对于他们来说，“不知道”是一种动力，并不是说出来就大失面子的话语，因为自己的“不知道”，反而会促使他们去进一步了解情况，求得更多的知识。

做人就要敢于坦诚地承认自己的不足和不知道，不要为了面子，强把自己说成是“万事通”，让自己真正地大失脸面。要知道知识是从“不知道”里面去争取的，而不是从你说“知道”里面去欺骗得来的。

第四章

对选择想开一点，有舍必然有得

明于选择，舍得放弃

晚清风云人物翁同龢写过这样一副对联："每临大事有静气，不信今时无古贤"。这副对联要告诉人们的道理是，自古以来的圣贤之人，都是能沉得住气的人，关键时刻，他们不是紧张慌乱或姑妄为之，而是心静如水，沉着应对。正所谓成大器之人，要明于选择，舍得放弃。

关键时刻，脚下的路虽有千万条，但我们能够选择的只有一条。选择其中任何一条也就意味着放弃其他，不管它是荆棘小道，还是康庄大道，你都没有回头路；成功的方法也有千万种，但允许你采用的也只有一种，选择其中任何一种，同样意味着放弃其他，不管流芳千古，还是遗臭万年，你都没有后悔的余地。

人生的每次选择都只有一次机会，所以选择的同时也就意味着放弃，选择熊掌就要放弃鲜鱼，选择繁华就要放弃幽静，选择充实就要放弃悠闲。选择和放弃就像同胞兄弟一样如影随形。选择是人生路上的航标，学会选择是审时度势、扬长避短，只有量力而行的选择才能到达理想的港湾；放弃是人生的隧道，舍得放弃是顾全大局，超然洒脱，只有简单从容的放弃才能左右逢源。

从呱呱落地，到咿呀学语，再到后来的成家立业，我们每个人都经历了太多的选择，也经历了太多的放弃。在选择的同时，我们是否有勇气放弃那些原本不属于自己的东西呢？果断选择，让我们抓住生命中最重要的东西，让我们在人生的每一个十字路口都能选择属于自己的那条路；而勇敢放弃，则让我们甩掉那些困扰生活的包袱和诱惑，让我们轻装上阵，飞快前行。

迈克·莱恩是一名探险队员。1976 年，他随英国探险队成功登上珠穆朗玛峰。就在他们下山的时候，开始下起大雪。每行一步都极其困难，最让他们害怕的是雪根本就没有停下来的迹象。当整个探险队陷入迷茫的时候，迈克·莱恩率先丢弃所有的随身装备，只留下不多的食品，轻装前行。他的这一举动几乎遭到所有队员的反对，他们认为到山下最快也要 10 天时间。这就意味着这 10 天里不仅不能扎营休息，还可能因缺氧而使体温下降冻坏身体，那样，他们的生命就极其危险。

面对队友的顾忌，迈克·莱恩坚定地说："我们必须而且只能这样做，这样的下雪天气 10 天甚至半个月都有可能不会好转，再拖延下去路标也会被全部掩埋。丢掉重物，就不允许我们再有任何幻想和杂念，只要我们坚定信心，轻装而行就可以提高行走的速度，也许这样我们还有生的希望！"结果，队友们采纳了他的建议，大家一路互相鼓励，忍受疲劳与寒冷，不分昼夜，只用 8 天时间就到达了安全地带。恶劣的天气确实正像莱恩所预料的那样从未好转过。

这一年，伦敦英国国家军事博物馆负责人找到迈克·莱恩，请求他赠送给博物馆一件任何与英国探险队当年登上珠峰有关的物品，莱恩毫不犹豫地将他那次下山时因冻坏而被截下的10个脚趾和5个右手指尖交给了他。

正是由于当年莱恩一次正确的放弃，才挽救了所有队友的生命；也由于这个选择，他的登山装备无一保存下来，而冻坏的指尖和脚趾却在医院截掉后留在了身边。这是博物馆收到的最奇特却又最珍贵的赠品。

人生如戏，对于每个人来说自己都是人生的导演，只有懂得选择、学会放弃的人才能创作出精彩的电影，拥有海阔天空的人生境界。

人生短暂，与浩瀚的历史长河相比，世间一切恩恩怨怨、功名利禄皆为短暂的一瞬，“福兮祸所伏，祸兮福所倚”。得意与失意，在人的一生中只是短短的一瞬。行至水穷处，坐看云起时，古今多少事，都付谈笑中。放弃是一种睿智，它可以放飞心灵，可以还原本性，使你真实地享受人生；放弃是一种选择，没有明智的放弃就没有辉煌的选择。进退从容、积极乐观，必然会迎来光辉的未来。

然而现实生活中，大多数人都渴望获得，不愿失去，执着于选择，而忽略了放弃。有时候执着是一种负重和伤害，默默地付出，苦苦地等待，到头来却是镜中花、水中月，过分的固执甚至就是愚蠢，因为它会让你失去更多、更好的机会。坚持需要勇气，放弃又何尝不需要胆识和魄力呢？

能够放弃是一种跨越，睿智的人都懂得该放弃时就放弃。不吐故就无法纳新。而看似艰难的取舍，却可以让我们走出人生的迷途，可以改变我们的命运。敢于放弃，在落泪之前悄然离去，只留下一个简单的背影；敢于放弃，将昨天埋在心底，只留下一份美好的回忆。当你能够放弃一切，做到简单从容的时候，你的生命低谷就已经过去了。

红橙黄绿青蓝紫，七种颜色，各色不同；喜怒哀惧爱恶欲，七种感情，品之不尽。复杂的人生需要我们沉住气，小心谨慎地对待每一步。明于选择，舍得放弃，你能避免走很多弯路，避开很多荆棘，从而走向更加广阔的人生道路。

选择决定命运

人生就像行路，途中有无数的岔路口，通向不同的地方和风景，这就需要我们做出选择。正确的选择会作为一个好起点，让我们离成功更近一步，而错误的选择将使我们输在起跑线上，偏离正轨。

只有选择，人生才有主题。选择学校、选择工作、选择伴侣，人的一生就是由不断的选择组成的，我们现在拥有的源于我们过去的选择，而今天的选择，决定着明天我们要过的生活。选择，决定命运。

有什么样的选择就有什么样的结果，而正确选择的前提是你明确地知道自己想要什么。正如美国一句谚语所说的：“当一个人知道自己想要什么时，整个世界将为他让路。”

选择对于每个人来说都是至关重要的。人生的路上，总会有一些机会。明确自己想要的，仔细地规划自己的人生，当机会来临时，认真地选择和把握。不要只羡慕那些功成名就的精英人士，应更多地向他们学习如何做出正确的选择。把握每次选择的机会，才能把握自己的人生。

两个同村的乡下人外出打工，一个去了上海，一个去了北京。去了上海的人总是不断地在想挣钱的点子，他发现，上海养花的多，那我这个乡下人能不能卖养花的土呢？凭着乡下人对泥土的了解和感情，他从郊外弄来一些含有腐殖质的泥土出售，一天就赚了 50 元。后来，他见一些商家的门面招牌太脏，立即开办了一个专门擦洗招牌的小型清洗公司。再后来，他的公司越办越红火，业务也拓展到了其他城市。

不久前，他去北京考察市场，车到北京站，一个拾荒者捡起了他还没有喝完就滚落到地上的饮料瓶，待拾荒者抬起头和他四目相对的时候，两人都惊呆了，这不就是当年一起外出打工的同乡人吗？看到他，当年火车站的那一幕不禁涌上脑海……

8 年前，他们想外出打工养家，同时到达火车站，只不过目的地不同，一个是上海，一个是北京。当他们即将上车时，在车站听到了这样的议论：上海人精明，帮别人指个路要收费，弄盆凉水让人洗脸也要收费；北京人质朴，见吃不上饭的人，还给馒头和衣服，去银行可以喝免费的矿泉水，去商场还可以吃到做广告的免费点心。打算去上海的人想，还是去北京好，即使挣不着钱，也饿不死；打算去北京的人想，还是去上海好，给人带个路都能挣钱，上海挣钱太容易了。结果，两个人交换了车票……

8 年了，而今一相见，唏嘘不已。

想去上海的人因改选了北京这块福地而放松了自己，一直以拾荒为生；想去北京的人因改选了上海这满是机会的城市而开始奋斗，最后名声大振。选择安逸的人，将意味着一生平平淡淡；选择力挽狂澜的人，将意味着一生惊涛骇浪。不同的选择成就不同的人生。

罗伯特·弗罗斯特的《未选之路》中有这样的诗句："也许多少年后在某个地方，我将轻声叹息把往事回顾，一片树林里分出了两条路，而我选了人迹更少的一条，从此决定了我一生的道路。"在人生的岔路口，每个人都有不同的选择，有的人选择了笔直的大路，有的人选择了弯曲的小路，心态不同，定位不同，选择亦不同。选择就是为自己寻找前进的方向，就是为自己把握命运，就是为自己注入新的激情。

每一种选择其实都有一定的合理性，每一种选择也不是完全正确的，正确性只是相对于其他的选择来说的，其实还会有其他的、更多更好的选择在等着我们。关键就在于，你所要做出的选择是不是你想要的，是不是适合你自己的。

也许不管做出怎样的选择，都不会尽善尽美，缺憾本身也是一种美丽。既然选择了，那就沉住气，以平静的心态面对，爱自己所选。

不要让欲望超过你的能力范围

曾经有人说："欲望像海水，喝得越多，越是口渴。"欲望过多，不加节制，便成了贪婪。在人生中，我们每个人都会遇到一些陷阱，而这些陷阱中，最为可怕的一种是我们亲手挖掘的。因为贪心，我们忽略了自己的弱点，不顾一切地去满足我们的欲望。

一个乞丐每天都在想："假如我有 2 万元就好了，我就可以变成正常人，不用再做乞丐了。"一天，这个乞丐无意中发现了一只很可爱的小狗，他见四周没人，便把狗抱回了自己住的窑洞里，拴了起来。

这只狗的主人是本市有名的大富翁。富翁丢狗后十分着急，因为这是一只纯正的进口名犬。于是，就在当地电视台发了一则寻狗启事：如有拾到者请速还，付酬金 2 万元。

第二天，乞丐行乞时，看到这则启事，便迫不及待地抱着小狗准备去领那 2 万元酬金。可当他匆匆忙忙抱着狗又路过贴启事处时，发现启事的酬金已变成了 3 万元。原来，大富翁寻不着狗，又电话通知电视台把酬金提高到了 3 万元。乞丐似乎不相信自己的眼睛，向前走的脚步突然间停了下来，想了想又转身将狗抱回了窑洞，重新拴了起来。第三天，酬金果然又涨了，第四天又涨了，直到第七天，酬金涨到让市民们都感到惊讶时，乞丐这才跑回窑洞去抱狗。可想不到的是，那只可爱的小狗已被饿死了。

这个故事，足以说明除贪之难。西方一位哲人曾说过："人的欲望是座火山，如不控制就会伤人害已。"贪欲是人成功路上的障碍，因为它会自动成长、膨胀，最后喷薄而出，炸伤自己，一切的荣誉、事业、成功也都将随之烟消云散。

吝啬、贪婪的人应该知道有所取舍才是发财顺利的原因，因为不播种就不会有收成。人到无求品自高。只有到一切无欲时才能真正刚正，才能真正作为一个大气的人，屹立于天地之间。也就是说，心里的欲念有时候会对人的现实生活产生影响，更有甚者，如贪腐者，会追求一些不外乎身体的安适、丰盛的食品、漂亮的服饰、绚丽的色彩和动听的乐声等物质上的奢侈品，到头来终究是一场空而已。

明末清初有一本书叫《解人颐》，对欲望做了入木三分的描述：

"终日奔波只为饥，方才一饱又思衣。衣食两般皆俱足，又想娇容美貌妻。娶得美妻生下子，恨无田地少根基。买到田园多广阔，出入无船少马骑。槽头扣了骡和马，叹无官职被人欺。当了县令嫌官小，又要朝中挂紫衣。若要世人心满足，除是南柯一梦西。"

沉住气，拥有一颗宁静的心，我们便能从容地面对自己的生活。很多时候，当我们处在困窘的处境中，似乎会有更多的渴望，然而，太多不切实际的杂念，也往往是我们登上人生顶峰的最大阻碍，这时候，如果你能够让心态平静下来，不受外界的干扰，那么你就更容易得到想要的东西。

放下人生背囊中那些不能承受之重

现实生活有时候常常会让人负重前行，压得你无法喘息、举步维艰，可是，为什么不尝试着去卸下那些我们不能承受的东西，轻松上路呢？

社会的飞速发展和生活水平的不断提高让我们可以看到更多新奇的事物，获得更丰富的物质生活，但是，那种内心的挤压感却始终无法摆脱，让人饱受压力、无法喘息。很多时候，这种挤压感来自于我们自身。在人生的旅途上，我们背负了太多的东西，不断给自已施加压力，负重前行。

周遭的人和事随着这个世界在快速地变化着，往往会让我们觉得无法适应和措手不及。不断加重的生活压力和形形色色的商品都在刺激着我们的神经，给人一种不合时宜的感觉，物质和成功也在渐渐消磨我们对生活最初的憧憬和热爱。社会环境在日新月异地变化，人也在随之不断改变，身边的一切都难以让我们感到轻松和快乐。

有一位作家曾经说过，人要承受生命之重。但现实的情况是，大部分的人都被物质束缚住了，豪宅名车、收入开销都让我们精疲力竭、疲惫不堪。我们被这样的生活压得透不过气来，事实上却是，我们把全部的精力都用在对物质的追求之上，一天一天逐渐增加自己所背负行囊的重量。

心理学家研究证实，有的时候，生活得快乐与否与物质财富是没有多大关系的，物质财富并非那么重要，一些对物质要求不高的人，也能够生活得非常快乐。

美国的心理学家戴维·迈尔斯和埃德·迪纳证明，社会财富的增加，并不会使人们变得更加快乐，因此，物质财富只是一种很差的衡量快乐的标准。

社会的共同心理让人们越来越看重物质的多少、外在形象的光鲜与否，这种心理驱使着人们耗费大量精力和时间去争取这种让人艳羡的优越生活，甚至是用健康和青春去交换。但是，我们却未曾注意到，在被物质左右和牵引着的时候，我们的内心也在日渐贫瘠和荒芜。我们不断给自己的人生加上沉重的背囊，为自己前进的路途平添了重重压力，却无法体会到人生的快乐。

而另外一部分人，能够表现出真实的自我，他们重视内心的体验、快乐和幸福，认为只有这些美好的东西才能滋润人的心灵，让心灵免于枯萎。外在的虚荣对于他们来说并不是必要的，即使没有那些浮华的装饰，他们也永远在散发着自己的光彩，和饱受生活压力的人相比，他们能够神采奕奕、精神焕发，为了自己而快乐地活着，这才是有意义的人生。

无论是富有还是贫穷，我们都可以选择自己想要的生活，并努力过得舒适和快乐，就像心理学家所说的那样，有的时候，快乐和幸福与物质生活是没有关系的，如果被物质所束缚，我们就没有办法真正活得轻松和幸福。

拿破仑曾经对圣海莲娜说过："我一生中从未有过一天快乐的日子。"尽管他已经拥有了许多别人难以企及的东西，荣耀、权力、财富，但他依旧无法快乐。

与之相反的是美国女作家海伦·凯勒，视力和听力的丧失并未使她消沉，她总能不断发掘生命中美好的部分和生活的快乐。她说："我发现生命是如此美好。"由此，物质与财富并不能决定一个人的幸福，只有内心平静才能够体会到真正的快乐。

古语云，月有阴晴圆缺，人有旦夕祸福。世事难测，每个人都会担心自己的人生突然遇到灾难和不幸，这种对未来的忧虑和恐惧使我们的内心充满了紧张感。但是，面对这些无法预测、无能为力的潜在危险，轻松地活在当下会比整天处在忧虑紧张的状态快乐得多。

要获得快乐和幸福，最重要的是学会乐观。哲人曾经说过："你来到人世间，要想活得潇洒、活得自在、活得快乐，就应该有一种乐观向上的情怀。"用一种乐观的态度来面对人生，我们对未来就不会觉得恐惧和忧虑。

人生就好像是一个没有安全阀的锅炉，当它无法再承受那些积攒的压力的时候，它就会爆炸，人也会因此产生疾病和痛苦，乃至走到精神崩溃的边缘。

所幸的是，这个锅炉的压力是可以调节的，我们也可以尽力掌控自己的人生。

人生之路难免磕磕绊绊，受伤是不可避免的，但是，我们需要明白，没有什么挫折和困难是不可跨越的，也没有什么失败和打击是无法平复的。面对前进途中可能遇到的荆棘，我们需要用乐观的态度来自我调节，用轻松的心态来阔步前进，学会调节，才能更顺利地走好人生路。

人的一生中，能够得到的东西是有限的，回首的时候，你会发现，能够记起来的部分只有前进的过程以及过程中的心情。生命原本不必太过沉重，拥有一个好心情，这个过程才会开心快乐。放下过多的包袱，就是放下了阻碍我们昂首前进的重负，才能够活得轻松自在。没有什么会是一直一帆风顺的，既然失败已经无可挽回，那么，我们需要做的就是转移注意力，用乐观的态度面对一切，忽视那些令自己不愉快的事物，静下心来，沉住气，继续前行，这就是人生的内涵所在。

正确的选择胜于盲目的努力

在学习、生活、工作、爱情和婚姻中，有些人有这样的不解：我很努力，但是为什么我的生活还是一团糟？因为这些人的心里总有这样一个信念：只要我努力，我就一定能做好。有的人会指责说这话的人态度有问题，如果真努力了，岂有做不好之理？

其实归根结底并不是这些人不够努力，也并不是因为这些人不热爱自己正做的事，而是他们的选择本身并不是最适合自己的。如果一开始就选错了，那么即使以后再努力也不会成功。换言之，要想真正做到得心应手，就要选择正确的目标和方向。

有两只蚂蚁想翻越一段墙，寻找墙那头的食物。一只蚂蚁来到墙脚就毫不犹豫地向上爬，可是每当它爬到大半时，就会由于劳累，疲倦而跌落下来。可是它不气馁，一次次跌下来，又迅速地调整一下，重新开始向上爬。

另一只蚂蚁观察了一下，决定绕过墙去。很快地，这只蚂蚁绕过墙来到食物前，开始享受起来；而另一只蚂蚁还在不停地跌落下去又重新开始。

第二只蚂蚁的成功之处就在于，它知道此路不通就绕路走。可见，正确的选择胜过盲目的努力。很多时候，成功除了勇敢、坚持之外，更需要正确的方向。也许有了一个好的方向，成功来得比想象的更快。一个具有明确生活目标的人，会比一个根本没有目标的人更有作为。只有感受到春天的气息，才能解冻思想的冰河，从而向成功迈进。

找到一个好方向，首先要确立一个好的目标。正如古罗马小塞涅卡所说："有些人活着没有任何目标，他们在世间行走，就像河中的一棵小草，他们不是行走，而是随波逐流。有了明确的目标，才会为行动指出正确的方向。"在生活的道路上，你在选择之初，就要想清楚，你想要一种什么样的生活，有的放矢地选择，才能无怨无悔。

很多人不清楚目标与方向的重要性，他们迷迷糊糊地上了高中，迷迷糊糊地上了大学，然后迷迷糊糊地选了专业，接着又是迷迷糊糊地参加工作，迷迷糊糊地结婚生子，这一辈子都在迷迷糊糊中度过。这种没有目标与方向的人是永远不会成功的。确立一个明确的方向，就要在开始做一件事情时，先冷静地问一下自己：我究竟想干什么？想要的是什么？要知道即使是那些看起来很笨的人，在某些特定的方面也会具有杰出的才能。只有准确地定位，找到自己的方向，才能在人生的十字路口做出一个正确的选择。

找到一个好的方向，还要学会适时转弯。一条路走不顺畅，与其硬着头皮走下去，不如放弃原路，化腐朽为神奇。

美国康奈尔大学威克教授做过这样一个试验：拿一只敞口玻璃瓶，瓶底朝光亮的一方，放进一只蜜蜂。蜜蜂在瓶口反复朝有光亮的方向飞。它左冲右突，努力了多次，都飞不出瓶子。尽管这样，它还是不肯改变突围方向，仍旧按原来的方向去冲撞瓶壁。最后，它耗尽了气力，累死了。

接着，教授又放进了一只苍蝇。苍蝇也向有光亮的方向飞，突围失败后，又朝各种不同方向尝试，结果最终从瓶口飞走了。

盲目地坚持，无法取得突破。要想改善生活，首先要学会改变思路。

有时候，人只要稍微变通一下，生命的前景、工作的效率就会大为改观。适时转弯，可以让我们走出固执的迷途，找到正确的方向。喜欢和别人唱反调，又固执己见，不肯接受别人的建议的人，是无法飞上辽阔的天空的。一个真正聪明的人,在此路行不通时,就该换条路走,反其道或侧其道而行。

为了实现自己的梦想，每个人都在努力。尽管努力很重要，但是努力就一定会有一个好结果吗？不见得，我们曾为工作绞尽脑汁，我们曾为工作夜以继日，但我们得到的结果是什么呢？我们的梦想像肥皂泡一样一个个地破灭，直到现在依然两手空空。成功者与普通人的不同之处在于他们往往做出了适合自己的正确选择，先选择，找对方向，然后再去努力才能获得成功。所以，告诫那些心怀梦想的人们：选择不对，努力白费。在起航之前，一定要沉住气，做出正确的选择。

职业选择：有所为有所不为

“有所为有所不为”，这是中国的一句土话，“有所为”是主动选择，“有所不为”是敢于放弃。一个人能力再强，精力再多，也不可能无所不为，什么都想做只能是什么也做不好,所以说,选好自己应该做的才是最关键的。

譬如，世上的行业千千万万，哪行做好了都能成功。每天都有企业破产倒闭，每天同样也有新的企业诞生。从事任何一种行业的商人，都应经营自己熟悉的主业，把它研究深、透，方能成为该行业的老大。否则，如果事事都想尝试，结果可能是事与愿违。

名震世界的男高音歌唱家帕瓦罗蒂，就是因正确的人生选择而充分地向人们展示了他在歌唱方面的才华。

帕瓦罗蒂 1935 年出生在意大利的一个面包师家庭。他的父亲是个歌剧爱好者，他常把卡鲁索、吉利、佩尔蒂莱的唱片带回家来听，耳濡目染，帕瓦罗蒂也喜欢上了唱歌。

小时候的帕瓦罗蒂就显示出了唱歌的天赋。

十七岁时，帕瓦罗蒂的父亲介绍他到“罗西尼”合唱团，他开始随合唱团在各地举行音乐会。他经常在免费音乐会上演唱，希望能引起某个经纪人的注意。同时，他师从一位名叫阿利戈·波拉的专业歌手，学习男高音。

可是，近七年的时间过去了，他还是无名小辈。眼看着周围的朋友们都找到了适合自己的位置，也都结了婚，而自己还没有养家糊口的能力，帕瓦罗蒂苦恼极了。偏偏在这个时候，他的声带上长了个小结。在菲拉拉举行的一场音乐会上，他就好像脖子被掐住的男中音，被满场的倒彩声轰下台。失败让他产生了放弃的念头。

1955 年，帕瓦罗蒂不得不一边在保险公司做保险推销员，一边在一所小学做代课老师。帕瓦罗蒂上午教课，下午卖保险，由于兢兢业业，不久就成了卖保险的行家。不幸的是，初执教鞭的帕瓦罗蒂因为缺乏经验而没有权威。学生们就利用这点捣乱，最终他只好离开了学校。

在心灰意冷之时，帕瓦罗蒂问父亲：“我应该怎么选择？是当教师呢，还是成为一个歌唱家？”他的父亲这样回答：“儿子，如果你想同时坐两把椅子，你只会掉到两个椅子之间的地上。在生活中，你应该选定一把椅子。”

帕瓦罗蒂听从了父亲的话，坚持了下来。

1961 年，25 岁的帕瓦罗蒂在阿基莱·佩里国际声乐比赛中，因成功演唱歌剧《波希米亚人》主角鲁道夫的咏叹调，荣获一等奖。同年 4 月，他首次在勒佐·埃米利亚歌剧院登台演出《波希米亚人》全剧。演出结束后，帕瓦罗蒂赢得了观众雷鸣般的掌声。

1963 年，帕瓦罗蒂在阿姆斯特丹演唱，之后又在英国伦敦皇家歌剧院大师斯苔芳诺演唱“鲁道夫”，并大获成功，从此被世界关注。1967 年，他被著名指挥大师卡拉扬挑选为威尔第《安魂曲》的男高音独唱者。

从此，帕瓦罗蒂的声名节节上升，成为活跃于国际歌剧舞台上的最佳男高音之一。

帕瓦罗蒂的成功在于他在不断的选择中找对了自己施展才华的方向。人生有各种各样的舞台，但最能展露你才华的舞台却只有一个。伟大的抽象派画家毕加索说："准确地选择，你的才华就会得到更好的发挥。"多目标等同于无目标，希望同时能追赶两只兔子的人一定会以失败而告终。

很多人都梦想能拥有一份好工作，这份工作最好是能带来令人艳羡的财富、名声和地位。但事实上，在激烈的市场竞争中，已经没有哪一种工作是真正的热门行业，无论何种工作，都无法提供完全的保障。那么如何以不变应万变，取得一份较为实际，同时又富含理想色彩的工作呢？以下建议，你不妨一试：

首先，放长线钓大鱼。没有哪份职业是永远的热门。选择行业要充分考虑自己的兴趣与能力，你的就业磨合期以及这一职业的未来前景。其次，以智能求生存。你需要不断充电，不仅做个"专才"，更要做复合型人才。最后，个人主导生活，选择有丰厚收入的工作原本无可厚非，但不能放弃其他的追求，如自由时间、健康和幸福的家庭等。因此一份相对自由、能充分发挥个人才智的工作将更受人的青睐。

有所为有所不为，有利于集中力量，把宝贵的有限资源用在最急需的地方，争取获得最佳的效益；有利于集中人力、物力、财力办更大、更重要的事情。

有所为有所不为需要胸有全局，目标高远。胸有全局是能分清轻重缓急、该取该舍、科学规划、科学设计。目标高远要虑及未来，以高度的责任感和使命感对待自己的选择。显然，短期行为、急功近利与此格格不入。

有所为有所不为需要有自觉的意识。善于调动一切积极因素，解放智慧。如果无所不管、思想僵化，局面是不会生动活泼的。

选择面前别固执

正确的选择胜于盲目的执着，过分的执着就是偏执。许多事只是在一念间，过分的偏执，只会让自己失去更多。人生有时不必过于一味地执着于某种念头，不到黄河不死心，便会丢失生命中的真味。

有两个不如意的年轻人，一起去拜望一位禅师："师父，我们在办公室被人欺负，太痛苦了，求您开示，我们是不是该辞掉工作？"两个人一起问。禅师闭着眼睛，过了很久，吐出 5 个字："不过一碗饭。"然后挥挥手，示意年轻人退下。

回到公司，一个人递上辞呈，回家种田，另一个人却没动。

日子真快，转眼 10 年过去了。回家种田的，以现代方法经营，加上品种改良，居然成了农业专家。另一个留在公司里的，也不差，他忍着气，努力学，渐渐受到器重，后来成为经理。

有一天两个人相遇了。"奇怪！师父给我们同样'不过一碗饭'这 5 个字，我一听就懂了，不过一碗饭嘛！日子有什么难过？何必硬撑着在公司受气？所以辞职。"

农业专家问另一个人："你当时为什么没听师父的话呢？"

"我听了啊！"那经理笑道，"师父说'不过一碗饭'，多受气、多受累，我只要想'不过为了混碗饭吃'，老板说什么是什么，少赌气、少计较，就成了！师父不是这个意思吗？"

两个人又去拜望禅师，禅师已经很老了，仍然闭着眼睛，过了很久，答了 5 个字："不过一念间。"

同样的 5 个字，两个人得出了不同的结论，但都过得很好。"不过一念间"，也就是说，遇事不要太执着，静下心想一想，其实也就那么回事，根本犯不着沉不住气，一味地斤斤计较。

生活中，没有一样东西是我们可以完完全全、真真正正抓住的，无论是物，还是人，斤斤计较，刻意追逐，终将痛苦失去。想要抓住一切，往往什么都抓不住。虽说梦想的实现贵在坚持，但也要看追逐的路途是否太遥远太崎岖，无法行走。放弃梦想，是一种钻心的痛，但为了得到更好的生活，必须忍痛割舍。

幸福立于现实的基础上。如果人们站得太高，看得太远，结果只能一路追逐幸福的影子，而始终抓不住、摸不着，还把自己累得筋疲力尽。如果是这样，何不干脆放弃那些根本追逐不到的幸福。所以，明智的我们，必须学会“不过一念间”的思维方式，想开了，就能放弃那些沉重的包袱。

在人生的每一个关键时刻，审慎地运用你的智慧，做出正确的判断，选择属于你的正确方向。同时别忘了随时检查自己选择的角度是否产生偏差，适时地加以调整。

成功既不是全盘接受，也不是全盘放弃，而是在情况发生变化时能够及时修正自己的目标和行动。放掉无谓的固执，冷静地去做正确的抉择。那些正确无误的选择将指引你走向通往成功的坦途。

转折处，勇敢迈出下一段旅程

辉煌与低谷、成功与失败都是人生的一段旅程。今天的辉煌不代表日后的成功，今天的成功也不能代表日后的低谷。正是这一段段不同的旅程才成就了此时此刻的我们，塑造着以后的我们。然而如何从失败走向成功，从成功走向更大的成功，关键是看，我们能不能勇敢地走出失败的阴影和成功的光环，而继续迈向下一段旅程。

作家林贵真说：“生命是个橘子，自己决定了生命，就像你选择买了这个橘子，酸甜就要自己负责了。生命是个橘子，一瓣跟着一瓣，有时一瓣是甜的，也有时是酸的，但也要亲自尝了才酸甜自知。”是的，如果吃到酸的，不敢再往下吃就把橘子扔掉，这就是虚度人生，是苦是甜总要尝到底。

一个人得到一位智慧老人的指引，按照智慧老人给的地址，他不远万里来到一个据说可以找到成功的地方。

他敲了敲门，门一开他就急切地说：“我找成功。”

话音未落，开门的人回答道：“你找错人了，我是失败。”说完门“砰”的一声关上了。

寻找成功的人一脸失落，但又不忍放弃，于是鼓起勇气继续寻找。

他蹚过很多条河，翻过很多座山，可迟迟找不到成功。后来他想，成功与失败既是一对冤家，那说不定失败知道成功在哪儿。

于是他按照智慧老人给的地址又重新找到了失败。

可是他又得到了一个冰冷的回答："我正在找他呢。"他不死心，继续敲打着失败的门，可是失败被他惹恼了，连理都不理他。

就在这人近乎绝望地在失败门口徘徊的时候，不断的敲门声吵醒了失败的邻居，随着"吱呀"的一声轻响，这人回头一看，天啊，这不正是成功吗？

假如这个人敲门遇到失败后就放弃了，而不继续寻找，假如他没有勇气面对失败一次又一次冰冷的面孔，假如他不能勇敢地踏出下一步，也许他永远也找不到成功。

如意或不如意，起决定作用的，并不是人生的际遇，而是取决于思想的瞬间；成功或不成功，有时候不是由个人的努力所决定，而是取决于念头的转换。当生活与感情皆陷入泥潭，这也是生命之中无可奈何之事，倘若连迈出下一段旅程的勇气都跌落绝境，那岂不是自讨苦吃，苦上加苦了？圣严法师说过："人活着不过是在一吸一呼之间，呼吸在，所以你一切都在。"人生是一连串的未知、不确定，唯一可以确定的就是死亡。既然不确定以后的灯火是明是暗，何不勇敢地走下去一探究竟。

面对失败时应该勇敢地迈出下一段旅程，那么面对成功时是不是就停滞不前呢？或许李云迪的话会给我们启迪。

著名的音乐家李云迪被称作中国的莫扎特，他18岁时就获得了第十四届肖邦国际钢琴大赛的金奖，当鲜花、掌声、聚光灯围绕着他时，他说出了这样一段精彩的话：

"大家都知道冠军意味着成功，更意味着一种收获。但这种收获只是当下的，是短暂的。因此每一个世界纪录也都被看作是一个起点，不是吗？肖邦大赛每五年就可能会产生一个冠军，而随后当你成为冠军，当你前面不再有对手，当你发现突破自己以外的世界其实是更大的竞技场的时候你会陷入一种迷茫。就我来说肖邦大赛之后我面临的不再是二十多位权威的评委，而是更多的乐评人、听众、音乐大师，我发现我真正面对的其实只有我自己，我只能和自己竞技，而竞技的目的就是不断地超越自我，具体到对每一首曲子，对音乐领悟的超越，等等。

“音乐是一条孤独的路,虽然沿途的风景不错,欣赏风景的人也有许多。但是你必须忽略这一点，让自己彻底地沉静下来，以一个起点的姿态不断追求完美，都说这世界上没有绝对的完美，但也因此才必须永远无限度地接近完美，我想这正是音乐、艺术乃至体育最大的乐趣所在。因此，我认为对待成功就需要把它当作一个新起点，当作一项新的纪录，然后全力地展开新一轮的竞技，完成下一次的自我超越。因此，冠军的对手只有一个，那就是自己。只有不断战胜自己的人，才能领会冠军的真正含义。”

李云迪把成功当成对自己的考验，面对成功他没有停滞不前。有些人成功之后容易安于现状，不敢继续走，害怕今天的成功会成为泡影。殊不知，前方会有更美的风景，这种人却无福享受，因为他们陶醉于短暂的成功，没有想到人生的下一段旅程。

成功和失败都是我们生活的转折点，每一个成功都是一个新的开始，每一次失败也都是为成功做准备。在面对成功与失败时，没有比迈出下一步，开启下一段旅程的勇气更重要的了，无论多好的计划，不往前迈一步，那就永远都无法成功。成功者能够不断获取成功不在于他们有多高的智慧，而是在于他们无论是成功或失败都敢于往前迈一步，哪怕只是小小的一步，都是迈向成功的必经之步。在人生的过程中，可以累积小冒险、小失败、小挫折、小成功、小胜利，唯有小小的尝试，你才能让自己找到目标、找到方法。学习开始练习小步前进，体验小小的风险和小小的冒险，直到冒险的经验足够多，让你有信心去实践更大的梦想，到了那个时刻，你会认为它只不过是稍微有点危险的一小步而已。

生命本是一段路，每一段旅程，都需要一个开始，你除了要评估自己的梦想之外，仍然要努力地去生活，去体验，去锻炼，去接受成功与失败，然后把握经验和教训，最后，尽一切努力达成心中的梦想。绽放生命，需要你勇敢迈入下一段旅程。

第五章

对苦难想开一点，磨砺后面是幸福

人生没有真正的难题

“经营之神”松下幸之助从不向命运低头。9 岁时，因为家境贫困，他不得不外出赚取生活费。他远赴大阪谋职，母亲为他准备好行囊，并送他到车站。临行前，母亲特地向同行的人诚恳地拜托：“这个孩子要单独去大阪，请各位在旅途中多多关照。”母亲悲凄的背影给他留下了深刻的印象。不久，松下幸之助来到大阪，在船场火盆店当学徒，开始了艰苦的谋生。小小年纪，远离亲人，他感到孤单无助，甚至丧失了生活的信心。有一次，店主叫住他，递给他一个五钱的白铜货币，说是薪水。他吃惊极了，他从来没有见过五钱的白铜货币，这对穷人家的孩子来说，是一个相当可观的数目。报酬激起了他工作的激情，也扬起了他奋斗的风帆。靠着不可思议的欲望的支持，他变得更加坚强。他不辞辛苦地打杂，磨火盆，有时，一双手磨得皮破血流，连提水、打扫的活儿都干不了，但他咬牙挺了过来。渐渐地，松下幸之助掌握了自己的命运。

俄国作家列夫·托尔斯泰说：“人生不是一种享乐，而是一桩十分沉重的工作。”人生不可能永远一帆风顺，人生旅程中，如同穿越崇山峻岭，时而风吹雨打，困顿难行，时而雨过天晴，鸟语花香。当苦难来临时，有的人自怨自艾，意志消沉，一蹶不振；而有的人则不屈不挠，与苦难做斗争，成为生活的强者。苦难是人生的必修课，强者视它为垫脚石。

能够克服困难，首先就向成功迈进了一大步。松下幸之助的经历告诉我们，成功者首先是从困境中崛起的。困境可以锻炼一个人的品格，也可以激发一个人向上发展的勇气和潜力。在困境中，当被逼得无路可退、无路可走时，人们往往会想出办法来自救，无形之中反而促成了人生的辉煌。所以，人应该感谢苦难，感谢苦难中所孕育的成功。

在巴西，男孩子经常做的一件事就是踢球，贝利很小的时候便和小伙伴们踢起了足球（当然是光着脚踢）。贝利与伙伴们都是贫穷人家的孩子，他们买不起球。但困难没有阻挡他们踢球的爱好，于是他们就自己做了一个：先找一只最大的袜子，塞满了破布或旧报纸，然后把它尽量揉成球形，最后外面用绳子扎紧。他们的球越踢越精，球里面塞的东西也越来越多，越来越重。有些袜子是他们从晒衣绳上直接取下来的。到了冬天，贝利他们仍然没有袜子穿，他们只是这样想：有了东西当球踢，这是多么快乐的事啊！

7岁那年，贝利的姑姑送给他一双半新的皮鞋。他把这双鞋当成了宝贝，只有星期日上教堂才舍得穿，穿上它感到很神气。他对这双鞋印象特别深刻，因为有一天他穿着它踢球，结果鞋踢坏了，为此还挨了妈妈的罚。他本来只是想知道穿着鞋踢球是什么滋味！也就是从7岁起，贝利经常去体育场，一边看球一边替观众擦鞋挣钱。贝利8岁时进入包鲁市的一所学校学习。他仍然光着脚踢球，不管严冬，还是酷暑。他的球技在这日复一日的磨炼中已经让许多大人刮目相看了。人们开始带着赞美之意叫他“贝利”了。

如果幸福是人生的目标，那么，苦难就是人们达到这一目标必不可少的条件。要享受成功的快乐就必须承受痛苦和挫折。事实上，苦难往往是化了妆的幸福，人生从来没有真正的绝境，无论遭受多少艰辛与苦难，只要我们仍具有坚持信念的勇气，总有一天，我们能走出困境，让生命重新开花结果。

人生没有绝对的苦乐

《周易·乾卦》中有一则关于神龙的故事：

一位哲人站在深渊旁，看着深渊里潜藏的神龙。

神龙问哲人："啊！尊敬的老先生，我有呼风唤雨的神通，通天彻地的变化，却不得不深藏在深渊之中。请问我何时才能昂首挺胸，飞腾在蓝天之上呢？"

哲人回答："现在冰天雪地，阴气正盛，你不要轻举妄动，否则会招来灾祸。"

过了几天，春雷滚动了，哲人呼唤道："神龙啊，快快腾飞吧！现在正是你一展身手的时候！"于是，波翻浪涌，神龙跃出深渊，盘旋了一圈，驾着白云向青天飞去。

在空中，它施云降雨，地上的人们纷纷仰望。神龙得意了，向更高的天空上升，哲人赶紧呼喊道："神龙啊，停下来吧！上到极点，你还要去哪里呢？"可是神龙不听，继续升高，地上的人们看不到它了，云气也托不住它了，它的身子迅速坠落，这时它开始后悔，可惜为时已晚。

这则故事暗含的人生哲理可谓丰富：人面临的境遇是不断变化的，就如变化是这个世界的本质状态一样。潜藏在深渊的时候，不能焦急丧气，要心怀乐观；一飞冲天时，更不能骄傲自满，盲目乐观，要居安思危。

海伦·凯勒对生活的乐观情绪感染着全世界，星云大师也对她在坎坷命运面前表现出的乐观态度大为赞赏。"面对阳光，你就会看不到阴影。"这句话既是海伦的生命写照，也是星云大师所提倡的生活态度。

好事不一定全好，坏事不一定全坏，"人生没有绝对的苦乐"，只有每个人在苦乐面前表现出的不同态度，而这种态度在很大程度上取决于心量的大小。

有位信徒问无德禅师说:“同样一颗心，为什么心量有大小的分别呢？”

禅师并未直接回答，他对信徒说:“请你将眼睛闭起来，默造一座城垣。”

于是，信徒闭目冥思，心中构想了一座城垣。

信徒说：“城垣造完了。”

禅师说：“请你再闭眼默造一根毫毛。”

信徒又照样在心中造了一根毫毛。

信徒说：“毫毛造完了。”

禅师问：“当你造城垣时，是否只用你一个人的心去造？还是借用别人的心共同去造呢？”

信徒回答道：“只用我一个人的心去造。”

禅师问道：“当你造毫毛时，是否用你全部的心去造？还是只用了一部分的心去造呢？”

信徒回答道：“用全部的心去造。”

接着，禅师就对信徒开释：“你造一座大的城垣，只用一个心；造一根小的毫毛，还是用一个心，可见你的心能大能小啊！”

人心能大能小，痛苦和快乐也源于人心的不同。张中行先生曾在《快乐》一文中说：“快不快乐，完全是由自己的想法决定。”生活中，每个人都会遇到一些让人伤心或烦恼的事情，作为生活主角的我们，应该学会适应自己所处的环境，不死钻牛角尖，乐观地面对生活。从心理学的角度来看，这是一种积极的“心理自我调整”，只有善于调整自我的人，才能健康、快乐地生活。

生活是一片百花园，苦难也芬芳

逆境也可以说是一种挫折，面对挫折时我们不要退缩，更不要埋怨挫折对你无休止的磨难，要学会用心灵打磨挫折，用热情去迎接挫折，用坚韧不拔的意志去战胜挫折。

命运是无情的，也许我们每个人都无法选择它。即使经历苦难，我们也只有默默地承受而无处躲藏，但是，很多时候，我们会发现，在经历了苦难之后，我们的心开始变得勇敢，我们的意志开始变得坚强……

有一个男孩4岁时由于患上了麻疹和可怕的昏厥症，险些丧命；儿童时期，曾经患上严重肺炎；中年时口腔疾病严重，口舌糜烂，满口生疮，只好拔掉所有牙齿，紧接着又染上了可怕的眼疾，他几乎不能够凭视觉行走；50岁后，相继发作的关节炎、肠道炎、喉结核等多种疾病吞噬着他的肌体；后来，他完全不能发出声音。只能由儿子凭他的口型翻译他的思想，在他57岁那年，他离开了人世。

他从4岁时便开始与苦难为伍，直到死时依然没能摆脱疾病的纠缠，但是苦难并没有使他低头，相反，他却在苦难中脱颖而出，他是怎么做的？他最终得到了什么？

他长期闭门不出，把自己禁闭起来，疯狂地每天练10个小时的小提琴，忘记了饥饿与死亡；在13岁时，他过着流浪者的生活，开始周游各地，除了身上的一把小提琴，他一无所有。同时，他坚持学习作曲与指挥艺术，付出艰辛的精力与汗水，创作出了《随想曲》《无穷动》《女妖舞》和6部小提琴协奏曲及许多吉他演奏曲。

15岁时，他成功举办了一次举世震惊的音乐会，一举成名。他的名声传遍英、法、德、意、奥、捷等很多国家。

帕尔玛首席提琴家罗拉听到了他的演奏惊异得从病床上跳下来，木然而立；维也纳一位听到他的琴声的人，以为是一支乐团在演奏，当得知台上是他一人的独奏时，便大叫着“他是一个魔鬼”，匆匆逃走。卢卡共和国宣布他为首席小提琴家。他就是世界超级小提琴家帕格尼尼，苦难没有打倒他，相反，他在苦难中成长为音乐界巨人。

人的天性就是敬仰强者，唾弃弱者。想得到他人的认可，自己先要变得强而有力。也许生活是有缺陷，但生活的意义却是给人们同样的机会，有信心和勇气去争取，就会战胜自身的缺陷，在生命的困顿中出人头地，找到生活的意义。

在坎坷的路途上，坚强勇敢的人捉得住机会，他们战胜了，他们存活下来了，他们就出人头地！我们每一个人都要经历磨难，我们不应该被磨难压弯了脊柱，而应做一个把苦难打倒的坚韧之人。

在弱者眼里，苦难是鞋里的细沙；而在强者眼里，苦难则是一颗华丽的珍珠。苦难让我们变得更加坚强，苦难让我们始终保持着清醒的头脑，苦难让我们知道我们所拥有的都是来之不易的，它让我们学会了对生活感恩，学会了对生活珍惜……

感谢苦难，感谢那曾经带给我们无限痛苦的命运女神。

没有永久的不幸

有人说："没有永久的幸福，也没有永久的不幸。"尽管在生活中，我们每个人都会遇到各种各样的挫折和不幸，而且有的人不仅仅要承受一种磨难，有的人受打击的时间可能长达几年、十几年，但是让人极度讨厌的厄运也有它的"致命弱点"，那就是它不会持久存在。

人们在遭受了生活的打击之后，总是习惯抱怨自己的命运不好，身边没有能够帮忙的朋友，家世也不好，没有可依靠的父母，等等。其实抱怨并不能解决问题，当问题发生的时候，我们一定要相信——厄运不久就会远走，转运的一天迟早会到来。

宾夕法尼亚州匹兹堡有一个女人，她已经35岁了，过着平静、舒适的中产阶层的家庭生活。但是，她突然连遭四重厄运的打击。丈夫在一次事故中丧生，留下两个小孩；没过多久，一个女儿被烤面包的油脂烫伤了脸，医生告诉她孩子脸上的伤疤终生难消，母亲为此伤透了心；她在一家小商店找了份工作，可没过多久，这家商店就关门倒闭了；丈夫给她留下一份小额保险，但是她耽误了最后一次保费的续交期，因此保险公司拒绝支付保费。

碰到一连串不幸事件后，女人近于绝望。左思右想，为了自救，她决定再做一次努力，尽力拿到保险补偿。在此之前，她一直与保险公司的下级员工打交道。当她想面见经理时，一位接待员告诉她经理出去了。她站在办公室门口无所适从，就在这时，接待员离开了办公桌。机会来了，她毫不犹豫地走进里面的办公室。果然看见经理独自一人在那里。经理很有礼貌地问候了她。她受到了鼓励，沉着镇静地讲述了索赔时碰到的难题。经理派人取来她的档案，经过再三思索，决定应当以德为先，给予赔偿，虽然从法律上讲公司没有承担赔偿的义务。工作人员按照经理的决定为她办了赔偿手续。

但是，由此引发的好运并没有到此中止。经理尚未结婚，对这位年轻寡妇一见倾心。他给她打了电话，几星期后，他为她推荐了一位医生，医生为她的女儿治好了病，脸上的伤疤被清除干净；经理通过在一家大百货公司工作的朋友给她安排了一份工作，这份工作比以前那份工作好多了。不久，经理向她求婚。几个月后，他们结为夫妻，而且婚姻生活相当美满。

这个故事很好地阐释了“厄运”的寿命，厄运不会一直存在于我们的生活里。

易卜生说:“不因幸运而故步自封，不因厄运而一蹶不振。真正的强者，善于从顺境中找到阴影，从逆境中找到光亮，时时校准自己前进的目标。”

任何时候都不要因厄运而气馁，厄运不会时时伴随你，阴云之后的阳光很快就会来临。

苦难让生命散发芳香

人生路漫漫，充满了鲜花，也充满了荆棘;充满了幸福，也充满了痛苦。不测是时时刻刻都存在的，学业的失意、疾病的折磨、自信的受损、亲人离去的悲痛……在踏上人生路途的时候，我们就该明白前途的坎坷。要接受温润的春和赤烈的夏，就必须接受清冷的秋和寒冽的冬，正像茶叶一样，我们要坦然面对沉浮，让生命散发芳香……

高尔基曾说："苦难是人生最好的大学。"生活中，不是因为苦难本身有多么神秘和令人向往，而是因为经历了苦难后，人就会愈挫愈坚，无往不胜。

在一次宴会上，人们就一幅油画是表现古希腊神话还是历史发生了争论。主人眼看争论越来越激烈，就转身找他的一个仆人来解释这幅画。使客人们大为惊讶的是，这个仆人的说明是那么清晰明了，深具说服力。争论马上就平息了下来。

"先生，您是从什么学校毕业的？"一位客人很尊敬地问道。

"我在很多学校学习过，先生。"年轻人回答，"但是，我学的时间最长、收益最大的学校是苦难。"

这个年轻人为苦难的课程付出的学费是很有益的。尽管他当时只是一个贫穷低微的仆人，但不久以后他就以其超群的智慧使整个欧洲为之震惊。他就是那个时代法国最伟大的天才——法国哲学家和作家卢梭。

上帝创造天才的方式常常独特得不可思议，其实，这其中秘诀之一即是苦难。

对于每一个人来说，苦难都可以成为礼物或是灾难，你无须祈求上帝保佑、菩萨显灵，选择权就在你自己手里。一个人的可贵之处，就是不轻易被苦难压倒，不轻易因苦难放弃希望，不轻易让苦难伤害自己蓬勃向上的心灵。

弥尔顿，这位英国伟大的诗人，这位失去了光明的战士，这位坚强地立足于苍茫大地的人，在描述自我的境遇时，是这样自勉的："在茫茫的岁月里/我这无用的双眼/再也瞧不见太阳、月亮和星星/男人和女人/但我并不埋怨/我还能勇往直前。"弥尔顿、贝多芬和帕格尼尼，他们三位被称为世界文艺史上的三大怪杰，居然一个成了盲人，一个成了聋人，一个成了哑巴！或许这正是上帝用他的搭配论摁着计算器来计算搭配的。

苦难，在这些不屈的人面前，会化为一种礼物，一种人格上的成熟与伟岸，一种意志上的顽强和坚韧，一种对人生和生活的深刻认识。然而，对大多数人来说，苦难是噩梦，是灾难，甚至是毁灭性的打击。

苦难是最好的大学，当然，你必须首先不被其击倒，然后才能成就自己。在弱者的眼里，苦难是魔鬼；在强者的眼里，苦难则是天使。苦难让我们变得坚强，苦难让我们始终保持着清醒的头脑，苦难让我们知道一切都是如此来之不易……感谢苦难，感谢那曾经带给我们无限苦痛的“命运女神”。

解除对你痛苦之身的认同

在一个偏僻的村落里，有一位历尽沧桑的老人。由于命运的安排，她几乎经历了一个女人所能遭遇的一切不幸。然而，她却用一颗满盛着希望的心灵演绎了一个幸福美丽的人生。18 岁时，她嫁给了邻村的一个生意人，可刚结婚不久，丈夫外出做生意，便一去不回。有人说他死在了土匪的枪下，有人说他病死他乡了，还有传说他被一家有钱人招了养老女婿。当时，她已经怀了孩子。丈夫不见踪影几年以后，村里人都劝她改嫁。没有了男人，孩子又小，这寡居生活到什么时候是个头？她没有走，她说丈夫生死不明，也许在很远的地方做了大生意，没准哪一天发了大财就回来了。她被这个念头支撑着，带着儿子顽强地生活着。她甚至把家里整理得更加井井有条。她想，假如丈夫发了大财回来，不能让他觉得家里这么寒酸。

这样过去了十几年，在她儿子 17 岁那一年，一支部队从村里经过，她的儿子跟部队走了。儿子说，他到外面去寻找父亲。不料儿子走后又是音信全无。有人告诉她，说她儿子在一次战役中战死了。她不信，一个大活人怎么能说死就死呢？她甚至想，儿子不仅没有死，反而做了军官，等打完仗，天下太平了，就会衣锦还乡；她还想，也许儿子已经娶了媳妇，给她生了孙子，回来的时候是一家子人了。尽管儿子依然杳无音信，但这个想象给了她无穷的希望。她是一个小脚女人，不能下田种地，她就做绣花线的小生意，勤奋地奔走四乡，积累钱财。她告诉人们，她要挣些钱把房子翻修一下，等丈夫和儿子回来的时候住。

有一年她得了大病，医生已经判了她死刑，但她最后竟奇迹般地活了过来。她说，她不能死，她死了，儿子回来到哪里找家呢？这位老人一直在村里健康地生活着，过了百岁的年龄，她依然做着她的绣花线生意。她天天算着，她的儿子生了孙子，她的孙子也该生孩子了。这样想着的时候，她那布满皱纹与沧桑的脸上，会即刻容光焕发。

幸福来自于一颗乐观豁达的心，希望能够使我们淡忘自己的痛苦，为我们汲取继续走向成功的力量。每天给自己一个希望，我们就能够充满勇气地面对自己的生活，而不是将时间花费在无尽的悲哀和苦闷上。

上帝把一捧快乐的种子交给幸福之神，让她到人间去撒播。临行前，上帝仍不放心地问："你准备把它们撒在什么地方呢？"幸福之神胸有成竹地回答说："我已经想好了，我准备把这些种子放在最深的海底，让那些寻找快乐的人，经过惊涛骇浪的考验后，才能找到它。"上帝听了，微笑着摇了摇头。幸福之神思考了一会儿，继续说："那我就把它们藏在高山之上吧，让寻找快乐的人，通过艰难跋涉才能发现它的存在。"上帝听了之后，还是摇了摇头。幸福之神茫然无措了。上帝意味深长地说："你选择的这两个地方都不难找到。你应该把快乐的种子撒在每个人的心底。因为，人类最难到达的地方，就是他们自己的心灵。"

"有些人累积金钱，智者累积快乐，与人分享仍取之不竭。"快乐是种子，它能生出更多的快乐。生活里有着许许多多美好的事物、许许多多的快乐，关键在于我们能不能发现。而要发现它，关键在自己。可见，生活得快乐不快乐，幸福不幸福，全在自己对生活的态度和理解。一切的美好都在我们心里。当你跋山涉水寻找幸福时，为什么不去自己心里找一找？

不能改变环境，就学着适应它

诸葛亮说:“腐儒俗士岂识时务,识时务者在乎俊杰。”什么是识时务呢？识时务即指认清事物的变化方向，了解问题的特征，就如同垂钓之人了解鱼的习性，懂得这样做的人才是高明之人，才堪称俊杰。

很多人都在问：“社会变化了，我能够做什么？”这个问题给很多人造成了困扰，让他们陷入了痛苦的深渊。如果你的天赋和内心要求你从事木工工作，那么你就做一个木匠；如果你的天赋和内心要求你从事医学工作，那么你就做一名医生。人的生存离不开环境，环境一旦变化，我们就必须随时调整自己的观念、思想、行动及目标以适应这种变化，这是生存的客观法则。

但是，有时环境的发展与我们的事业目标、欲望、兴趣、爱好等的发展是不合拍的，有时甚至会阻碍、限制我们的欲望和能力的发展。在这种时候，如果我们有能力、有办法来适应环境，使之满足我们能力和欲望的发展需求，则是最难能可贵的。

刚刚从某高校音乐学院毕业的小李，被分配到一家国企的工会做宣传工作。刚开始，他很苦恼，认为自己的专业才能与工作不对口，在这里长期干下去,不但自己的前途会被耽误,而且自己的专长也可能被荒废。于是,他四处活动,想调到一个适合自己发展的单位。可是,几经折腾,终未成功。之后，他便死心塌地地安守在这个工作岗位上，并发誓要改变“英雄无用武之地”的状况。他找到单位工会主席，提出了自己要为企业组建乐队的计划。正好这个企业刚从低谷走出来，扭亏为盈，开始进入高速发展时期，自然也想大张旗鼓地宣传企业形象，提高产品的知名度，就欣然同意了他的计划。他来了精神，跑基层、寻人才、买器具、设舞台、办培训，不出半年，就使乐队初具规模。两年以后，这个企业乐队的演奏水平已成为全市一流，而且堪与专业乐团相媲美，而他自己也成了全市知名度较高的乐队经理。

通过自己的努力，他完全改变了自己所处的环境，化劣势为优势，不但开辟出自己施展才能的用武之地，而且培养了自己的领导管理才能，为自己以后寻求更大的发展奠定了坚实的基础。

适应环境需要许多条件，但最重要的是你的信心与智慧，它们相辅相成、缺一不可，有了适应环境的决心和勇气，肯定能够想出解决问题的好方法。但现实生活中，有的人却不这样，他们改变不了环境，也不利用环境去努力寻找、创造新的机会，而是怨天尤人、自暴自弃，以致一生难有任何作为。

其实，我们经常会身处一种陌生、被动的环境中，而环境本身往往又是不容易被改变的。这时正确的做法就是适应环境，在适应中改变自己、提升自己。正如一句话所说的："自己的命运掌握在自己手中。"当你无法改变所处的环境时，就应该以一种积极、向上的态度去适应它，当你付出勤奋、努力后，便会发现成功已悄然来临。如果有一天你实现了自己的人生目标，你应该自豪地对自己说："我掌握了命运，这都是我适时调整自己的结果。"

环境是一个极其复杂的人生大背景、大舞台。在这个大环境中，个人的命运与时代的脉搏、国家的兴衰、工作群体的变化息息相关。无论是国家形势的大变，还是工作环境的小变，都可能引起个人前途命运的变化，或是给个人的事业带来发展的机遇，或是限制阻碍个人的前进道路。

一个人要想生存，要想成为强者，就必须紧跟时代的步伐一起前进。也就是说，我们要想改变生存环境，必须首先顺应生存环境的发展变化。如果一个人想改变生存环境，却不能首先顺应环境的发展变化，那么，想改变环境的目的则是不可能达到的。

化困境为一种历练

亨利的父亲过世了，他还有一个 2 岁大的妹妹，母亲为了这个家整日操劳，但是赚的钱难以让这个家的每个人都能填饱肚子。看着母亲日渐憔悴的样子，亨利决定帮妈妈赚钱养家，因为他已经长大了，应该为这个家贡献一份自己的力量了。

一天，他帮助一位先生找到了丢失的笔记本，那位先生为了答谢他，给了他 1 美元。亨利用这 1 美元买了 3 把鞋刷和 1 盒鞋油，还自己动手做了个木头箱子。带着这些工具，他来到了街上，每当他看见路人的皮鞋上全是灰尘的时候，就对那位先生说："先生，我想您的鞋需要擦了，让我来为您效劳吧？"他对所有的人都是那么有礼貌，语气是那么真诚，以至于每一个听他说话的人都愿意让这样一个懂礼貌的孩子为自己擦鞋。他们实在不愿意让一个可怜的孩子感到失望，面对这么懂事的孩子，怎么忍心拒绝他呢！就这样，第一天他赚了 50 美分，他用这些钱买了一些食品。他知道，从此以后家里的每一个人都不再挨饿了，母亲也不用像以前那样操劳了，这是他能办到的。当看到他背着擦鞋箱，带回来食品的时候，母亲流下了高兴的泪水，说："你真的长大了，亨利。我不能赚足够的钱让你们过得更好，但是我现在相信我们将来可以过得更好。"就这样，亨利白天工作，晚上去学校上课。他赚的钱不仅为自己交了学费，还足够维持母亲和小妹妹的生活。

其实，生活中有许多人与亨利一样，但是有很多人却被环境的困难和阻碍击倒了。然而，有许多人，因为一生中没有同"阻碍"搏斗的机会，又没有充分的"困难"足以刺激起其内在的潜伏能力，于是默默无闻。阻碍不是我们的仇敌，而是恩人，它能锻炼我们"战胜阻碍"的种种能力。森林中的大树，要不经历暴风猛雨，树干就不能长得结实。同样，人不遭遇种种阻碍，他的人格、本领是不会得到提高的，所以一切的磨难、困苦与悲哀，都是足以锻炼我们的。

一个大无畏的人，愈为环境所困，反而愈加奋勇；不战栗，不逡巡，意志坚定，敢于对付任何困难，轻视任何厄运，嘲笑任何阻碍；因为忧患和困苦，反而可以加强他的意志、力量与品格——这才是世间最可敬佩、最可羡慕的一种人物。

祸福相依，悲痛之中暗藏福分

当痛苦、绝望、不幸和危难向你逼近的时候，你是否还能享受一下野草莓的滋味？“尘世永远是苦海，天堂才有永恒的快乐”，是禁欲主义编撰的用以蛊惑人心的谎言，而苦中求乐才是快乐的真谛。

人生是一张单程车票，一去不复返。陷在痛苦泥潭里不能自拔，只会与快乐无缘。告别痛苦的手得由你自己来挥动，享受今天盛开的玫瑰的捷径只有一条：坚决与过去分手。

“祸福相依”最能说明痛苦与快乐的辩证关系，贝多芬“用泪水播种欢乐”的人生体验生动形象地道出了痛苦的正面作用，传奇人物艾柯卡的经历更有力地阐明了快乐与痛苦的内在联系。

艾柯卡靠自己的奋斗终于当上了福特公司的总经理。1978 年 7 月 13 日，有点儿得意忘形的艾柯卡被大老板亨利·福特开除了。在福特工作 32 年，当了 8 年总经理，一帆风顺的艾柯卡突然间失业了。艾柯卡痛不欲生，他开始酗酒，对自己失去了信心，认为自己要彻底崩溃了。

就在这时，艾柯卡接受了一个新挑战——应聘到濒临破产的克莱斯勒汽车公司出任总经理。凭着他的智慧、胆识和魅力，艾柯卡大刀阔斧地对克莱斯勒进行了整顿、改革，并向政府求援。他舌战国会议员，取得了巨额贷款，重振企业雄风。在艾柯卡的领导下，克莱斯勒公司在最黑暗的日子里推出了 K 型车的计划，此计划的成功令克莱斯勒起死回生，成为仅次于通用汽车公司、福特汽车公司的第三大汽车公司。1983 年 7 月 13 日，艾柯卡把数值超过 8.13 亿美元的支票交到银行代表手里，至此，克莱斯勒还清了所有债务，而恰恰是 5 年前的这一天，他被亨利·福特开除了。事后，艾柯卡深有感触地说：奋力向前，哪怕时运不济；永不绝望，哪怕天崩地裂。

“痛苦像一把犁，它一面犁破了你的心，一面掘开了生命的新起源。”古人讲：“不知生，焉知死？”不知苦痛，怎能体会到幸福和快乐？痛苦就像一枚青青的橄榄，品尝后才知其甘甜，这品尝需要勇气！其实，要让自己幸福非常简单，那就是少一分欲望，多一分自信；在身处绝境时，懂得苦中求乐，懂得咬牙坚持，这才是人生的真谛。

精神的喜悦能够弥补肉身的苦楚

从疾病中战胜病魔，从奄奄一息中战胜死亡，从逆境中战胜困难，这些都是真正的胜利。尽管在这个过程中，当事人的身体上可能要承受很大的痛苦，可是等到了胜利以后，那份来自精神上的喜悦，早已经让人们忘记了最初的疼痛。

1985 年，美国女孩辛蒂还在医科大学念书。有一次，她到山上散步，带回一些蚜虫。她拿起杀虫剂为蚜虫去除化学污染，却感到一阵痉挛，原以为那只是暂时性的症状，谁料她的后半生从此陷入不幸。

杀虫剂内所含的某种化学物质使辛蒂的免疫系统遭到破坏，使她对香水、洗发水以及日常生活中接触的一切化学物质一律过敏，连空气也可能使她的支气管发炎。这种“多重化学物质过敏症”,到目前为止仍无药可医。

起初几年，她一直流口水，尿液变成绿色，有毒的汗水刺激背部形成了一块块疤痕。她甚至不能睡在经过防火处理的床垫上，否则就会引发心悸和四肢抽搐。后来，她的丈夫用钢和玻璃为她盖了一所无毒房间，一个足以逃避所有威胁的“世外桃源”。辛蒂所有吃的、喝的都得经过挑选与处理，她平时只能喝蒸馏水，食物中不能含有任何化学成分。

很多年过去了，辛蒂没有见到过一棵花草，听不见一支悠扬的歌曲，感觉不到阳光、流水和风的快感。她躲在没有任何饰物的小屋里，饱尝孤独之余，甚至不能哭泣，因为她的眼泪跟汗液一样也是有毒的物质。

然而，坚强的辛蒂并没有在痛苦中自暴自弃，她一直在为自己，同时更为所有化学污染物的牺牲者争取权益。1986 年，她创立了“环境接触研究网”，以便为那些致力于此类病症研究的人士提供一个窗口。1994 年辛蒂又与另一组织合作，创建了“化学物质伤害资讯网”，尽力避免人们威胁。目前这一资讯网已有来自32个国家的5000多名会员，不仅发行了刊物，还得到美国、欧盟及联合国的大力支持。

在面对记者的采访时，她说：“如果是曾经的苦难换回了今天的成绩，那么我所承受的一切痛苦都是值得的。”

很多人抱怨苦难，害怕苦楚，是因为他们没有体会到胜利后的喜悦。真正有成就的人，他们不会惧怕生活的考验，而只怕生活给予他们的考验不够多。

上帝似乎很热衷这种游戏，即在经过了苦楚之后再赠予人们甘甜。所以，如果我们的身体还在受苦，就应该提前释放自己的精神，用自己的思想指引行动，从而战胜一切的困难。而当我们实现了最终的胜利，得到了精神上的喜悦时，我们就会像辛蒂一样，对曾经承受的肉体上的苦难报以感谢了。

正确和欣然地去接受痛苦

很多人惧怕悲哀的事情，因为忧愁和损失同时到来的时候，我们很容易产生万念俱灰的沮丧情绪。而那时正是我们在跟命运作战的时候，即使是受了打击也不能消沉，因为一旦我们自己失去了作战的信心和动力，那么我们就只能做失败者了。所以，要勇敢地面对悲哀，又要做命运的胜者，是一件太难的事情。

这样的思想是不正确的，因为它夸大了悲哀的负面效应。其实有时候悲哀不是单纯的苦涩，乐观自信的人即使是面对困境，也能找到对自己有利的地方。

莲娜有一个悲惨的童年，10岁时母亲因病去世，由于父亲是一个长途汽车司机，经常不在家，也无法提供莲娜正常的生活所需，所以，莲娜自从母亲过世以后，就必须自己洗衣做饭，照顾自己。

然而，老天爷并没有特别关照她。在她17岁时，父亲在工作中不幸因车祸丧生。从此莲娜再也没有亲人能够倚靠了。

可是，噩梦还没有结束，在莲娜走出悲伤，开始独立养活自己之时，却在一次工程事故中，失去了左腿。

然而，一连串的意外与不幸，反而让莲娜养成了坚强的性格。她独立面对随之而来的生活不便，学会了拐杖的使用，即使不小心跌倒，她也不愿伸手请求别人帮忙。最后，她将所有的积蓄算了算，正好足够开一个养殖场。

但老天爷似乎真的存心与她过不去，一场突如其来的大水，将她的最后一丝希望都夺走了！

莲娜终于忍无可忍了，她气愤地来到神殿前，怒气冲冲地责问上帝："你为什么对我这么不公平？"

上帝听到责骂，现身后满脸平静地反问："哪里不公平了？"

莲娜将她的不幸，一五一十地仔细说给上帝听。

上帝听完了莲娜的遭遇后，又问："原来是这样啊！的确很凄惨，那么，你干吗还要活下去呢？"

莲娜听到上帝这么嘲讽她，气得颤抖地说："我不会死的！我经历了这么多不幸的事，已经没有什么能让我感到害怕。总有一天我会靠着自己的力量，创造自己的幸福！"

上帝这时转身朝向另一个方向，"你看！"他对莲娜说，"这个人生前比你幸运许多，他可以说是一路顺风地走到生命的终点。不过，他最后一次的遭遇却和你一样，在那场洪水里，他也失去了所有的财富。不同的是，他之后便绝望地选择了自杀，而你却坚强地活了下来！"

正是悲惨的生活成就了莲娜的坚强。生活的悲哀并不仅仅如同表象展示出来的那样只是带给我们伤痛，更是在用另一种方式来完善我们的精神世界。

在哀痛者的心里，悲伤的往事无疑会留下不可磨灭的痕迹，然而若能正确和欣然地接受它，就能发挥出巨大的作用。因为没有经历过苦楚的人，内心之中不能升华出伟大的情操。而只有经历过哀伤的人，才能在重压之下变得更加坚强、更加勇敢。

第六章

对人生想开一点，不妨难得糊涂

小事糊涂，大事精明

人的一生精力有限，若对什么事都斤斤计较，那就太累了，不如“抓大放小”，小事糊涂而大事精明，这样一来，既显得宽容大度，又能保全自己。自古以来，揣着明白装糊涂既是一种做人之道，也是成大事者的成功之道。

清朝“扬州八怪”之一的郑板桥，一生清廉正直，留下了“难得糊涂”的处世智慧，给后人很多启示。

郑板桥在潍县做官时题过几幅著名的匾额，其中最为脍炙人口的是“难得糊涂”这一块。据考，“难得糊涂”这四个字是郑板桥在山东莱州的云峰山写的。那一年郑板桥专程至此观郑文公碑，因盘桓至晚，不得已借宿于山间茅屋。屋主为一儒雅老翁，自命糊涂老人，出语不俗。他室中陈列了一方桌般大小的砚台，石质细腻，镂刻精良，板桥大开眼界。老人请板桥题字以便刻于砚背。板桥以为老人必有来历，便题写了“难得糊涂”四个字，用了“康熙秀才，雍正举人，乾隆进士”方印。

因砚台过大，尚有余地。板桥说老先生应写一段跋语，老人便写了:“得美石难，得顽石尤难，由美石而转入顽石更难。美于中，顽于外，藏野人之庐，不入富贵之门也。”他用了一块方印，印上的字是“院试第一，乡试第二，殿试第三”。板桥大惊，知道老人是一位隐退的官员，细谈之下，方知原委。

有感于糊涂老人的身世，板桥见砚台上还有空隙，便也补写了一段："聪明难，糊涂尤难，由聪明而转入糊涂更难。放一著，退一步，当下安心，非图后来报也。"这就是"难得糊涂"的由来。

郑板桥所言的"糊涂"，并不是不分青红皂白的一塌糊涂，得过且过，而是说人的一生不必太较真，凡事要沉住气，耐心处理，遇大事的时候分清轻重，精明一些，小事糊涂一点，这样才能活得自在坦然。世事纷纭复杂，纠缠于细枝末节的是与非、因与果，于人于事都没有多少裨益，反而会因此而丢了西瓜捡芝麻。

公元前481年，齐国大臣田成子发动武装政变，在民众的支持下，以武力战胜齐简公亲信监止，监止、齐简公出逃，后被杀死。此后，田氏成了齐国实际上的国君。

在田成子发动政变之前，曾经发生过这样一件事：

一次，齐国大臣隰斯弥去拜见田成子。俩人一起登台远望，看到三面都视野辽阔，只有南面被隰斯弥家的树遮蔽了，田成子没有说什么，但脸上流露出不悦的表情。隰斯弥回家后，立刻派人把树砍掉，但是砍了几斧之后，隰斯弥又不让砍了。他的侍从问他："为什么一再地改变主意呢？"隰斯弥说："俗语说：'知渊中之鱼者不祥。'田成子有谋反之心，即将有所行动，如果在这样重大的事情面前，我表现出猜透他心思的情形，那我的处境必定很危险。不砍伐树木还没有罪，但预知别人将要做的事，罪就大了，所以不砍树。"

隰斯弥从"砍树"到"不砍树"的经过显示出他"大事精明、小事糊涂"的智慧，隰斯弥通过登高眺望这件事，知道田成子嫌他家的树木挡住了目光，如果仅为讨好田成子，隰斯弥回家就会砍树。但田成子如果知道隰斯弥猜到他的心思，就会对隰斯弥提高警惕。隰斯弥不愿意掺和到田成子谋反事情中来，所以干脆就来个装糊涂。如果是别人，知道田成子嫌树木挡住了目光，也许会毫不犹豫地回家砍树，以表明自己聪明，能猜到对方的心思，殊不知，这样做正犯了大忌。

其实“大事精明”者怎么可能“小事糊涂”呢？须知大事就是小事积聚起来的。所谓小事糊涂，只是装糊涂而已，因为真正的智者不屑于在小事上浪费时间和精力。

有人提出了一种论点:大事小事都精明——少;大事精明,小事糊涂——好；大事糊涂，小事精明——糟。“小事糊涂，大事精明”这是聪明人的处世原则与行为准则。智慧人生，“难得糊涂”。小事别较真，大事有原则。聪明人还是糊涂点好，谨防聪明反被聪明误。

需要“糊涂”的时候就尽可能地糊涂

在人际交往中，有的事不必弄得太明白，即使心里明白，也不一定要说出来。该糊涂时就得糊涂，这样有百益而无一害。“大辩若纳，大巧若拙，大智若愚”说的就是这个道理。

正所谓“古今得祸，精明人十居其九”。有的时候，明白某个道理，把它装在心里总比说出来的好。在职场中也是同样的道理，试想一下，有哪一个上级会愿意让部下全部都知道他的心思和用意呢？

所以，在适当的时候，你可以收敛自己的锋芒，向对方“示弱”，以消除对方的排斥感和敌对心理；松懈他的警惕性，助长他的同理心，使谈判朝着有利于你的方向发展。你不妨常常把“对不起”“我不太理解”“你能再说一遍吗”或者“我全都指望你帮我了”之类的话挂在嘴边，直到对方戒心全无，一筹莫展，完全丧失毅力和耐心。

日本某航空公司和美国一家公司谈判。谈判从早上8点开始，美国人完全控制了局面，他们通过屏幕向日本人详细地介绍、演示各式图表和计算机结果，利用手中充足的资料向日本人展开强大的攻势。而日本人只是静静地坐在那里，一言不发。两个半小时之后，美国人关掉放映机，扭亮电灯，满怀信心地询问日方代表的意见。

一位日方代表面带微笑、彬彬有礼地答道："我们不明白。"

"不明白？什么地方不明白？"

另一位代表回答："都不明白。"

美国人再也沉不住气了："从哪里开始不明白？"

第三位代表慢条斯理地说："从你将会议室的灯关了之后开始。"

美国人傻了眼："你们要怎么办？"

三个日本商人异口同声说："请你再说一遍。"

美方代表彻底泄了气。他们再也没有勇气和兴致重复那两个半小时的紧张、混乱的场面。他们只得放低要求，不计代价，只求达成协议。

美方代表是有备而来的，日方代表如果和他们正面交谈，一定很难占到便宜，日方代表索性收敛锋芒，宣称自己什么也不懂，反倒打乱了对方的阵脚，获得了成功。

在谈判中，我们有时会遇到攻击型的对手，他们咄咄逼人、气势汹汹。对这种人，采用"装傻"示弱的方法，往往能收到很好的效果。

很多人不希望我们看透他们的心思，因此有时候不要让自己太聪明，学会装装糊涂，懂得明知故问。在生活中，好像是不正确的态度，但作为一种计谋或处世方法，可以用来保护自己。就一般情况而言，为顾全大局，为保住他人的秘密或隐私，为了维护他人的清白，人们也不得不装糊涂，三缄其口。人人都有身处险境、处境尴尬难堪的时候，适当地伪装一下自己，是明哲保身的好方法。揣着明白装糊涂，踏踏实实做自己才是上策。

智慧是留给自己用的，不是给别人看的

聪明是件好事，耍小聪明却不然。生活中有许多人其实是"小聪明，大糊涂"，平时喜欢耍点小聪明、小手段，结果如《红楼梦》中的王熙凤一般"聪明反被聪明误"。小聪明用得过多，便容易不得要领，或自相矛盾，或自坏其事。

成功需要的是智慧，自以为是的小聪明在时间面前不堪一击。如果你是真正的聪明，就不要总是在别人面前随便地“卖弄”，这样，至少可以避免弄巧成拙的难堪。

魏王的异母兄弟信陵君，在当时名列“战国四公子”之一，知名度极高，因仰慕信陵君之名而前往的门客达三千人之多。

有一天，信陵君正和魏王在宫中下棋消遣，忽然接到报告，说是北方国境升起了狼烟，可能是敌人来袭的信号。魏王一听到这个消息，立刻放下棋子，打算召集群臣共商应敌事宜。坐在一旁的信陵君则不慌不忙地阻止魏王，说道：“先别着急，或许是邻国君主行围打猎，我们的边境哨兵一时看错，误以为敌人来袭，所以升起烟火，以示警戒。”过了一会儿，又有报告说，刚才升起狼烟报告敌人来袭是错误的，事实上是邻国君主在打猎。

于是魏王很惊讶地问信陵君：“你怎么知道这件事情？”信陵君很得意地回答：“我在邻国布有眼线，所以早就知道邻国君王今天会去打猎。”

从此，魏王对信陵君渐渐地疏远了。后来，信陵君受到别人的诬陷，失去了魏王的信赖，晚年沉湎于酒色，终致病死。

信陵君自以为聪明，却不知道聪明反被聪明误。其实太多的历史经验告诉我们：守拙装愚是一条至关重要的生存法则。有的时候我们做事自以为聪明，一旦有什么洞察，却往往因为自己不懂得放低姿态，其结果只能和故事中的信陵君一样了。

有些人觉得自己很聪明，别人都比他傻，他们总是在行为决策过程中，受其经验和认知水平影响，会先抛出一个假定，耍小聪明者的愚蠢之处就在于将错误假定认为正确，在此指导下也必然要走向错误。所以说做人还是要脚踏实地，千万别耍小聪明，不然只会搬起石头砸自己的脚。

苏东坡自请出京数年，终于回到京城。他想到当初因为得罪王安石而出京避祸，这次回京必须先去拜访他，然后再去朝见天子。当苏东坡来到相府时，王安石正在睡觉，他被管家徐伦引到王安石的东书房用茶。

徐伦走后，苏东坡看书桌上有笔和砚，便打开砚匣，看到一方绿色端砚，甚有神采。他刚要盖上盖子时，忽然看见砚匣下露出纸角儿，取出一看，是两句未完的诗稿，原来是王安石写的《咏菊》："西风昨夜过园林，吹落黄花满地金。"苏东坡暗笑："想当年我在京城做官的时候，王太师出口成章，不假思索。几年后，怎么太师的诗落到此等水平，看来已经是江郎才尽。"

苏东坡笑这两句诗根本不通，因为一年四季，不同季节的风有不同的名字：春天是和风，夏天是薰风，秋天是金风，冬天是朔风。这诗的首句说西风，西方属金，金风是秋天独有的，秋风一刮，梧桐叶变黄，很多花瓣都会飘落。但第二句说的黄花即是菊花，菊花开于深秋，此花属火性，秋霜都不能奈它何，任随金风怎样吹得它焦干枯烂，也不落瓣。王安石写"吹落黄花满地金"根本不符合自然界的规律，苏东坡兴之所发，不能自已，举起笔来依韵续诗两句："秋花不比春花落，说与诗人仔细吟。"

写罢，苏东坡又惭愧起来，心想：倘若王太师来书房，见了这诗，颜面上多不好看。原想把诗装在袖筒里带走，又怕连累徐伦，思前想后，觉得不妥，只好又把诗稿叠起来，压在砚匣之下，走出书房。

没多久，王安石走进东书房，看到了诗稿，问明情由，认出是苏东坡的笔迹，心想："苏东坡这个人，虽然屡遭挫折，轻薄之性仍然不改。他不承认自己学疏才浅，反倒来讥笑老夫！"不久，王安石密奏天子："苏东坡才力不及，建议将他贬到黄州。"天子准奏，百官听命，只有苏东坡心中不服，认为是王安石因改诗一事公报私仇。但是皇命难违，也只得谢恩从命。

苏东坡便赶到了黄州。重阳节那天，天气晴朗，苏东坡突然想起定慧院长送他的菊花栽于后院，便去后院赏菊。走到菊花架下，只见满地铺金，枝上全无一朵，苏东坡惊得目瞪口呆，半晌无语，突然明白王安石将他贬至黄州，原来是让他来看菊花的！

苏东坡自坏其事，真可谓不经一事不长一智，直到被贬才意识到自己不该如此轻薄耍小聪明。

成功需要的是智慧，而不是自以为是的小聪明，不要做一个耍小聪明的笨人。小聪明易被聪明误，小聪明得小利，大智慧得大益。有大智慧，才有大美丽、大人生。沉住气、善用大智慧的人，前途才会充满光明，善用大智慧的人才是真正的聪明。

必要时得让自己犯错

“众人皆浊我独清”是一种非常危险的状态，没有人乐意让一个“异己”长久地立于身侧。善于处世的人，常常故意在明显的地方留一点儿瑕疵，让人一眼就看见他“连这么简单的都搞错了”。这样一来，尽管你出人头地，木秀于林，别人也不会对你敬而远之。一旦他发现“原来你也有错”，反而会缩短你们之间的距离。

有时，人们要学会适当地犯一点无伤大雅的小错误，不要在人前显得过于完美。犯些小错，可以避免因你太过于完美，而盖住了别人的光芒，进而引起别人的嫉妒。

在好莱坞有这样一位国际知名演员：一次，他在进影棚演出之前，一位朋友提醒他，纽扣上下扣反了。他低头看了看，连声向朋友道谢并赶紧扣好纽扣。可等他的朋友走开以后，他又把纽扣上下重新扣反。一个年轻人正好瞧见这一过程，便不解地问他是怎么回事。这名演员说他扮演的是个流浪汉，扣反纽扣正好表现出他不注重形象、对生活失去信心的一面。年轻人更是困惑地问道：“可你为什么不向朋友解释或者说这是演戏的需要呢？”

这位演员坦然地笑着说：“他提醒我是把我当作真正的朋友，是出于对我的关心。假如我一定要解释清楚，就极有可能让他认为我做任何事都是有准备的，有一定原因的。久而久之，谁还能指出我的缺点，在他们眼里，我的缺点也会被认为是个性，而恰恰这正是我要完善的地方。”

俗话说：水至清则无鱼，人至察则无徒。人不是上帝，都不完美，都会犯一些错误。这位演员是真正聪明的，他不忌讳犯错，更在朋友面前坦露错误，因为他深知：为了不断地完善自己，你必须给人以批评你的机会。

莎士比亚说：“最好的好人，都是犯过错误的过来人；一个人往往因为有一点小小的缺点，将来会变得更好。”人不犯错，本身就已经是最大的错误了。在适当的时候，犯一些无关紧要的小错误，能更好地融入人群之中，避免因过于“完美”而遭人排挤。

乔波在某钢厂宣传处工作，有一天，处长突然叫他整理一个劳动模范的先进事迹。据知情人士透露，这其实是处长对乔波的一次考试，它将关系到乔波是否还能继续在机关待下去。本来对这样的材料，他并不感到为难，但有了无形的压力，便不得不格外用心。他熬了一个通宵，写好后反复推敲，又抄得工工整整，第二天一上班，就把它送到了处长的桌子上。

处长非常高兴，乔波不但字写得遒劲、悦目，而且在内容、结构上也没有什么可挑剔的。可是，处长越看到最后，笑容越收紧了。末了，他把文稿退回，让他再认真修改修改，满脸的严肃，真叫人搞不清什么地方出了差错。乔波转身刚要走，处长像突然想起了什么似的对乔波说：“对，对，那个‘副厂长’的‘副’字不能写成‘付’，改过来，改过来就行了。”就这么简单。处长又恢复了先前高兴的样子，仍然一个劲儿地夸乔波道：“速度快，不错。”这场无形的考试乔波轻松过关，而且还是优秀。

做人要注意韬光养晦，不露锋芒，要注意不要炫耀自己的聪明才智，以免让你显得比别人聪明。必要的时候，应该像乔波这样，以“自污”来做障眼法，能让对方安心，也能使自己安全。有实力者如果太过“高尚”“自敛”“清正”，会让领导或竞争者感觉不安。适度地“抹黑”自己，告诉他们自己只是一个再普通不过的小人物，对方自然会放松警惕。

总之，无论你有如何出众的才智或高远的志向，都要时刻谨记：心高不可气傲，不要把自己看得太了不起，必须沉住气，审时度势，尽量收敛锋芒，这样才能为自己赢得更宽松的发展空间，有助于未来的成功。

装糊涂，让对方真糊涂

“难得糊涂”历来被推崇为高明的为人处世之道。锋芒太露易遭嫉恨，更容易树敌。装糊涂的人，往往才是高智慧的人，所谓“大智若愚”说的就是这种人，他们不是真的傻，而是在装糊涂，这其实是韬光养晦的处世之道。

有时人们明知自己处于不利的环境，也知道对手的意图，但无力反击。这时就不得不以假象扰乱对手的视听，掩盖自己的真实意图，等待反击的时机。假痴不癫即是麻痹敌手、伺机而动的好戏码。

一天，朱元璋走到一间刚完工的大殿里，回想自己当年当和尚的情景，百感交集，见四下无人，便忍不住将心声脱口而出：“唉，我当年不过为饥寒所迫，想当个盗贼，沿江抢掠些金银财物而已，哪曾想能有今日这番气象。”说完后，仰面观看棚壁，却吓了一跳。原来有一个漆匠正在一个大梁上聚精会神地刷漆，由于梁木宽大，朱元璋先前竟没发现他。

朱元璋马上意识到这漆匠听到了自己的秘密，如果不杀人灭口，势必会传得四海皆知，那可是丢人丢脸又不利于自己的大事。

他开口让那名漆匠下来，连喊了几遍，漆匠充耳不闻，继续慢条斯理地干着手中的活。朱元璋大怒，加大了音量喊，那名漆匠仿佛才听到声音，忙下来跪在朱元璋面前，叩头说：“小人不知陛下驾到，没有及时避开，冒犯了陛下，请陛下恕罪。”

朱元璋怒声道：“你耳聋了吗？我叫了你几遍你都不下来？”

漆匠叩头说：“陛下真是英明，连小人耳朵有点聋都知道。陛下圣明，这是小人和万民的莫大福分。”

朱元璋生性多疑，但看漆匠脸上神色并无太大变化，心想他骤然听到这样大的秘密，自然知道厉害，不吓得掉下来，也会面无血色，不会如此平静，看来他真是耳朵有些不灵敏的人。这样想着，也就放过他了。这名漆匠却在当晚找了个借口逃出皇宫，回到家中，立即携带妻小远避他乡。

漆匠正是因为揣着明白装糊涂，才得以保全自己的性命。有时适时地“装傻”，能混淆对方的判断，有效地保护自我。

现在社会关系复杂，要想在社会上立足，就要懂得伪装自己，该糊涂时就要糊涂，做人表面天真可以，但内心一定要留点“心眼”。

比如说你是一个强者，但在某些状况之下，很可能又是个“弱者”。当你是“弱者”时，苦斗无益，徒费心神而已，因此与其苦斗，不如智斗，以“装糊涂”来寻求生机，适当地犯一点无伤大雅的小错误，让对手放松戒心，而你披着“糊涂”的外衣积极“备战”，适时发动进攻。

再比如，有时候，同事挨了处分，面子上过不去，这时我们就不要去安慰，装作不知道，反而会更好；一个问题，明明你是对的，但朋友说错了，我们不要去说破，装装糊涂，在朋友知道了正确的答案后，心里会比谁都清楚，无形中你们的关系也会被拉近。

“真人不露相，露相非真人”，我们常常会看到一些人整天精于算计，可一遇到真正的问题便原形毕露，色厉内荏；而有些人看上去没什么本事，但一出手就威慑四方，赢得满堂彩，这就是揣着明白装糊涂的高手，这才是真正的强大。

人前示弱，内心里挺起腰杆

面对强敌，当自己还不足以与之抗衡时，就要懂得把自己蛰伏起来，先示弱、藏拙，然后沉住气提高自己，静待自己能力增长，时机成熟时再奋起一击。

人要想改变自身条件的强弱是不太容易的，但却可以以示强或示弱的方式，为自己争取有利的位置。

强欺弱，胜利了也不光彩，大部分的强者是不会这样做的。但也有一些富有侵略性格的“强者”有欺负“弱者”的习惯，因此示弱也有让对方摸不清你虚实，降低对方攻击有效性的作用。

一旦他攻击失效，便有可能收手，而你便获得了时间以反转态势，他再也不敢随便动你。至于要不要反击，你要慎重考虑，因为反击时你也会有损伤，这个利害是要加以评估的，何况还不一定能够击败对方，生存才是主要目的。

名声高会令旁人尤其是令居上位者不安，自己的力量又不足以应对这些危险，只能为自己招致祸端。要学会藏锋露拙，人前示弱，变成“矮墙”才能使自己稳立而不被众人“推倒”。

东晋末年，桓玄为楚王，他有篡位的野心，而建武将军、彭城内史刘裕也胸怀大志，不是甘心久居人下之辈。桓玄的堂兄卫将军桓谦私下问刘裕说：“大家一致推崇楚王的功勋和德行，认为朝廷应该把帝位让给他，你认为呢？”

刘裕内心本是十分反对桓玄的，但口头上却回答说：“楚王是桓温的儿子，若论勋德，可没有人能比得上他。晋朝早就衰微不堪了，楚王如果接受禅让，那真是上应天命，下顺人情，有什么不可以的呢？”桓谦听后，很高兴地说：“既然你说是可以的，那当然是很可以的了。”

刘裕虽然表面装傻，但很清楚桓谦的问话是对他进行的试探。他在桓玄等人面前演戏表明自己愚钝完全不足以成为对手，而且坚称自己要站在桓玄的队伍里为其出生入死，背后却紧锣密鼓策划反对桓玄的行动计划。

元兴三年（404）二月的一天早晨，刘裕以外出游猎为名，率领何无忌、檀道济等人，出其不意地突然袭击，杀掉了桓玄。桓玄到死都没意识到刘裕这个看似不足以对他构成一丝威胁的人才是其最大威胁，可已经为时晚矣。

刘裕的低调和暂时隐藏实力无疑是一种高明的斗争策略，一般是在自己暂时力量薄弱、时机不成熟的情况下，不得不采取的谦退策略。以自己一时的隐忍换取对方打消敌意，从而使己方避凶化吉，然后再依计行事，逐渐壮大自己的实力，进而制伏对方。

盛名只会使你的上司不安，使身边的人远离，使谄媚者蜂拥而至，主动示弱可以避免上述情况出现，是成功处世之道。对于我们一般人而言，主动示弱就能赢得身边人的好感和竞争对手的懈怠，自然就会少些不必要的挫折和阻碍。

人皆有同情弱者之心，以示弱赚取同情在有些时候也能达到征服人心的目的。而显示出自己弱于对方的一面，就能有效地避免对方的戒备和争斗，兵法有云：不战而屈人之兵，乃善之善者也。

如果你暂时没有力量、没有把握与对手抗衡，一定要谨记下列示弱原则：

1. 姿态放低

切勿把自己当“猛虎”，更不可让别人把你当成“猛虎”，否则连周围的朋友都因怕被你“欺负”而对你有所顾忌。

2. 才干暂隐

切勿太张扬，应慢慢展露才华，消除他人戒心，才不会引起抗拒。

3. 广结善缘

“人和”是此阶段最重要的一件事，和大家打成一片，不但可获助力，而且可察知他们彼此之间的利害关系及矛盾。

当你处于弱势地位的时候，不要为了所谓的荣誉而争斗，而要适时放下面子选择投降，内心却要挺起腰杆，为达成目标、东山再起而谋划，这才是聪明的生活之道。

对别人的“秘密”要装聋作哑

每个人的内心都有不想让人窥见的“秘密”，一旦这个堡垒被攻破，原来秘不示人的隐私暴露在众人面前，他就会因缺乏安全感而慌乱。

因此，在人际交往中，有的事不必说到明处，只要大家心知肚明就可以了。俗话说，看透别说透。沉不住气，控制不了情绪，事情说得太白，反而会伤和气。懂得此术，我们在交际中自然就会游刃有余。

人非圣贤，有时难免会做一些不适当的事。遇到这种情况，我们就要把握好分寸，看透不点破，保全别人的面子，这是在社会中生存的法宝。

有时候，我们无意中得知了别人的秘密，也要学会装聋作哑。相反，那些沉不住气，事事追究到底，口无遮拦地说出心中所想的人，在很多时候往往会破坏原本融洽或是可能融洽的气氛。看过下面的故事我们就会知道，口无遮拦在交际中的危害了。

小王小时候曾经患过一场重病，这场病使他的大脑神经有点迟钝。有时候生活和工作一紧张，还会尿床，而且尿了自己还不知道。这成为他生活中最大的隐私。他也因为自己这个毛病而感到苦恼和自卑。

有一次，公司有一个项目要执行，他生怕自己做不好，又处于紧张状态中。这时，正好一个大学同学小张出差路过此地，要到他这里借住一晚。

那一晚，小王害怕自己的秘密被同学发现，不敢上床睡觉。到了后半夜的时候，实在困得不行了，于是和着衣服躺在床边睡着了。

第二天醒来，最怕发生的事情还是发生了。小张看着小王窘迫的样子，笑得前仰后合，把小王大肆羞辱了一通。小王恼羞成怒，两人自此形同陌路。

为人处世，需练就一双“火眼金睛”，同时也要做一只“闷嘴葫芦”，这样才能万无一失。故事中的小张无意中撞见了别人的隐私，非但没有保密，反而当面笑话小王。无怪乎小王会恼羞成怒了。

可见，我们为人处世时，对别人的某些“秘密”装聋作哑，才是我们在人际交往中真正的明哲保身之道。

第七章

对生命想开一点，简单快乐就好

每天都能感受到快乐

每个人都希望自己的家人永远是健康快乐的！但快乐是从何而来的呢？从温馨的家庭中来，从温暖的友谊中来，从富有挑战性的工作中来……其实快乐无处不在，生活中到处充满了快乐：买到自己喜欢的衣服；吃到自己想吃的美味食物；想睡的时候，睡一大觉；想玩的时候，尽情去玩；有自己喜欢的宠物，有无话不谈的知己……只要有其中之一，就可以算有令人快乐的理由了。

快乐既不需要依靠他人，也完全不必借助外物。把重心放在他人身上，情绪完全被其掌握，失去了自我的愉悦，并不是真正的快乐。而将快乐根植于金钱和由金钱带来的显赫地位以及挥霍无度的生活也是完全错误的，一旦失去这些,所谓的“快乐”也将烟消云散。快乐就在我们每个人的身边，选择快乐，抓住快乐，你就是一个幸福的人！

一位闻名遐迩的老人被电视台节目主持人作为特邀嘉宾请来参加活动。她确实是一个非常杰出的老人。她的讲话完全没有经过特别的准备，更没有经过任何排练。这些讲话与她的个性是完全一致的，她精神极好，容光焕发，充满快乐。无论她想说什么，她都毫不掩饰，而且思维敏捷。她的机智幽默，让听众捧腹大笑。大家都非常喜爱她。

这次节目，她给人留下了深刻的印象，她也和其他人一样感到特别的兴奋。最后，节目主持人问这位老人为什么总是这样快乐 ：“你一定有什么特别的让自己快乐的秘密。”

“不，没有，”老人回答说，“我没有什么特别的秘密。这只不过和你脸上的鼻子一样普通。每天早上起床的时候，我有两种可能的选择，要么快乐，要么不快乐，你想我会选择什么呢？当然，我会选择快乐，这就是全部的秘密所在。”

林肯曾经说过，境由心造，你的心里有多快乐，你也就会得到多少快乐。如果你想让自己不开心，那你时时刻刻都可能不开心。而且，这也是世界上最容易做到的事情。你可以告诉自己什么事情都不顺利，没有什么事情让自己满意，那么，你肯定开心不起来。但是，如果你对自己说“事情进展良好，生活也不错，所以，我选择开心”，那么，你肯定就会快乐起来。

俄国作家索洛克勒曾用羡慕的口吻对列夫 · 托尔斯泰说 ：“您应该是世上最快乐的人，您所爱的一切您都有了。”托尔斯泰回答 ：“不，我并不具有我所爱的一切，只是我所有的一切都是我所爱的。”

每个女人都渴望“有我所爱”，岂不知，“爱我所有”才是最大的快乐。大哲学家尼采曾说：“人生就是一场苦难。”的确，诸如感情破裂、亲人丧失、疾病缠身、遭遇失业、为温饱而挣扎……种种苦难遍布我们的生活。也许正是因为人生烦恼太多、痛苦太甚、快乐太少、愉悦难觅，所以我们总以渴望之心祈祷 ：“愿快乐永驻！”

国外一家报纸曾以“世界上最大的快乐是什么”为题，做有奖征答。结果，在成千上万份来信中，获奖的四个答案是 ：当一位艺术家完成了一件作品，望着作品吹口哨的时候 ；小孩在海滩上用沙土筑成一座堡垒 ；母亲忙碌了一天，到了晚上替自己的小孩洗个澡 ；外科医生完成一个手术，终于救活了一条命。

世界上最大的快乐竟是如此的简单，简单得让人难以置信。其实仔细想来，每个人一生中有着无数的追求做了无数的事情，而真正的快乐，却不在财富之中，不在权力之巅，而在这简单而平凡的生活之中，在艺术创造之中，在孩子游戏之中，在深深的母爱之中，在助人为乐之中。

快乐是人生永恒的主题，是每个人天生就喜爱的东西，生活中如果缺少了快乐，就如同饭菜中没有了盐一样，缺乏了最基本的味道。而一个人快乐与否，不在于他拥有什么。其实，生活中的每个人都会有痛苦和不幸。一个真正懂得主宰自己生活的人，绝不会为自己没有的东西悲伤，反而会为自己已经拥有的东西快活和喜悦。乐观豁达的人，能把平凡的日子变得富有情趣，能把沉重的生活变得轻松活泼，快乐也就随之而来。而悲观懊丧的人，则总是把烦恼挂在嘴上，总是把苦难写在脸上，总是把忧愁闷在心里，这样，快乐必然逃之夭夭。

是的，无论生活给我们笑脸，还是给我们苦酒，我们都要保持一种快乐的心情，做个快乐的人，只要我们快乐，就能永葆青春与健康！

简单，幸福生活的完美基调

住在田边的蚂蚱对住在路边的蚂蚱说：“你这里太危险，搬来跟我住吧！”路边的蚂蚱说：“我已经习惯了，懒得搬了。”几天后，田边的蚂蚱去探望路边的蚂蚱，却发现它已被车子轧死了。

——原来掌握命运的方法很简单，远离懒惰就可以了。

一只小鸡破壳而出的时候，刚好有只乌龟经过，从此以后，小鸡就打算背着蛋壳过一生。它受了很多苦，直到有一天，它遇到了一只大公鸡。

——原来摆脱沉重的负荷很简单，寻求名师指点就可以了。

一个孩子对母亲说：“妈妈你今天好漂亮。”母亲问：“为什么？”孩子说：“因为妈妈今天一天都没有生气。”

——原来拥有漂亮很简单，只要不生气就可以了。

一位农夫，叫他的孩子每天在田地里辛勤工作，朋友对他说：“你不需要让孩子如此辛苦，农作物一样会长得很好的。”农夫回答说：“我不是在培养农作物，我是在培养我的孩子。”

——原来培养孩子很简单，让他吃点儿苦头就可以了。

有一家商店经常灯火通明，有人问："你们店里到底是用什么牌子的灯管？那么耐用。"店家回答说："我们的灯管也常常坏，只是我们坏了就换而已。"

——原来保持明亮的方法很简单，只要常常换掉坏的灯管就可以了。

有一支淘金队伍在沙漠中行走，大家都步伐沉重，痛苦不堪，只有一人快乐地走着，别人问："你为何如此惬意？"他笑着说："因为我带的东西最少。"

——原来快乐很简单，只要放弃多余的包袱就可以了。

当代作家刘心武曾说："在五光十色的现代世界中，应该记住这样古老的真理：活得简单才能活得自由。"

简单是一种美，是一种朴实且散发着灵魂香味的美。

简单不是粗陋，不是做作，而是一种真正的大彻大悟之后的升华。

用过电脑的朋友都知道，在系统中安装的应用软件越多，电脑运行的速度就越慢，并且在电脑运行的过程中，还会有大量的垃圾文件和错误信息不断产生，若不及时清理掉，不仅会影响电脑的运行速度，还会造成死机甚至整个系统的瘫痪。所以必须定期地删除多余的软件，清理掉那些无用的垃圾文件，这样才能保证电脑的正常运转。

我们的生活和电脑系统的情况十分类似，现代人的生活过得太复杂了，到处都充斥着金钱、功名、利欲的角逐，到处都充斥着新奇和时髦的事物。被这样复杂的生活所牵扯，我们能不疲惫吗？如果你想过一种幸福快乐的生活，就不能背负太多不必要的包袱，要学会删繁就简。托尔斯泰笔下的安娜·卡列尼娜以一袭简洁的黑长裙在华贵的晚宴上亮相，惊艳无比，令周遭的妖娆"粉黛"颜色尽失。所以去除烦躁与复杂，恢复对生活的本真，才能让我们的人生释放最美丽的光彩。

美国哲学家梭罗有一句名言感人至深："简单点儿，再简单点儿！奢侈与舒适的生活，实际上妨碍了人类的进步。"他发现，当他生活上的需要简化到最低限度时，生活反而更加充实。因为他已经无须为了满足那些不必要的欲望而使心神分散。

简单地做人，简单地生活，想想也没什么不好。金钱、功名、出人头地、飞黄腾达，当然是一种人生。但能在灯红酒绿、推杯换盏、斤斤计较、欲望和诱惑之外，不依附权势，不贪求金钱，心静如水，无怨无争，拥有一份简单的生活，不也是一种很惬意的人生吗？毕竟，你用不着挖空心思去追逐名利，用不着留意别人看你的眼神，没有锁链的心灵，快乐而自由，随心所欲，想哭就哭，想笑就笑，虽不能活得出人头地、风风光光，但这又有什么关系呢？

平平淡淡才是真

一对老夫妇当年谈恋爱的时间是 1967 年元月，当时百姓生活艰难。

那时候，粮店里的米与副食店里的肉、豆腐和百货店里的肥皂、布匹，以及煤铺里的煤等生活物资均要凭票供应，普通人家的生活清苦至极。男方的家在城郊的小菜园里，用现在的话来说，那里是当地的蔬菜基地。

女孩第一次“访地方”（当地将女方到男方家里去了解情况称为“访地方”）时，男方留她和媒婆吃中饭。菜很简单，只有两道：几个荷包蛋外加一碗萝卜丝。其中，那几个鸡蛋是向邻居借的，萝卜则是自己种的。

在回家的路上，媒婆说男方人穷又小气，劝漂亮的女孩不要嫁过来。女孩却说男方煮的萝卜丝很好吃，说明他很能干。

过了一段时间，当女孩一个人再次来找男孩时。男孩刚好捉了一些鲫鱼。招待女孩的菜仍然是两道，除了油煎鲫鱼外，还有一碗红烧萝卜，吃饭时，女孩称赞男孩的萝卜做得很有特色，并说自己很喜欢吃萝卜。男孩说：“是吗？你下次来我请你吃另一种口味的萝卜。”在后来的来往中，女孩尝尽了男孩所做的不同口味的萝卜：清炒萝卜、清炖萝卜、白焖萝卜、糖醋萝卜、麻辣萝卜、萝卜干和酸萝卜等。

再后来，女孩就成了这些萝卜的“俘虏”，嫁给了男孩。

当有人质问老太太当时为何不嫁给那些有条件煮肉、炖鸽、杀鸡、烧鱼的男人，却嫁给只会烹饪萝卜的，老太太说："当时我认为，一个男人在那种清贫的日子里竟能够把一种普通的萝卜烹饪出几种不同的味道而令我大饱口福、历久难忘，我想他同样能够将清贫的日子调理得色彩斑斓。谈婚论嫁，既要注重眼前，更要注重将来。这不，如今我和他结婚已三十多年了，你看我们吵了几次架？更不像某些同龄人那样动不动就闹离婚。我们虽然日子过得平淡了一点儿，但平淡中更能见真情！"

老太太说得不错，在我们的日常生活中，愈是具有平常心的人，生活愈能幸福，而那些整日斤斤计较、患得患失的人反而苦恼无穷，做人应有一颗平常心。自然，很多人对"平淡"有一定的误解，觉得"平淡的生活"就是清淡和贫苦，是受罪的代名词。可能我们自己也知道，并不是奢华的东西才能让我们感觉到精神上的富有，也并不是大房子和汽车才能够充盈我们的心灵。有时候，一顿简单的晚餐，一句简单的问候，一张简单的卡片，或者一首简单而又甜美的小诗，就能够满足我们的内心，让我们感受到生活的幸福。

生活，不需要很奢华，拥有一颗平常心却可以恰到好处地诠释幸福。

平常心贵在平常，波澜不惊，生死不畏，于无声处听惊雷，平常心是一种超脱眼前得失的清静心、光明心。贫贱不能移，富贵不能淫，威武不能屈。安贫乐富，富亦有道。无论处于何种环境下，都能拥有平常心，那一定是个了不起的人。只要我们努力，就能够以平常心去对待纷杂的世事和漫长的人生，至少也能够做到以平常心跨越人生的障碍。

所以平常心，看似平常，实不平常。当你用一颗平常心去对待生活时，你就会发现：真情，就在你身边。平常心是颗理解、宽容、忍让的心，就是欢乐别人的欢乐，痛苦别人的痛苦，喜悦别人的喜悦。多一分理解和关爱，世界就多一分真善美。

笑看天下几多愁

人生欢喜多少事，笑看天下几多愁。

我们从小就在做游戏，游戏的本身，就是在不断战胜挫折与失败中获取一种刺激与欢乐，假如没有挫折与失败，再好的游戏也会索然无味。“那就是一场游戏一场梦”，人生如梦，就如一场游戏，但我们作为其中的玩家，真的能像在现实的游戏中吗？人们玩游戏时的心态，是寻找娱乐，是带着挑战的心情去面对游戏中的困难与挫折的，你面对强大的对手，不断地损伤受挫，但越是如此，你越发兴头十足。试想，倘若人们在生活中，也有这么一种积极向上的游戏心态，那么失败与挫折，也就不会显得那般沉重和压抑。既然如此，我们为何不能将挫折变成一种游戏呢？那样便会让痛苦沮丧的心态超然快活起来。二者其实并无差别，只是人们在游戏中身心放松，而在生活中过于紧张。于是，你可以体味游戏中面对和战胜挫折的欢乐。同样，只有你将生活中的挫折视为游戏，才会从中体味积极人生的快乐……

每个人的路都不一样，但命运对我们都是公平的，有所得必有所失，有痛苦也有快乐，就看你能不能咬定青山不放松，心往好处想。西方哲学家蓝姆·达斯讲过这样一个故事：

一个病入膏肓、仅剩数周生命的妇人，整天思考死亡的恐怖，心情坏到了极点。蓝姆·达斯去安慰她说：“你是不是可以不要花那么多时间去想死，而把这些时间用来考虑如何快乐地度过剩下的时间呢？”

他刚对妇人说时，妇人显得十分恼火，但当她看出蓝姆·达斯眼中的真诚时，便慢慢地领悟到他话中的诚意。“说的对，我一直都在想着怎么死，完全忘了该怎么活了。”她略显高兴地说。

一个星期之后，那妇人还是去世了，她在死前充满感激地对蓝姆·达斯说：“这一个星期，我活得比前一阵子幸福多了。”

“苦乐无二境，迷悟非两心。”妇人学会了心往好处想，所以在离开人世前仍能感到一丝幸福，快乐地合上双眼；如果她仍像以前一样，一味地想死，那只能是痛苦地离开人世。

心往好处想，不论何时，不论何事，只要仍在人间，就要心往好处想，天堂和地狱就在人心中。人可以没有名利、金钱，但必须拥有美好的心情。

看看下面童真无忌的画面，不知你想到了什么？

在一个春光明媚的日子，在阳光普照的公园里，许多小孩正在快乐地游戏，其中一个小女孩不知绊到了什么东西，突然摔倒了，并开始哭泣。这时，旁边有一位小男孩立即跑过来，别人都以为这个小男孩会伸手把摔倒的小女孩拉起来或安慰鼓励她站起来。但出乎意料的是，这个小男孩竟在哭泣着的小女孩身边也故意摔了一跤，同时一边看着小女孩一边笑个不停。泪流满面的小女孩看到这幅情景，也觉得十分可笑，于是破涕为笑，俩人滚在一起乐得非常开心。

将生活中的挫折和困难视为“游戏”，不是游戏人生，而是以积极的心态面对现实，去战胜挫折和困难。笑看忧愁，笑看人生，如此而已！

退隐心灵，保持自己精神世界的宁静

我们向往陶渊明式“采菊东篱下，悠然见南山”的田园生活，向往金庸小说中令狐冲式的笑傲江湖或归隐山林的超然世外。可你要知道，不管是乡村茅屋，山林海滨，我们始终逃不过自然和宇宙赋予自身的一切。如果你的心灵不宁静，那么即使生活在桃花源中也不会真正感受到宁静的滋味。与其千辛万苦求之于外，不如回过头来反观自己的心灵。

只有在这里，你才能得到真正的宁静和更少的苦恼。

正所谓“人之初，性本善”，其实每个人的本性都没有差别，人一生下来本就具有纯真的心念，只不过被后天的环境所烦扰，变得处处紧张、事事计较，或因一时糊涂一步踏错，步步皆错。人存活在世上，保持一颗原有的“初心”，去掉心灵的遮蔽，以本色天性面世，不要为世俗制造善恶美丑的标准，不费尽心机，不被那些无谓的人情、规矩所约束，能哭能笑，能苦能乐，泰然自在，怡然自得，真实自然，才能避免在标准中将本性迷失。

崛多禅师游历到太原定襄县历村，看见神秀大师的弟子结草为庵，独自坐禅。

禅师问：“你在干什么呢？”

僧人回答：“探寻清静。”

禅师问：“你是什么人？清静又为何物呢？”

僧人起立礼拜，问：“这话是什么意思？请你指点。”

禅师问：“何不探寻自己的内心，何不让自己的内心清静？否则，让谁来给你清静呢？”

僧人听后，当即领悟了其中的禅理：一个人无论处于什么地位，过哪种生活，只要他内心清静、安谧就可以过得幸福。

北大“未名湖畔三雅士”之一的张中行先生青年时代有着强烈的求知欲望，他无休止地探寻：生命有意义吗？如何生存才是合理的？什么是“存在”？“存在”是顺从意志的必然，还是顺应天运的必然？张先生最后求证的结论就是保持心灵的宁静，即使有人批评他，他也只是沉默，他说：“其一，这类过去的事，在心里转转无妨，翻来覆去地去说就没有意思了。其二，我没有兴趣，也不愿意为爱听张家长、李家短的闲人供应茶余饭后的谈资。其三，最重要的，是人生实不易，不如意事十之八九，老了，余年无几，幸而尚有一点点忆昔的力量，还是想想那十之一二为是。”他的这种省悟，是原原本本的，像李叔同坐禅时的冥想，也似丰子恺那样远离尘海时的冷观，同时又如闻一多、朱自清那样直面人生。

一天，释尊禅师在寂静的树林中坐禅。突然，从远方传来了一对男女的争吵声。

过了一会儿，一名女子慌忙地从树林中跑了过来，她跑得太专注了，从释尊禅师面前跑过去时，居然一点儿也没有发现释尊禅师。之后又出来一名男子，他走到释尊禅师面前，非常生气地问道：“你有没有看见一个女子经过这里？”

释尊禅师问道：“有什么事吗？为什么你这么生气呢？”

男子目光凶狠地说：“这个女人偷了我的钱，我是不会放过她的！”

释尊禅师问道：“找逃走的女人与找自己，哪一个更重要？”

青年男子没有想到禅师会这样问，站在那里，愣住了。

“找逃走的女人与找自己，哪一个更重要？”释尊禅师再问。

青年男子眼睛里流露出惊喜的神色，他在一瞬间醒悟了！青年低下头，脸上的怒气早已消失了，重新洋溢着平静的神色。

没错，与其跟一个追不回来的人生气，不如让自己的内心回复宁静来得实际。在现实生活中，没有比这更悲惨的了：一个人不知道只要专注于自己的内心就足够了，遵从自己的本心可以使心灵免于无价值的思想的侵蚀而保持纯洁。

所有心灵高贵的人无一例外都是品德高尚的自律者。这些品德高尚的自律者可以不依赖外在的帮助，也不需要别人给的安宁；他们依靠自身的力量笔直地站立，而不是让别人扶直。

所以，每个人的心灵都像一个宇宙一样，具备某种自净能力，只要你动用自己的精力去观照自身，心灵就能够自行得到净化。

不论遇到什么烦扰之事，记住退入你自身的小小疆域，尤其不要使你分心或紧张，然后保持心灵的自由，冷静地看待周围的事物。在你手边你容易碰到并注意的事物，让它们存在吧，我们的烦恼仅来自内心的意见，如果内心在烦扰中隐退了，那么生活自然变得宁静了。

心灵越纯净，力量越强大

强大的凝聚力与美好心灵如影随形，一个人只要具有一颗质朴而美丽的心灵，那么他必然具有强大的人格魅力，这种影响力会像影子一样，一生追随着他。

世界上有两种人，一种人像水一样，随着地势的起伏改变着自己的形态，另一种人则像水晶，内心晶莹透亮，却锐利坚硬。第一种人只能让自己随着世界变化，而第二种人则会让世界因自己而改变。

有一个6岁的加拿大男孩，曾经用一颗单纯的心改变了世界。

他曾被评选为“北美洲十大少年英雄”，甚至被人称为“加拿大的灵魂”，他就是曾经接受过加拿大国家荣誉勋章的瑞恩·希里杰克。

1998年，6岁的瑞恩第一次听说在非洲有很多孩子因为喝不上干净的水而死去，于是，为非洲的孩子捐献一口井成了他的梦想。

那天回到家里，他向妈妈要70加元时，妈妈告诉他：“你可以通过自己的劳动凑齐这一笔钱，比如打扫房间、清理垃圾，我会给你报酬。”瑞恩迟疑了一下，最终答应了。于是，他开始通过自己的劳动挣钱。

瑞恩得到的第一个任务是吸地毯，干了两个多小时后他得到了2加元的报酬。几天之后，当全家人去看电影时，瑞恩一个人留在家里擦了两个小时窗子，赚到第二个2加元。全家人都以为瑞恩不过是心血来潮，他却坚持了下来。

4个月后，当瑞恩把辛苦积攒的钱交给有关组织时却得知，70加元只够买一个水泵，挖一口井实际需要2000加元，他并没有放弃，反而更加卖力了，因为他只有一个想法，就是要尽自己的能力让更多非洲的小朋友喝到水。

渐渐地，大家都知道了瑞恩的这个梦想。于是爷爷雇他去捡松果；暴风雪过后，邻居们请他去帮忙捡落下的树枝；瑞恩考试得了好成绩，爸爸给了他奖励；瑞恩从那时起不再买玩具……所有这些钱，都被瑞恩放进了那个存钱的旧饼干盒里。

后来，他的故事被媒体报道了，他的名字传遍了整个国家。一个月后，在他家的邮筒里出现了一封陌生的来信，里面有一张 30 万加元的支票，还有一张便条："但愿我可以为你和非洲的孩子们做得更多。"如果你以为这是故事的结尾，那就错了，因为这只是事情的开始。接下来，在不到两个月的时间里，又有上千万元的汇款支持瑞恩的梦想。

2001 年 3 月，"瑞恩的井"基金会正式成立。瑞恩的梦想成为千万人参加的一项事业。

事后有人问瑞恩："你为什么要这样做呢？"

瑞恩说："没有为什么，我只是想让他们喝到干净的水。"

"没有为什么"，一切就是如此简单，他只是听从了自己灵魂的召唤，并随着善良灵魂的高歌起舞而已。那一支心灵的舞蹈，却令整个世界为之倾倒。

心灵纯净的人，往往是精神潜能真正觉醒的人。他们那些美好的梦想和执着的信念具有强大的感召力，所以能四两拨千斤般地创造奇迹。他们强大的影响力与单纯的个人魅力常常形成一种怪异的对比，那天真烂漫的生活和无忧无虑的心态使他们宛若孩童，但思想的感染力和举手投足间的伟人风范却令人心生艳羡。

简单是一种更加深入、有意识的生活

头上是万里无云的朗朗晴空，手中是沁人心脾的冰镇啤酒。东一辆西一辆地停在这片光秃秃的灼热沙漠上的旅宿汽车和拖车的门被吱吱扭扭地推开，"独身漫游者"俱乐部的一些成员到这漫漫荒原来享受一个下午的快乐时光。这数十名俱乐部成员全都是头发花白的老者，而且全都是单身人士。他们聚集在一起开始饮酒、讲故事。这个俱乐部是在西部的高速公路上打发时间的、人数越来越多的退休者大军中的一支队伍，斯拉布城是他们的最新休憩地点。他们在临时搭起的帐篷上空升起美国国旗，国旗在沙漠的疾风中呼啦作响。伊尔玛·鲁思和她的两位朋友倚靠在一辆满是泥土的汽车尾部。她自豪地说："我从1991年起就成了全职旅游者。这样的生活真自由。"他们三个人全都60多岁了。霍西·罗思插言说："你会认识到你根本不需要你的那些家当，而且一路上你会有许多新发现。"埃尔伍德·威尔逊问道："你以为我们会愿意整天闲坐着不动吗？"他喝下一大口啤酒后说："绝非如此。"上年纪了，住进退休者之家，日夜守在电视机旁，周日没完没了地招待儿女和孙辈，谁愿意过这样的日子？他们所向往的是没有尽头的公路，尤其是西部那些一流的高速公路。

漫游在公路上，途中在像斯拉布城这样的地方宿营的老年人有多少，没有精确统计过。但是研究这种文化现象的学者相信他们的人数在100万以上，而且他们的队伍还在迅速扩大。现在已经有了专为以公路为家的老年人服务的医疗保险计划、网址和宿营地。因为提前退休的人有所增加，因为医学的进步使更多的老年人健康长寿，也因为现在有了像佛罗里达公寓一样舒适的新型车辆，所以以公路为家变成了一种比较容易适应的生活方式。许多人卖掉房子，把家当存放起来，把储蓄兑换成金钱，然后告别自己旧有的生活方式。他们驾驶各式各样的车辆，冬季穿行于西部广袤的沙漠，夏季漫游于太平洋西北沿岸茂密的森林。然后再转动方向盘，开始新的游历。

有些人在公路上生活得太久了，以至于对任何其他生活方式都不能接受。退休护士佩吉·韦布自5年前和她那退役的丈夫卖掉房子起，就一直驾车漫游。一天早上，她一边在画板上练习绘画一边说："我从未想到我会有这样的勇气。但是，我们的孩子都长大成人了。我们住在空空荡荡的房子里，不知该干什么。于是我们便上路了。现在我认为我永远不会再像以前那样生活了。"

也许，这种生活方式算得上是最彻头彻尾的"简单生活"了。人们都在通过自己独特的途径探索最简单的、最符合心灵需求的新生活方式，以替代目前日渐奢侈、日渐繁冗的生活方式。这也正是简单生活运动要做的事情。

生活处处是乐趣

生活本是丰富多彩的，除了工作、学习、赚钱、求名，还有许许多多的美好东西值得我们去享受：可口的饭菜，温馨的家庭生活，蓝天白云，花红草绿，飞溅的瀑布，浩瀚的大海，雪山与草原，遥远的星系，久远的化石……

此外还有诗歌、音乐、沉思、友情、谈天、读书、体育运动、喜庆的节日等，甚至工作和学习——它们本身也可以成为享受。如果我们不是太急功近利，不是单单为着一己的利益，我们的辛苦劳作也会变成一种乐趣。

让我们把眼光从“图功名”“置产业”上稍稍挪开，去关注一下生活中的这些美好事物吧！据说亚历山大即使在战事最繁忙的时候，仍然充分享受自然的的生活乐趣。他认为，享受生活乐趣是自己正常的活动，而战事才是非常的活动。文艺复兴时期法国著名思想家蒙田认为，他们持这种看法是明智的。“这不是要使精神松懈，而是使之增强，因为要让激烈的活动、艰苦的思索服从于日常生活习惯，那是需要有极大的勇气的。”蒙田提出：“我们的责任是调整我们的生活习惯，而不是去编书；是使我们的举止井然有序，而不是去打仗、去扩张领地。我们最豪迈、最光荣的事业乃是生活得惬意，其他一切事情，执政、致富、建造产业，充其量也只不过是这一事业的点缀和从属品。”

努力地工作和学习，创造财富，发展经济，这当然是正经的事。享受生活，必须有一定的物质基础。只有衣食无忧，才能谈得上文化和艺术。饿着肚子，是无法去细细欣赏山灵水秀的，更别说寻觅诗意了。所以，人类要努力劳作。但劳作本身不是人生的目的，人生的目的是“生活得惬意”。一方面勤奋工作，一方面使生活充满乐趣，这才是和谐的人生。

我们说享受生活，不是说要去花天酒地，也不是要去过懒汉的生活，吃了睡，睡了吃。如果这样“享受生活”，那才叫糟蹋生活。

享受生活，是要努力去丰富生活的内容，努力去提升生活的质量。愉快地工作，也愉快地休闲：散步、登山、滑雪、垂钓，或干脆就是坐在草地或海滩上晒太阳。在做这一切时，使杂务中断，使烦忧消散，使灵性回归。

到了星期天，许多人由于积习使然，简直丧失了享受自由的能力，不知道怎样才能把这一个没有着落的闲日子打发掉。这一天，就是那些郊游的人也不见得能过得多么舒服。

我们会工作，会学习，但还不会真正享受生活，而这对于我们来说，是人生的大遗憾。学会享受生活吧，真正去领会生活的诗意、生活的无穷乐趣，这样我们工作起来，学习起来，才会觉得更有意义。

别让面子问题把生活搞复杂

在我们的人际交往和处世过程中，面子是一个比较敏感的话题。生活中有很多“身不由己”的事情，明明是自己不愿意做的事情，碍于面子，咬紧牙关也要勉强为之，长此以往，觉得人情和面子成了交往中甩不掉的包袱，往往是表面上满脸堆笑，内心却苦不堪言。

那么，我们要怎样才能甩掉面子的包袱，让自己轻松自在呢？我们来看下面的故事：

小包是一家高新技术公司的老板。几年来，由于市场瞄得准，技术开发战略决策恰当，科技人员力量雄厚，经营管理科学，企业产值和利润大幅度上升，经济效益极好，因而引得许多人都想往这个单位钻。

一天，他的一个老上司打电话，想给他推荐一个职员，问他能否接收。碍于面子，小包就让老上司带着求职者来面试。面试结果很不理想，进入公司吧，养了个庸才，而且会造成公司制度破坏，影响公司长远发展；不接收吧，老上司以前待自己不错，碍于面子，不好拒绝。思前想后，小包想出了一个比较合适的处理办法。

小包首先请老上司和那个求职者参观了解一下公司各部门忙碌的情况和做事的难度，以及人事规章制度。接着向老上司汇报了公司的发展情况以及当年的承包合同指标。

“老上司，前几年，在您的指导下，公司发展很快，公司上下都非常感谢您的理解和支持。去年年初，我们按照您的指示修订和加强了管理制度和岗位用人制度，效果非常好，希望您能继续指导。对于您介绍的这个小伙子，所学专业与我们不对口，公司研究没有通过，也是怕影响公司今年的承包指标。如果没有别的适合单位的话，可先告诉我，我再想办法让他去试试。老上司，您看这样好吗？”

小包通过让他们了解实际情况，明确地说出事实，“开诚布公”地拒绝了。即使不拒绝，求职者也很可能会畏缩。小包以老上司指导而定的制度婉拒老上司的要求，既大大恭维了老上司，给了他很大面子，同时又以制度和合同指标给老上司指出了自己的“两难”境地。此外,以本单位不适合，还有别的单位可能接收，留给对方一个后路。这种拒绝法既不驳别人面子，又不为难自己。

面子已经成为很多人生活中甩不掉的包袱，大部分人觉得原本简单的生活也因此而变得复杂和不堪忍受。如果你要让自己的生活重回简单，你就要灵活处理生活中的人际交往，不要让面子成为你生活的包袱。

第八章

对世界想开一点，拥有自己的天堂

从容，以一朵花开的姿态

曾有人这样说过：“对于每个人而言，忙乱不堪，没有定性，就意味着心理的某种失衡、虚弱和脆弱，也就意味着无论他走到哪里，整个世界都是一团糟。”真正强大的人不会为忙乱的琐事所困扰。这样的人去任何地方，都不会遇到很大的烦恼，无论他错过了火车还是火车迟了，无论天下雨还是下雪了，还是他的旅程因为某个意想不到的问题而被耽搁，这些琐事都不会影响到他。他会一声不响地调整自己的状态，或者对不利的处境提出解决问题的办法，或者干脆不理它，转而去做别的重要事情。他们内心和谐、安宁、乐观和从容，他们虽背负很多事情，但他们能分清主次，有条不紊、从容自若地来应付。“天塌下来，还有高个子顶着。”他们什么都不怕，什么都不惧；他们能优哉游哉、从从容容、游刃有余地应对一切。

面对人生，我们选择闲看云卷云舒、花开花落的心境。以从容去选择，选择一种气度，选择一种风范。

老子说：“治大国若烹小鲜。”意思是说，治理一个很大的国家，像炖一条小鱼一样简单。传说舜在位时，弹琴赋诗，从容儒雅，把天下治理得很好。现代生活的确使每个人都感到了一定程度的紧张，但既然古人治理国家都能做到那么从容不迫，那么我们在工作和生活中为何就不能举重若轻呢？和谐、安定、从容不迫是一种滋补剂，能全面提升我们的精神品位，也能滋养我们的身体。这种从容从内心而始，有效控制自己，是我们每个人都能做到的。“就好像一片没有用的沼泽地”，一个天才的作家说，“可以变成一块种满了黄金谷物的田地或一片富饶的果园，只要把池里的水抽掉，并且把那些水流引导到一条建造好的水渠中就可以了。同样，一个人他可以通过征服并引导这些思想水流，在自身体内获得平衡。于是，他拯救了自己的灵魂，使自己的心灵和生命开花结果。”

逆境，抑或突如其来的变故与危困，都是很好的试金石，能明晰地鉴定一个人素质的优劣与强弱。甚至那些养鸟的行家，在选鸟的时候，都要故意去惊吓那些鸟，绝不取那种稍受一点儿惊吓就扑扑拍翅、乱成一团的鸟。

据说古罗马有个皇帝，常派人观察那些第二天就要被送上竞技场与猛兽空手搏斗的死刑犯，看他们在等死的前一夜是怎样表现的。若发现凄凄惶惶的犯人中居然有能呼呼大睡且面不改色的人，便偷偷在第二天早上将他释放，训练成带兵打仗的猛将。

无独有偶，据传中国也有个君王，在接见新来的臣子时，总是故意叫他们在外面等待，迟迟不予理睬，再偷偷观察这些人的表现，并对那些悠然自得、毫无焦躁之容的臣子刮目相看。

一个人的胸怀、气度、风范，可以从细微之处表现出来。或许，古罗马的那位皇帝以及我国古代的那位君王之所以对死囚或新臣委以重任，便是从他们细微的动作、情态中看到了与众不同的潜质，看到了那份处变不惊、遇事不乱的从容。

从容是一种人生境界，也是一种生存智慧，我们只要掌握了这种智慧，幸福必然会伴随你的左右。

生命的原生态：不矫揉，不做作

在纷繁复杂的社会大染缸中，我们很多人会被染成五颜六色、绚烂多彩，而自己本身的颜色早已经分不清了，以至于后来都忘记了自己当初的颜色是什么了。保持本色似乎就如同阳春白雪一样稀有，所以保持本色十分珍贵，而出演《士兵突击》中许三多一角的王宝强，现实生活中人们几乎分不清他究竟是王宝强还是许三多，因为太本色了。王宝强有着许三多一样的纯朴、一样的谦卑、一样的坚毅，他成功了。即使是在他成名之后，他依旧是那样一副灿烂的笑容，言语行动依旧纯朴自然。康洪雷对王宝强的未来这样评价："人的未来不能设计。没有人知道明天是晴天还是雨天，是刮风还是下雨。但人总要成长，谁又敢说，本色的王宝强成不了世界巨星。"

本色的王宝强能否成为国际巨星还是个未知数，但是依旧本色的张曼玉却已经成了一代影后，她的地位无人能比。如果说张曼玉的成名20%靠的是机遇，那么80%则是靠她本身特有的气质和不懈的努力。

张曼玉从小就喜欢电影，但没敢做明星梦。机缘巧合，她当上了广告模特儿，也慢慢知道这是一条通向影坛的道路。1983年，18岁的张曼玉报名参加了当年的港姐选美大赛，并在决赛中获得了亚军和"最上镜小姐"的荣誉。从此，人们便认识了这个容貌秀丽、活泼可爱的小姑娘，而她的职业生涯和人生理想也随之发生了根本性的转变。她就像她的名字一样，给人曼妙灵秀、温雅纯净的感觉。身材修长、笑容纯真、娇憨可爱，乌黑飘逸的长发、明亮慧黠的双眸总会给人留下深刻的印象。她的相貌在演艺圈里算不上最漂亮，但绝对算最有特点，她的美丽无法复制。在多年的演艺生涯里，张曼玉一直保持着清新自然的本色，也正因为如此，她成为世界影迷心中无法替代的瑰丽。同年与张曼玉一起选上的佳丽还有48人，而当时的冠军恐怕已经不为人所知了，张曼玉却是我们所不能忘记的。对张曼玉而言，如果她没有保持自己清纯自然的本色，而是随波逐流，追赶所谓的"时尚"，也不会得到命运女神的眷顾，不会成为人们正在寻找的新面孔。

也许你感叹自己没有张曼玉般的美丽容貌、修长身姿，也许你曾经抱怨自己没有出生在那个年代，否则自己也可以成为"李曼玉""王曼玉"了。可我们为什么不找找我们与张曼玉共同的特点呢？花样的年华、青春的气息、迷人的笑容、健康的身体，我们也有属于自己的最本色的东西。本色就是不矫揉造作，不过分修饰，把自己最本真的一面呈现出来。现实生活中的我们往往试图通过学习和模仿别人来改变自己，让自己变得更酷，或者更有所谓的“魅力”，但到最后却丢掉了自己。因为不管你模仿得如何逼真，终归是假的。你永远做的是别人第二，永远不会超越别人，反而丢失了自己。

每个人都是世界上独一无二的，别人没法复制。一个人，最重要的是要有自己的特色，清纯率真也好，朴实木讷也罢，不要盲目崇拜别人。固然，学习别人的长处，是为了弥补自己的短处，但是为了学习他人而把自己的长处丢掉，便是贻笑大方的事了。宁做自己第一，不做别人第二，保持一个真实和真诚的自己，谁能说你的“本色”不是这个时代正在寻找的“新面孔”呢？

顺境舒展身心，逆境安顿自己

何处才是一个人生命当中最不堪忍受的低谷？

假如，在我们面前摆放着一盆精美的插花，一般人都会以非常愉悦的心情来欣赏它。但是，一旦另一位插花师带来一盆更漂亮的花，我们就会发现之前的那盆花其实并不够好。世间的事，往往你认为最差的，在过去某一个时间，它也曾是最好的；而你认为最好的，可能转眼间就变成最坏的了。

对待生命中的低潮，首先要面对问题，才能解决问题；其次，对待挫折，要把危机当作转机。如此一来，每个自认为置身苦海的人，都应做正面的思考。所谓“正面思考”，并不是要求每个人都去相信人生只有阳光，没有阴暗，阴晴圆缺是必然的，但是，人人都可以做到“在阳光处尽情舒展身心，碰到阴暗时懂得安顿自己”。

圣严法师暮年，身体每况愈下，走路也不像以前那么轻快了。

一天，圣严法师在他人的搀扶下慢慢行走着，他的弟子施炳煌看见后紧走几步，来到圣严法师身边。

施炳煌关切地问候法师："师父，您还好吗？"

圣严法师停下来微微一笑，说道："好重哦！脚好重，似乎快走不动了！"

一瞬间，施炳煌不由得心生感慨，神色间也有些黯然。

到了禅房里，圣严法师一坐下来就对施炳煌说："施炳煌啊，你看看我们的法鼓山像不像极乐世界！"施炳煌一愣，但刹那间只觉得心中一片澄明，跟随圣严法师十多年来的感触瞬间涌上心头。

施炳煌在回忆起这件事时写道："虽然师父走路走得很累，但是他看到了一种很大很广的平静跟祥和，或许是一种法喜，似乎就是我在十几年前，看到他的那一份自在！当我听到他讲这一句话，我也从某些角度中，看到了我心中的理想。"

施炳煌的回忆中，字字句句都是对圣严法师的由衷赞美。这件事之所以会给施炳煌留下如此深刻的印象，一方面是因为圣严法师直面衰老、死亡，不逃避不隐匿的态度，另一方面则是法师那一份超然豁达、心无旁骛的境界令人叹服。

其实，人们所遭遇的挫折、所犯下的错误就像蹒跚的脚步和眼角的皱纹一样，往往越遮掩就越容易暴露。生活中，当一些人深陷困境或犯错之时，常常下意识地掩饰自己的窘态，结果往往不尽如人意，弄巧成拙。

禅宗有这样一则故事：

一个和尚挑着扁担匆匆忙忙地赶路，扁担一头的筐里放着一个精致的香炉。

和尚看上去有些心急，以至于一不小心跌了一跤，香炉落地，瞬间摔得粉碎。和尚停下来，低头看看地上的香炉碎片略微停顿了一下，便若无其事地继续向前走。

旁边一个路人忍不住叫道："和尚，你的香炉摔碎了！"

"我知道。"和尚不紧不慢地回答道。

路人不解："那你怎么也不停下，只顾着赶路呢？"

和尚一笑，说："它已经碎了，我停下又能如何？"

和尚所言极是！既然破碎的香炉已无法黏合，又何必为了一堆碎片耽误前行的脚步呢。

人生如潮，潮起潮落的自然规律也是每个人不可逃避的人生轨迹，任何人都有可能被浪头打翻在地，只要能爬起来，生命就会多出另一分精彩。

淡看世间风光，枯荣皆有惊喜

人人都喜欢观日出，因为那是新生命的象征，也是希望的昭示，然而，却不是每个人都知道这世上生生死死的永不停息。观日落可以定心性，智者不同于常人的地方，在于他们看淡日出，而对日落情有独钟。

其实日出也是无常，落日却是永恒，即生必然走向灭的归宿，能洞察生灭现象者,才是智慧人。日出固然美丽,但其中也饱含着未脱无常的凄美。

药山禅师在庭院中打坐，身边有云岩和道吾两名弟子相伴。禅师坐禅之后，看两名弟子仍然若有所思，便指着院中的两棵老树问道："你们看这两棵老树,已经在寺中经历了上百个年头,如今,这两棵树一枯一荣,你们说,是枯的好，还是荣的好呢？"

道吾回答道："荣的好。"

云岩答道："枯的好！"

药山禅师看着他们，并未讲话，恰逢一位侍者从旁边路过，于是药山禅师便将他喊了过来，问他道："你看院中的这两棵树，是枯的好呢？还是荣的好？"

侍者回答道："枯者由他枯，荣者任他荣。"

药山禅师面露微笑，赞许地朝侍者点了点头。

同一个问题有三种不同的答案，"荣的好"，这表示一个人的性格热忱进取；"枯的好"，这表示清净淡泊；"枯者由他枯，荣者由他荣"，这就是顺应自然。所以有诗曰："云岩寂寂无窠臼，灿烂宗风是道吾；深信高禅知此意，闲行闲坐任荣枯。"

花草树木的枯荣与太阳的东升西落，就像昼夜的交替、四季的转换一样，是自然界里极其平常的事情，而一旦与人的个人际遇联系，便会生发出无限感慨，大多数人都会因为美好事物的逝去而感伤慨叹，但实际上大可不必如此。

枯有枯的道理，荣有荣的理由，本无好坏之分，荣枯都好，不好只是个人根据主观感受做出的评判而已。事无好坏，唯人拣择，就像是世上的我们，每一天的起卧作息皆顺其自然，饥来张口困来眠，看似平常，却正是无限风光！

有一位老师带学生们登山赏雪，雪在山崖树影中交织成一幅美丽无比的画卷，所有的人都被造物的神奇所震慑。

老师站在一棵树下，恰好一滴融化的雪水滴在了他的头上，于是他向学生们提了个问题："同学们，雪融化之后，会变成什么呢？"

学生们异口同声地回答："水！"

老师非常欣慰，对同学们做了一个赞赏的手势。

这时，一个老和尚从旁边经过，他抬头看了看满山的雪色，若有所思地说："雪融化了，难道不是春天吗？"

雪化之后，变成了"春天"，一则生活中随心而至的常识，却绽放出了童话般的美丽。冬天过去，春天将至，日落之后，还有日出，我们又何必自讨纷扰？

日出有日出的精彩，日落有日落的美丽，性格热忱进取者与清净淡泊者都能找到自己的乐趣，却也都有自己的烦恼，热忱的人有时候会疲于世俗生活中的喧嚣与众多不必要的纷扰，而寡淡者也难免会觉得寂寞无聊。

只有真正做到"枯者由他枯，荣者由他荣"的人才能够宠辱不惊，笑看花开花落，静观云卷云舒。

淡定从容，更能让人折服

许多人在遇到紧急情况时，总是会表现出惊慌、忙乱。这种反应对解决问题没有丝毫的帮助，有时反而会令事情越来越糟。唯有淡定从容才是解决问题的最好方法。

日本的江户时期，社会局势很不稳定，当时的武士、浪人都自恃武艺而横行霸道。

一次，一位非常有名的茶师被告知将随主人去京城一趟。

茶师对主人说："您看，我手无缚鸡之力，又没有能力保护自己，万一在路上遇到坏人怎么办？我就不去了吧。"

"不行，我每天都得喝你泡的茶，怎么能不带上你呢。我看这样吧，你就佩上一把剑，扮成武士的样子，或许这样就没有人敢惹你了。"主人说。

茶师见无法说服主人，只好换上武士的衣服，跟着主人去了京城。

一天，在京城的大街上，茶师遇到了一个浪人，还来不及避开，那个浪人就举剑向茶师挑衅说："你也是武士，那咱俩比比剑吧。"

"我不懂武功，只是个茶师。"茶师战战兢兢地说。

"你不是一个武士而穿着武士的衣服，就是有辱尊严，你就更应该死在我的剑下！"浪人说。

茶师一想，躲是躲不过去了，就说："你能不能容我几小时，等我把主人交代的事做完，今天下午我们在郊外的南山下见面。"

浪人想了想答应了。

这位茶师直奔京城里面最著名的大武馆，他看到武馆外聚集着成群结队前来学武的人。

茶师分开人群，直接来到武师的面前，对他说："武师，求您教给我一种作为武士的最体面的死法吧！"

武师非常吃惊，说："来我这儿的所有人都是为了求生，你是第一个求死的。这是为什么呢？”

茶师把与浪人相遇的情形复述了一遍，说：“我是一名茶师，我只会泡茶，但是今天不能不跟人家决斗了。求您教我一个办法，我只想死得有尊严一点儿。”

武师说：“那好吧，你就为我泡一遍茶，然后我再告诉你办法。”

茶师很是伤感，说：“这可能是我在这个世界上泡的最后一遍茶了。”

茶师做得很用心，很从容地看着山泉水在小炉上烧开，然后把茶叶放进去，洗茶，滤茶，再一点一点地把茶倒出来，捧给武师。

武师一直看着他泡茶的整个过程，他品了一口茶说：“这是我有生以来喝到的最好的茶了，我可以告诉你，你已经不必死了。”

茶师说：“您答应要教给我方法吗？”

武师说：“我不用教你什么，你只要记住用泡茶的心去面对那个浪人就行了。”

这个茶师拜谢过武师后，就去赴约了。

浪人已经在那儿等他。见到茶师，立刻拔出剑来说：“你既然来了，那我们开始比武吧！”

茶师一直想着武师的话，就以泡茶的心面对这个浪人。只见他笑着看定了对方，然后从容地把帽子取下来，端端正正放在旁边；再解开宽松的外衣，一点一点叠好，压在帽子下面；又拿出绑带，把里面的衣服袖口扎紧；然后把裤腿扎紧……他从头到脚不慌不忙地装束自己，一直气定神闲。

对面这个浪人越看越紧张，越看越恍惚，因为他猜不出对手的武功究竟有多深。对方的眼神和笑容让他越来越心虚。

等到茶师全都装束停当，最后一个动作就是拔出剑来，把剑挥向了半空，然后停在了那里，因为他也不知道再往下该怎么办了。

此时，只见浪人“扑通”一声给他跪下了，说：“求您饶命，您是我这辈子见过的最有武功的人。”

茶师极具智慧，他用从容、笃定的气势战胜了浪人，真正做到了“不战而屈人之兵”。

心灵的从容、坦荡、平静，有时能胜过利剑和绝世武功。谁在处世时能够做到从容、平静，谁便会成为最后的赢家。

失去，生命中永恒的主题

生命的主题就是“失去”。我们每天都需要做好准备，因为我们每天都可能失去一些东西。正如美国著名心理学家威廉·詹姆斯所说的，我们应该善待万物。我们每天都应寻觅那些可爱美好的事物，如同生命会延续一百年。在悲伤的时候，这种习惯会帮助你坚强起来。我们必须努力克制自己，让自己接受那些我们不可能改变，也不可能推动的事情。当痛苦的伤口开始愈合并且重新生长时，我们就能够战胜痛苦。我们应该更深地领悟到：你此时此刻所拥有的东西不会重现。如果你认真地生活，你就能充分珍惜眼下的时光，而不会漫不经心地对待每件事。你现在所拥有的也许就是最好的。

可以想一想，生命的流逝也许会让你失去某样东西，或者失去某个人。也许死亡会让你失去爱人；也许你会失去健康；也许你的房子会毁于洪水或火灾；也许你会遇到意外，失去行走的能力；也许小偷会偷走你的艺术收藏品或是首饰。

我们不可能紧紧抓住身外之物不放手，但是我们却可以欣赏我们所爱的人和所爱的事物。你对生活中现在拥有的一切都要怀有真挚的感情。你能够去深深地爱他们，这是你的荣幸，你应该对此心存感激。你所拥有的一切为你提供了美好的生活，如果你对此有深切的理解，那么当你失去一些东西时，你将能够坦然接受。

当你有了新生的孩子，你会对他无比地欣赏和喜爱。时光飞逝，你发现那个纯洁的婴儿变成了一个蹒跚学步的淘气包，你也许还会有些伤感，因为你再也没有抱在怀里的小宝贝了。其实，这只是孩子不断成长的第一阶段，他会继续走向成熟、独立和自主。

要努力以超脱的眼光来看待生活，这样你才能看到生活的全貌和所有的精彩细节。你不要总是盯着生活的阴暗面，而要看见丰富美好的事物。当孩子对你微笑时，这是美好的；当你坐在书桌前，而爱人走到你身后，用手按摩你的双肩时，这是美好的；当你看到美丽的日出，你会很高兴自己的生命在延续，这是美好的。让生活中的美好事物充满你的身心，对任何事情都不要漫不经心。即使你眼下正在失去什么，你也能体会到我们的生命是多么神圣，多么美好。爱绝不会把任何东西全部带走，万事万物只不过是在轮回转变。只要你愿意寻找，美好可爱的事物就在你眼前。

当你经历失去的痛苦时，那些哭泣的人，说错了话的人以及情绪消极的人会使你难以摆脱痛苦。尽管如此，你也要原谅他们。在我们痛苦的时候，社会、宗教、家庭和朋友虽然想努力地帮助我们，但不会有多大作用。人们往往都会变得消沉而抑郁。怜悯肯定于事无补，不要相信过多的同情会有什么帮助。对于别人的爱、理解和同情，我们总是要及时表示感谢。

人们的有些表示是善意的，但却会对你产生坏影响，你要拿定主意，不受他们干扰。你不需要别人提醒你的损失有多么可怕，你正在重新恢复，你正在用生命中的所有力量，为自己塑造新的未来。你可以离开人群，不必有什么心理负担。你要保证充足的睡眠，不要接待络绎不绝的访客。当你和别人在一起时，要从事一些积极的活动，以使你精神振奋。去参观博物馆，去茶楼喝茶，或者驾车出游。如果你和家人待在家里，那就做一些点心和家人共品；你可以在屋里摆放花草，擦擦餐具，放你喜欢听的音乐；让孩子们待在你身边，他们知道怎么让你开心，怎么让你破涕为笑。理解自己，也要理解别人。每个人都会受到伤害，只是方式不同、原因不同而已，正因为如此，所以你也要帮助别人摆脱痛苦。他人的损失也就是我们所有人的损失。

别人曾告诉我们，要忍受痛苦，与痛苦相伴。但你尽量不要被别人左右，要相信时间会治愈你的痛苦。不论你在心理上、肉体上还是精神上感到痛苦，你都要敞开心胸，全面地看待生活。要反省你的情绪，看看究竟是什么使你痛苦。你是不是真的因为损失、灾祸或可怕的事情而感到痛苦，或者你只是因为别的人、别的事感到焦虑，而这些人和事又与眼前发生的事情有关系。

也许在你亲人去世之前，你不知道她病得有多重；也许是你不愿正视现实；也许有些迹象被你忽视了；也许你觉得内疚，因为你觉得自己本来可以为逝去的亲人做更多的事情；你是否有经济上的担忧……你总是有一些尚待解决的问题，而这场损失会让你直接面对这些问题。你要找出让你痛苦的原因究竟是什么。不要回避，也不要抵制。你要努力理解眼下发生的事情，这样你才能开始治愈痛苦。要明白，即使发生了不幸，你仍然是你。所以，我们要努力平静而安详地面对痛苦。这样，你在体会人生经历的过程中就会有非常平和的心态。你可以为自己和别人做些什么呢？那就是尽可能在痛苦的时候过着正常的生活。要从“失去”的痛苦中有所收获，而不是沉湎于痛苦。生活不是被痛苦左右的。生活的完整性将随痛苦而诞生，你要让痛苦的痊愈期早日到来。

不幸和挑战总是让我们获益匪浅。我们正是通过这种途径来了解自己的美德和内心世界。要善待自己，做那些让你感觉良好的事情。

英国著名诗人威廉·布莱克告诉我们：人生必然要经历欢乐和悲伤，只要我们心中对此不再迷茫，便能从容地面对世间的沧桑。